摩薩德

以色列情報特務局祕密檔案

惟儒　編著

MOSSAD

永續圖書線上購物網　　讀品文化事業有限公司

www.foreverbooks.com.tw　　　　　　　　yungjiuh@ms45.hinet.net

POWER 系列 45

摩薩德：以色列情報特務局祕密檔案

編　　著　　梁維儒
出 版 者　　讀品文化事業有限公司
執行編輯　　林美玲
封面設計　　姚恩涵
內文排版　　王國卿

總 經 銷　　永續圖書有限公司
　　　　　　TEL ／(02)86473663
　　　　　　FAX ／(02)86473660
劃撥帳號　　18669219
地　　址　　22103 新北市汐止區大同路三段 194 號 9 樓之 1
　　　　　　TEL ／(02)86473663
　　　　　　FAX ／(02)86473660
出 版 日　　2016 年 5 月

法律顧問　　方圓法律事務所　涂成樞律師
CVS 代理　　美璟文化有限公司
　　　　　　TEL ／(02)27239968
　　　　　　FAX ／(02)27239668

國家圖書館出版品預行編目資料

摩薩德：以色列情報特務局祕密檔案／梁維儒編著.
　--初版.--新北市 ： 讀品文化,民 105.05
　　面；公分. --（POWER 系列：45）
　　ISBN　978-986-453-034-2 (平裝)

　1. 情報組織　　　　2. 以色列

599.73353　　　　　　　　　　　105004587

前言

　　摩西派遣他們去窺探迦南：「你們從南地上山地去，看那裡如何，其中所住的居民是強是弱，是多是少，所住之地是好是壞，所住之處是營盤還是堅城。還要看那土地是肥美還是貧瘠，其中有沒有樹木。你們要放開膽量，把那裡的果子帶些回來。」

——《舊約·民數記》

　　猶太民族是世界上智商最高的族群之一，這一點已經得到了人們的廣泛認同；同時，它也是最早開展間諜活動的民族之一，根據《舊約》的記載，早在3000多年以前，猶太先知摩西就已經派遣間諜前往迦南刺探情報了。

　　兩千多年以來，四處流浪的猶太人歷盡磨難，終於在二十世紀上半葉重新建立起自己的家園，「以色列」再次出現在世界地圖之上。然而，迎接他們的並不是安逸的生活，而是來自周邊國家的挑戰。為了保衛這來之不易的果實，大衛的子孫們不得不重拾古老的職業——情報工作。摩薩德就是在這個時代背景下誕生的。

　　摩薩德，全稱「以色列情報和特殊使命局」，成立於1951年4月1日，其前身是猶太人準軍事組織「哈迦納」下設的情報部門「沙亞」。

作為與美國中央情報局、蘇聯克格勃、英國軍情六處並駕齊驅的世界「諜海四強」之一，摩薩德絕非浪得虛名。

從以色列建國開始，摩薩德曾策劃了無數次震撼世界的重大行動，上演了一幕幕驚險絕倫的諜戰大戲。他們曾奔赴幾萬里之外的阿根廷，追捕漏網的納粹戰犯；他們曾策反伊拉克飛行員，竊取「米格-21」戰機；他們曾歷時九載，將「黑九月」目標一一剷除；他們還曾遠赴烏干達，解救人質……

在長達半個多世紀的發展歷程當中，摩薩德湧現出一大批傳奇般的諜報精英，他們當中，有被譽為「間諜之王」的伊萊·科恩；有被稱為「開羅之眼」的沃爾夫岡·洛茲；有一個個的美女間諜，創造了不朽的諜海傳奇；更有那歷任局長，薪火相傳地推動著摩薩德走到了今天。他們的名字，將與摩薩德的歷史一起被以色列人永遠銘記。

特工行動大多具有隱密性，因此很多事件的真相直到多年以後才會浮出水面。本書以鮮為人知的內幕材料為依據，生動傳神地再現了摩薩德的一些重大特工行動，為您揭開這個全球頂級情報機構的神祕面紗。

摩薩德的行動即將開始……

前言

1. 萬里追凶

——追捕納粹戰犯艾希曼

2. 伊萊·科恩

——間諜之王的諜海生涯

3. 開羅之眼

——超級間諜沃爾夫岡・洛茨

4. 鑽石行動

——伊拉克飛行員叛逃之謎

5. 「新增的擁核國家—以色列

——「高鉛酸鹽」行動

6. 「獅式」的誕生

——「幻影」飛機設計圖被盜事件

7. 「諾亞方舟」行動

—— 法國導彈快艇失竊案的真相

8. 「上帝之怒」

—— 追殺「黑九月」

9. 「絕不拋棄任何一個猶太人」

——摩薩德參與烏干達慈航行動

10. 「他們把核反應爐毀了！」

——「斯芬克斯」神祕行動

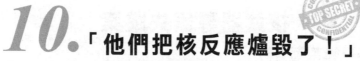

11. 「以色列人民等待你們凱旋！」

——以色列空襲「巴解」總部的內幕

12. 核武器專家失蹤案

——綁架瓦努努

13. 夜半槍聲

——暗殺阿布·傑哈德

14. 深夜裡的閃電襲擊

——綁架奧貝德案始末

CONFIDENTIAL

15. 「實況錄播」的暗殺行動

——暗殺馬哈茂德·馬巴胡赫

萬里追凶
——追捕納粹戰犯艾希曼

1960年5月21日午夜剛過，在布宜諾斯艾利斯機場，以色列國家航空公司的「布列塔尼亞號」專機在轟鳴中飛離了跑道。24小時之後，飛機在以色列利達機場平穩著陸，這意味著一場史無前例的追捕行動完美收網。而這次行動背後的曲折故事，經過很多年之後才被世人所知。

一場源自「二戰」的復仇

　　歷史，總是無情地捉弄那些膽敢藐視它的人。

　　當納粹分子像刈草般屠戮猶太人時，他們絕對不會想到，他們正在給自己樹立「一個最不應該樹立的仇人」。就在這些殺人惡魔盡情享受著血腥盛宴的同時，在猶太人的心中，已經深深地埋下了一顆仇恨的種子。

　　終於有一天，戰爭形勢急轉直下，當曾經像羔羊一樣懦弱的猶太人變得如同虎狼一般兇狠的時候，那些走投無路的納粹黨徒們終於意識到，他們犯下了一個最最可怕的錯誤：他們不應該那樣輕易地相信自己能夠永遠書寫歷史，更不應該忽視「復仇」二字的深刻涵義。

　　不過，對於那些雙手沾滿了數百萬猶太人鮮血的納粹劊子手來說，報應似乎來得太快了些──早在「二戰」的槍停止之前，一場殘酷的復仇便拉開了序幕。

　　猶太人復仇的心理，由於千百年來的屈辱早已變得無比堅韌和執著，他們追殺仇敵更是異常冷酷。

　　當時，在英國軍隊的猶太旅當中，成立了許多祕密小組──猶太自衛軍，專以捕殺納粹分子為己任。這些獵手參照《聖經》中「上帝的使徒」的名字，給自己取了一個冷血的名字──「阿諾奇姆」，意思為「復仇者」。

　　盟軍在諾曼地登陸以後，「阿諾奇姆」在盟軍所到之處迅速發展壯大，不久便形成了一個遍佈歐洲的情報網──

「哈迦納」。加入這一祕密組織的大部分成員，後來在1948年以色列建國以後，都成為摩薩德及其他情報機構的領導人。「復仇者」們「借用」英軍的車輛，與盟國軍隊的特工部門配合，在很短的時間內，就在原德軍占領區逮捕了數百名戰後倖存的納粹分子。

圖為以色列情報及特殊使命局局徽。以色列情報及特殊使命局又譯情報特務局，俗稱摩薩德，被譽為世界上最有效率的情報機構之一

他們通常身穿英國軍服，登門拜訪納粹黨衛軍軍官或是集中營看守人。他們非常有禮貌地請這些人跟他們去司令部「談幾個問題」，然後，便帶著這些曾經的殺人魔鬼走到樹林或田野上，對他們宣讀「死刑判決書」後，隨即將其槍決。

戰後僅一年之內，盟軍就發現了一千多具這樣的屍首。然而，這只是其中的一部分。由於猶太人對此事一直保持

緘默，因此現在幾乎沒有人確切知道這些冷酷無情的「復仇者」究竟用這種方法處死了多少納粹仇人。

僥倖逃脫的納粹分子從此開始了自己的亡命生涯。他們分頭躲到了自己認為安全的地方，過著隱姓埋名的生活，希望藉此逃避追殺。然而，那些執著的「復仇者」一直窮追不捨。

1965年2月的一天，巴黎和法蘭克福的國際通訊社幾乎同時接到這樣一個電話：「如果你們派一名記者趕到蒙特維多的哥倫比亞街科伯蒂利別墅，那麼他一定會在那兒發現一些有趣的事。」

起初，通訊社並沒有把這通電話當一回事。可是沒過幾天，他們又再一次接到了相同的電話。各家通訊社於是開始意識到：這件事可能非同小可。他們連忙將此事報告給了烏拉圭警察局。很快的，一支巡邏隊就被派到電話中指明的地點。

當隊員們走進這座別墅時，看到一具渾身上下都是彈孔的屍體倒在臥室裡。在屍體的胸部，別著一份用打字機打出來的「判決書」：

「鑒於被告的嚴重罪行，尤其是他曾親自監殺過5萬名男人、婦女和兒童；鑒於被告在祖國被德軍占領期間有足以讓自己謀生的正當職業，卻心甘情願地參與了這些罪惡活動；最後，鑒於被告在其任期內表現出的極端的殘忍，現判處被告赫伯特‧庫克斯死刑。」

永遠不會忘記過去的人

　　像庫克斯一樣神祕死去的納粹分子，在戰後十多年間不在少數。凡是在「二戰」中對猶太人犯下滔天大罪的納粹戰犯，即使隱藏得再深，摩薩德也能像警犬一樣將他找到，然後予以處決。

　　追殺阿道夫・艾希曼，就是這無數復仇行動當中最艱難，同時也是最精采的一幕。

漏網的大魚

　　阿道夫‧艾希曼是被同盟國軍隊通緝的主要戰犯之一。他自1934年就任黨衛軍猶太科科長開始，就成了納粹德國「猶太復國主義問題」專家。

　　在根據殺人惡魔海因里希‧希姆萊的命令起草並實施的針對猶太民族的《徹底解決方案》中，他擔任著主要角色。這個方案說穿了就是把猶太人逐出家門，然後將他們趕到集中營集體處死。

　　艾希曼是個積極奉行屠殺政策的冷血殺手，他大力宣導對猶太人「加速移民」。在匈牙利，他曾下令驅逐和屠殺65萬名猶太人。此外，作為奧斯維辛集中營的主要負責人，艾希曼對慘死在這裡的200萬名猶太人負有不可推卸的責任。

圖為納粹德國的高官阿道夫‧艾希曼，他也是在猶太人大屠殺中執行「最終方案」的主要負責者。被稱為「死刑執行者」

　　「二戰」結束後，老謀深算的艾希曼並沒有像其他高級納粹分子一樣，被同盟國軍隊緝拿歸案，更沒有在紐倫堡

國際軍事法庭受到審判。他利用德軍戰敗前夕的混亂局面，多次改變身分，喬裝打扮，巧妙地逃過了一次次的追捕。

起初艾希曼躲在聯邦德國呂內堡海德的一個偏僻鄉村，在那裡平平安安地隱居了四年之久。1950年春天，在前黨衛軍成員組成的名叫「奧德薩」的組織的協助下，他逃到了義大利的熱那亞，藏匿在一座方濟會的修道院裡。一個曾經是納粹分子的修道士幫他弄到了一份由梵蒂岡頒發的難民護照。這年6月，艾希曼帶著這份假護照，搭乘「喬凡娜號」輪船前往南美，最終在阿根廷落了腳。

南美的陽光、沙灘、棕櫚樹、熱情洋溢的土風舞、盪氣迴腸的吉他曲和奔放不羈的混血女郎，像磁石一樣吸引著世界各地的遊客。然而任何一個國家的情報機構都知道，在這一切美好事物的背後，卻隱藏著許多被世界各國追捕的戰犯，以及在逃的各種國際非法組織的頭目。

由於南美一些國家在「二戰」期間與納粹德國關係曖昧，因此，戰後有大批漏網的納粹分子便透過各種管道潛入南美避難。但是，讓他們不曾想到的是，摩薩德早已在這裡張開了巨網，等待著他們的到來。

艾希曼來到阿根廷以後，改名里卡多·克萊門特。過了不久，在前納粹分子的幫助下，他與自己的妻子和兒子團聚了。此後，艾希曼頂著假名，進入了阿根廷梅爾塞德斯汽車公司。就這樣，他憑藉當初從德國祕密員警那裡學到的潛伏本領，在布宜諾斯艾利斯藏身了下來。

Photo: www.pbs.org/eichmann/gallery.htm

圖為阿道夫·艾希曼逃往阿根廷並在布宜諾賽勒斯定居時
所使用的假護照，護照中艾希曼化名為里卡多·克萊門特

在各方朋友的幫助下，他為自己築起了一道保護屏障，
只要有風吹草動，他便立刻逃之夭夭。

一晃十幾年過去了，在很多當年知情者的印象中，艾希
曼這個人似乎早已離開了人世。這個老納粹分子的確沒有
什麼可擔心的了，任何一個警察局都不再繼續追查他，只
有少數幾個可靠的朋友知道他依然活在世上。

然而，到了戰爭結束後的第13個秋天，一份拍自聯邦德
國法蘭克福的密電中，向摩薩德總部報告了一個重要情報。
這份電報證實，當年被摩薩德列入「死亡名單」的前納粹
戰犯艾希曼，如今依然活著，而且就藏身在阿根廷。

得到這項情報，摩薩德的特工頓時欣喜若狂：苦苦追尋
十數載的仇人終於浮出水面了！

從「準女婿」入手

狡猾的艾希曼是如何露出馬腳的呢？原來，問題出在他的兒子身上。

在阿根廷首都布宜諾斯艾利斯市郊的奧利沃斯區，有一位美麗動人的猶太女子羅澤‧赫爾曼，她18歲，不但長相迷人，而且身材窈窕多姿，所以一時成了附近小夥子們競相追求的目標。在她的眾多追求者當中，有一位有著條頓人面貌特徵的德國籍男青年，名叫尼古拉。他20歲左右，相貌英俊，女子對他頗有好感。

其實，這個尼古拉是艾希曼在德國生的三個孩子當中的一個。粗心的尼古拉不但公開使用父姓，為了打動女子的芳心，他還經常在她面前炫耀說，他的父親曾在德國軍隊中做過高級官員，並曾在許多地區任職。

這對小情侶的感情逐漸升溫，後來發展到無話不談。有一次，他們的話題偶然間轉到了第三帝國中那些猶太人的命運上。尼古拉竟然口無遮攔地對羅澤‧赫爾曼說，在他看來，如果當初德國人真的把猶太人全部消滅乾淨就好了……。

可是尼古拉做夢也沒有想到，在他意中人的血管裡，就流淌著猶太民族的血液。

一天，生性活潑開朗的羅澤向家人提起了自己的男朋友：「真奇怪！尼古拉從不邀請我去拜見他的父母，也不

讓我直接寄信給他，所有信件都由他的一個朋友代轉。另外，他還有著令人吃驚的排猶意識……」

羅澤的這番話引起了她父親洛塔爾・赫爾曼的警覺。洛塔爾是當年納粹德國達豪集中營的倖存者，他的雙眼就是在被關押期間失明的。一種本能的意識讓他把納粹頭目阿道夫・艾希曼與這個和他同姓的小夥子聯結在一起。

這天，他要妻子讀報給他聽。他的妻子讀到這樣一則消息：聯邦德國法蘭克福檢察官佛里茲・鮑爾博士正在追查前納粹黨衛軍頭目阿道夫・艾希曼，據說此人正潛伏在阿根廷。

聽到此處，赫爾曼愣住了。儘管他的眼睛已經失明，但頭腦依然十分清醒，他立刻聯想到女兒的那位奇怪的男友。在他的請求下，羅澤帶著他，找到了尼古拉所留下的地址那個朋友，進而得知尼古拉家住在查爾布科大街4261號。他們立即驅車前往，按照地址找到了「克萊門特宅」的門牌。

房東佛朗齊斯庫・施米特向他們詳細描述了「克萊門特」的外貌特徵之後，赫爾曼確信自己已經找到了艾希曼的蹤跡。一回到家，他就要妻子寫一封信給那位聯邦德國的檢察官。

法蘭克福地方法院的檢察官鮑爾是德國籍猶太人，戰爭期間曾經受到過納粹分子的迫害。收到赫爾曼的信以後，他並沒有把這條重要線索交給聯邦德國當局，而是交給了以色列。就這樣，艾希曼藏身阿根廷的消息，傳到了摩薩德頭目伊塞・哈雷爾的耳朵裡。

伊塞・哈雷爾是以色列開國總理大衛・本・古里安的好

友，時任摩薩德局長。他個頭很矮，身高只有155公分，因此有了個綽號——「矮子伊塞」。此外，他還有一個令人毛骨悚然的諢名叫作「侏儒惡魔」。

他皮膚黝黑，肩膀很寬，渾身肌肉發達，身材顯得格外矮小墩實，但不失比例。

圖為摩薩德第二任局長伊塞·哈雷爾。這位身高僅有1.55米的以色列特工有一個令人毛骨悚然的綽號——「侏儒惡魔」

此時，哈雷爾正坐在他那間樸實無華的辦公室裡。當他得到有關艾希曼下落的報告時，並沒有欣喜若狂。這並不是因為他對此缺乏興趣，或是沒有意識到其重要性，而是因為摩薩德幾乎每個月都會接到有關某個納粹戰犯在某地突然現身的報告，而這些情報多半是子虛烏有。再加上當時摩薩德財力和人力都並不是很充足，許多來到特拉維夫尋求財政和道義支持，追捕漏網納粹分子的「獵人」，最後都是敗興而去。然而，這次的情報卻非比尋常，一個老牌特工的本能告訴哈雷爾，這個新情報的背後一定有大文章。於是，他連夜調來了艾希曼的卷宗潛心研究起來。

哈雷爾和自己的部下經過認真研究，斷定艾希曼很可能是使用假名，以某種職業為掩護隱藏在阿根廷的。

十幾年來，艾希曼早已經適應了阿根廷的各種情況，他的身邊全都是親信。要想逮捕這樣一個經驗豐富、潛伏很

深的納粹分子，絕非易事。

然而，有膽有識的伊塞・哈雷爾卻為自己定下了一個更高的目標——鑑於艾希曼對猶太人犯下的滔天罪行，哈雷爾決定必須生擒逃犯，並將其遣送到以色列好接受猶太人法庭的審判。

這實在比登天還難，但是在以色列總理古里安看來，哈雷爾的這項計劃是可行的。他實在太瞭解哈雷爾了，多年來兩人的合作，以及摩薩德能夠順利發展到今天，都證明了哈雷爾的過人才幹。因此，他毫不遲疑地批准了這項計劃。

摩薩德的大批特工人員得到上層的指示：放下手中一切工作，集中全力配合搜捕艾希曼。員警和軍隊系統的許多專家也奉命配合行動。就這樣，一張疏而不漏的大網開始向尚不知情的艾希曼撒去。

圖為位於阿根廷首都「布宜諾艾利斯」市郊的「奧利沃斯」

　　這一次，哈雷爾親自出馬，前往阿根廷指揮這次緝拿行動。為了收買「眼線」，摩薩德不惜花費數百萬美金。哈雷爾甚至費盡周折，從以色列航空公司弄來一架「不列顛」式雙引擎飛機，準備在運送罪犯和人員撤退時使用。

　　一切準備就緒，哈雷爾率領手下來到奧利沃斯區，開始嚴密監視艾希曼一家的居住地——查爾布科大街4261號。

　　但是，艾希曼也並非等閒之輩。憑著多年逃亡的經驗，他已經隱約感覺到了本區最近一段時間的反常跡象。尤其是當他發現在自家大門對面的大街上時常有一些陌生人徘徊時，一種不祥的預感悄然襲來。於是，在一個伸手不見五指的雨夜，狡猾的艾希曼像幽靈一樣，悄悄溜出了自己的住宅，沒有留下一絲一毫的痕跡。

　　不過，摩薩德並不承認這次失敗。數百萬死於納粹集中營的猶太人的在天之靈似乎在冥冥之中呼喚著他們。哈雷爾以不容置疑的語氣命令部下：不抓住艾希曼絕不罷休！

艾希曼將於3月21日回來

不知不覺中，兩年過去，摩薩德方面還是沒有半點消息。艾希曼這隻老狐狸隱匿得更深，幾乎所有的線索都斷了。

按照情報機構的邏輯，這些偵察活動應當立即終止。摩薩德力量畢竟有限，而且還有許多重要的事要做，比如說蘇聯人正在以最先進的軍事裝備武裝阿拉伯國家；準確地掌握埃及、約旦、敘利亞、伊拉克等國的作戰計劃，對於以色列來說，都是關乎生死存亡的大事。

然而，哈雷爾他那「獵手」的本性驅使他不能半途而廢。他鼓勵部下說：「把制定旨在消滅所有猶太人的《徹底解決方案》的罪魁禍首送交一個由以色列法官組成的法庭，這對於猶太精神和以色列的歷史來說，都是一件具有特殊意義的大事。」

哈雷爾的決心影響了他的部下，特工們發誓要找到艾希曼的下落。不久，摩薩德的一名美女特工迪娜・羅恩就想出了一條妙計。

她在布宜諾斯艾利斯的一家高級旅館租了房間，然後物色了一個機靈的小聽差，交給他一項十分棘手的任務。

「請你幫我把這個禮品盒交給一位有修養的紳士，但是千萬不要讓他知道是誰送的，也不要讓別人知道此事。」羅恩把一個裝有金質打火機的小禮品盒交給了小聽差。

看上去，她就像是一個十分癡情又甘願單相思的女子。

她小聲地對小聽差說：「這是一件意外的生日禮物，我要送給他一個驚喜。」小聽差記下了那個「紳士」的姓名和地址：里卡多‧克萊門特，奧利沃斯區查爾布科大街4261號。羅恩還叮囑他，假如對方已經搬家，一定要想辦法打聽到他新的住址，而且即便禮品送不到，她也同樣會支付一筆可觀的酬金。

羅恩物色的這個小聽差是個機靈的人，當時，整條大街上沒有一個人知道克萊門特一家的新住址。機靈的他沿街四處打聽，終於從一個老婦人嘴裡得知了艾希曼的兒子尼古拉工作的地方。小聽差趕到那裡，記下了尼古拉每天上、下班騎的那輛摩托車的車牌號碼。

羅恩喜出望外，當下把這個消息報告給哈雷爾。哈雷爾聞訊後便停下了手裡的其他工作，立即飛往阿根廷。經過對尼古拉‧克萊門特長達數週的跟蹤，他們終於找到了狡兔之窟！

這是一座位於布宜諾斯艾利斯郊外聖費爾南多區的平房，四周沒有柵欄，房門是用一塊纖維板做成的，牆壁也沒有粉刷，屋子裡連電燈也沒有。總之，這個地方所呈現出的是一片荒涼的景象，除了遠處的一座小房子和一個售貨亭外，周圍數百米內看不見任何別的建築。難道當年不可一世的納粹高層人物就躲在這種地方？

一連數日，這座房子的主人都沒有露面。摩薩德的特工經過深入調查，終於得知：「里卡多‧克萊門特」最近到圖庫曼省的梅爾塞德斯汽車製造廠上班了，沒人知道他什麼時候回家。

就在特工們略感焦急的時候，哈雷爾信心十足地對他們

說：「稍安勿躁，艾希曼將於3月21日回來。」他怎麼知道艾希曼回來的具體日期呢？原來，他新成立了一個特別辦公室，這個辦公室專門負責收集艾希曼及其他在逃納粹戰犯的資料。從這些資料當中，哈雷爾發現了這樣一個細節：艾希曼夫婦將於1960年3月21日慶祝他們的銀婚紀念日。

果然不出哈雷爾所料，3月21日11時45分，一輛公車在聖費爾南多區的加里巴爾迪大街停下，從車上走下來一個衣冠楚楚的男人，緩步朝克萊門特家的方向走去。此人約

有50多歲，頭髮所剩不多。他戴著眼鏡，身穿一件灰色風衣，裡面繫著一條綠色的領帶，下半身穿著一條筆挺的咖啡色西褲，手持一束花。他緩緩走近了屋子，跨過了當作花園柵欄的鐵鍊，把手中的鮮花送給了歡迎他歸來的婦人。

圖為穿著阿根廷風格斗篷的阿道夫·艾希曼。戰爭結束後，艾希曼在阿根廷的首都布宜諾賽勒斯過著隱祕的生活

「此人一定是阿道夫·艾希曼！他這是在向結婚25載的妻子賀喜。」隱蔽在暗處的摩薩德特工一邊想著，一邊按下快門，拍下了這個神祕來客。

哈雷爾的第一步計劃順利完成了。技術專家將現場拍下的照片與艾希曼過去的照片比對分析後，最終確認：這個「里卡多·克萊門特」的真實身分，就是在逃的納粹戰犯艾希曼。至此，這個納粹惡魔的面目暴露無遺。

特遣行動小組

　　在鎖定目標之後，哈雷爾馬上回到以色列，向總理古里安請示。古里安當下表示要把艾希曼抓回以色列：「死的、活的都要帶回來！」

　　有了這支令箭，哈雷爾就可以放手腳一搏了。他精心挑選了11名精幹且富有經驗的老手，再加上他本人，12人的特遣行動小組就這樣組建起來了。

　　該小組成員當中不但有強悍的神槍手、機敏的偵察員、醫術高明的醫生，還有摩薩德的「金牌」證件偽造專家沙洛姆・達尼。之所以要選擇他，是因為僅擁有一本護照和一套證件，對於一個在海外執行特殊任務的人來說，常常是不夠用的。為了保證絕對安全，特工人員進入阿根廷時所攜帶的證件，應該完全不同於他們離開時所用的證件。另外，如果阿根廷當局開始注意一個人的話，也會從此人旅行時所用的名字開始查起。所以，要想創造各種脫身的機會，就必須得有在危急時刻能夠更換的身分證件。

　　一般人也許會在皮箱夾層下面藏一套備用證件，但這是相當危險的，甚至會帶來災難。只要海關人員從入境者身上察覺出一絲一毫的異常之處，就必然會下令全面檢查，一旦發現假護照，那麼這個人的全部使命也就到此為止了。此類情況在特遣隊中是絕對不允許發生的，因此必須請偽造證件的天才——沙洛姆・達尼親自入境。

　　達尼備有各式各樣的卡片，各種精美的紙張，以及五花八門的顏料和大小不一的筆、刷等等。他將攜帶這些偽造證件必備的工具進入阿根廷。由於達尼的護照上註明他是一位「藝術家」，因此他所攜帶的工具不會引起海關人員的懷疑。更何況他還隨身攜帶著一幅由他親手創作的「作品」，上面標著許多裝潢細節，畫著許多的渦形裝飾，寫著許多詳盡的文字，可以說任何人都不會想到他帶那麼多工具竟是為了做一些不可告人的勾當。

　　另一位需要特別介紹的是埃利・尤瓦爾，被選中也是因為他有著特殊的才華。他是摩薩德的高級化妝師，同時還是一位樣樣精通的機械技術高手。在監視艾希曼時，這個人數有限的小組一定會遇到一個十分常見的問題，就是遲早會有人注意到在同一地點、同一輛車中出現的同一個人。

圖為在對阿道夫・艾希曼的逮捕過程中，摩薩德特工所使用的各種工具，包括假車牌等。在2011年，這些工具文物向公眾展出

　　當然，車輛很容易就能變換，只要在當地租用汽車，過一段時間退還，再換租就可以了；但是，卻沒有多餘的人員可換。埃利‧尤瓦爾此行的任務就是「換」人，讓特遣行動小組的成員個個成為「千面人」。

　　迪娜‧羅恩是特遣行動小組當中唯一的女性，她的任務是與某位男特工扮演一對「夫妻」。他們將租下一棟安全的別墅，在艾希曼被捕之後、離開阿根廷之前，將被關押在這座別墅裡。這是一個十分關鍵的角色，因為她要裝得像真的一樣，以防鄰居的懷疑和員警的詢問。

　　特遣行動小組的成員都已經物色好了，可是，如何把艾希曼從遠在一萬六千公里之外的阿根廷弄到以色列來呢？當時，以色列航空公司根本沒有飛往南美的航班。如果用船押送，不僅時間過長，而且中途要多次靠岸，容易橫生枝節。但如果專門租一架以色列飛機到布宜諾斯艾利斯接人，又太惹人注目。

　　更麻煩的是，當時阿根廷正慶祝獨立50周年，世界各地的政治領導人和國家元首都前來參加慶典，因此阿根廷當局對安全問題十分敏感。這就要求摩薩德特工不僅需要最「真實」的偽造證件，而且整個行動也都必須採用最嚴格、最巧妙的手段，既不能引起阿根廷當局的注意，又不能驚動一向謹慎的艾希曼。

　　為了籌畫這一項行動，哈雷爾可說是費盡心思。好在命運之神最終還是對哈雷爾發出了微笑。讓所有人都感到高興的是，以色列的領導人也受到了阿根廷的邀請。以色列政府決定派以色列航空公司的「布列塔尼亞號」專機前往。

　　得知這一消息，哈雷爾靈機一動：為什麼不在這架專機

返航時將艾希曼遭送回以色列呢？哈雷爾經過深思熟慮後決定：必須在專機返航之前將艾希曼逮捕。但是，他們也不能過早下手，以免因為此人失蹤過久而走露風聲。此外，也不能讓任何外人知道這次綁架計劃，甚至連搭專機前往阿根廷的以色列高官也不例外。飛機返航時間定在5月11日，那麼綁架時間就定於5月10日晚上。

特遣行動小組先後討論了逮捕艾希曼的三種方案：第一，查明艾希曼確實在聖費爾南多區的「克萊門特」家中以後，特工人員破門而入，將其擒獲；第二，在大街的某處實施「機動緝拿」；第三，事先確定艾希曼回家的路線，然後在某個預定地點實施綁架。

對於上述三種方案，哈雷爾並沒有明確表態，在尚未實地查清艾希曼更多的生活細節之前，這位老練的摩薩德頭目不願輕易確定某個具體的行動方案。

A 計劃

　　從1960年年初開始，特遣行動小組成員便攜帶各自的假護照，在不同的時間，從世界各地搭乘不同的班機，陸續來到了阿根廷首都布宜諾斯艾利斯，然後分別住進不同的旅館。在這項行動中，再沒有比用來證明他們身分的假證件更讓他們提心吊膽的了。

　　例如，行動小組的副指揮官埃胡德・列維維一下飛機就到他住的那家旅館去登記。當他遞過護照之後，接待人員就注意他了。因為這名接待人員的故鄉恰好就是列維維護照上籍貫那一欄所填的地方，可是列維維根本沒去過這個地方。這名接待人員興致勃勃的和他談起了家鄉的風土人情。當列維維拿起旅客登記簿準備填寫時，這位「老鄉」又十分熱情地說只要把名字寫上就可以，其他內容都由他來填寫。但是，正處於極度慌亂之中的列維維竟然忘了自己的化名……還好他急中生智，把護照拿回來看了一眼，這才化險為夷。

　　為了避免被人注意到行動小組成員之間過於頻繁的接觸，他們特地在市內租了一間房子，先預付了一季的房租，並在裡面貯藏了一些生活用品，以備不時之需。他們為這間住房取了一個代號，叫作「堡壘」，這就是特遣行動小組的總部。

　　在行動期間，哈雷爾就在這裡會見小組成員，指揮、部

署行動。偽造證件專家達尼在「堡壘」裡面忙得焦頭爛額，因為行動小組需要租用很多輛汽車，還準備再租幾間房，需要用到各種證件；更重要的是，他們租用汽車或房子時使用的名字，不能與他們入境或離境時使用的名字相同。因此，達尼的任務相當繁重。

此時，化名「里卡多‧克萊門特」的艾希曼無時無刻都處在摩薩德的嚴密監視之下。行動小組成員每人隨身攜帶一份記錄著艾希曼簡況和特徵的圖文資料，憑藉這個，就可以毫無疑竇地判定他們跟蹤的對象確實是艾希曼。過了不久，他們就掌握了艾希曼的活動規律，其中最重要的一點就是每天晚上7點40分左右，艾希曼總是會乘坐203路公車在他住所附近下車，然後走回家。

一切活動都在按原定計劃有條不紊地進行著。可是到了5月1日這天，哈雷爾突然得到一個壞消息：阿根廷禮賓部門通知以色列代表團，因為組織方面的原因，要請他們將到達阿根廷的時間延遲到5月19日晚上5點以後，只有這樣，才能保證對以色列代表團的隆重接待。這項突如其來的變故把哈雷爾逼入了進退維谷的境地。因為此時此刻，在他的掌控下，高速運轉的間諜機器已經為在原定日期綁架艾希曼做了大量的工作，一旦拖延，整個計劃都要重新調整。

但哈雷爾很快就鎮定下來，經過反復考慮，他最終決定綁架行動如期執行，然後將艾希曼「隔離」關押10天左右。但是，把一個人藏10天而不出任何紕漏，並不是一件容易的事情。如何能夠保證此次行動不留下任何蛛絲馬跡呢？

按照哈雷爾的安排，摩薩德的特工們很快又租下了好幾處藏身之所。一處是位於郊外綠林深處的別墅，代號為「禮

036

物」。

　　站在這所別墅的樓頂，用望遠鏡就可以看到艾希曼經常乘坐的203路公車從遠處駛過。他們又在城內租了一幢三層小洋樓，代號為「宮殿」。女特工迪娜‧羅恩和她的「丈夫」搬了進去，分別住在一樓和二樓。為了不讓鄰居起疑，這對「夫妻」置辦了成套的傢俱，裝模作樣地過著再正常不過的家庭生活。三樓暫且空著，按照哈雷爾的計劃，艾希曼一旦被捕，這裡就作為他臨時的牢房。此外，他們還租了另外兩處房子，是留著備用的。這樣，阿根廷當局一旦開始尋找「失蹤」的艾希曼，他們就可以把他轉移到另外一處去，同時小組成員也好有個新的棲身之地。

　　儘管哈雷爾本人有「堡壘」作為總指揮部，但是為了能夠在前期的監視階段和後來的行動階段與整個小組保持密切接觸，他還費盡心思地設計出了一套極其有效的接頭方法。他發給每一名成員一張布宜諾斯艾利斯市內咖啡館的位置和路線圖，還有一張碰頭的時間表。他把這些咖啡館當作一個個流動的指揮部；前半個小時，他在這家咖啡館裡，而後半個小時他則又到了另外一家咖啡館。只有需要用一個小時以上的時間碰頭時，他才會使用租來的汽車。這種接頭方式令他感到疲憊不堪，但是這也意味著他可以儘量避免在同一家咖啡館露兩次面。這樣，即使他在某一家咖啡館裡被人注意到，在別人看來，他也只是和那些偶爾進來喝咖啡的人一樣，只是在非常「偶然」的情況下，與另一位「顧客」坐在了一起。再沒有比這種方法顯得更自然、更平常的了。這樣，哈雷爾時時刻刻都能與小組成員保持密切聯繫，而且不會引起外人的注意。

圖為有關逮捕阿道夫・艾希曼的檔案。這些檔案已被以色列情報機構開放

　　5月8日傍晚，所有直接參與逮捕行動的成員都在「堡壘」集合，對行動細節作進一步的討論。作為總指揮官的哈雷爾已經制定出了A、B兩套行動計劃。

　　A計劃：負責擒拿艾希曼的特工在第一輛汽車裡等候目標出現，這輛車停在距離202號公路交叉口大約10米的加里保迪大街上，車頭朝向「克萊門特」家。作為護衛的第二輛車停在距離加里保迪大街拐角處約30米的202號公路上，車頭朝向加里保迪大街的拐角。在逮捕艾希曼時，第二輛車會突然開亮大燈，讓正步行回家的艾希曼和現場可能出現的其他過路司機看不清東西。一旦發生意外情況，第二輛車上的特工還要迅速跑上前去，支援第一輛車上的特工。而等抓到目標以後，第二輛車便跟在第一輛車後面，擔任

掩護任務，直至第一輛車脫離危險為止。

　　B計劃：第一輛車的車頭朝向202號公路，停在加里保迪大街上，第二輛車停在202號公路上。這兩輛車的位置，以彼此能看見對方為準。當艾希曼從公車上下來，和往常一樣沿著202公路行走時，第二輛車立即用前燈發出信號，與此同時，第一輛車慢慢開動。這樣，當艾希曼轉向加里保迪大街時，第一輛車便正好可以在他身邊停下，特工一躍而上，以迅雷不及掩耳之勢將其制服，然後塞進車裡。與此同時，第二輛車開亮前燈，讓路過的駕駛人看不清東西。隨後，第二輛車再趕上第一輛車，將它護送到安全地點。

　　在討論A方案時，特工們突然想到，艾希曼平時從汽車站走回家去的這條路一向少有人跡，如果他看到一輛載滿人的汽車停在路邊，一定會有所警覺的，他很有可能在夜幕的掩護下逃之夭夭。

　　但是，逮捕組組長伊萊卻主張按A計劃行動。他對大家說出了自己的理由。他說，從心理學角度來看，長期以來一直沿同一條道路走回家的人，是不會輕易改變這項習慣的，軍人出身的德國人尤其不會這樣。伊萊認為，即便艾希曼真的產生懷疑，他那強烈的自尊心也會讓他為自己竟不敢走這十幾米的回家之路而感到無地自容。

　　哈雷爾靜靜地聽了伊萊的分析，認為他說得很有道理。因為伊萊堅決要求按A計劃執行，而第一個動手逮捕艾希曼的又正是他，因此哈雷爾和所有直接參與此次逮捕行動的特工最後一致決定採納他的意見，按A計劃執行。

　　接下來，哈雷爾又把三條可能的撤退路線告訴了手下：

　　一、朝布宜諾斯艾利斯方向行駛，沿202號公路交叉口

轉向197號公路，到達「宮殿」。

二、沿202號公路開往班卡拉里，再從那裡前往「宮殿」。

三、沿202號公路，經聖費爾南多和維森特洛佩斯，到達布宜諾斯艾利斯，然後開往「禮物」。

哈雷爾對部下們說，從最近幾天的監視結果來看，不宜將艾希曼送往「禮物」，因為那位極負責任的看房人幾乎日日夜夜都守在這座房子裡，實在不好擺脫。另外，逮捕現場與「禮物」距離太遠，運送風險也更大。因此哈雷爾指出，雖然「宮殿」在房屋結構上不如「禮物」，但還是應該把「宮殿」作為優先選擇的藏身之處。

哈雷爾最後還特別強調，在逮捕艾希曼的過程中萬一出了亂子，就將他帶到最近的一處安全隱蔽據點，並且要做好長時期隱藏不動的準備。當然，這項預備案只有在逮捕行動執行之時就被人發現，並遭到追擊的情況下才可以啟動。

5月9日一整天，以伊萊為首的逮捕隊員和隨隊醫生都在練習如何最快、最有效、最省力地逮捕艾希曼，同時研究避免任何可能危及他們自身和目標安全的方法。

哈雷爾對下屬要求嚴格，要讓此次行動順利進行，逮捕小組成員之間必須配合默契，不能有半點疏漏。為此，他們反復模擬逮捕現場的行動細節，直到他們的速度和配合達到哈雷爾的要求為止。

一切已經準備就緒，可以按計劃下手，但是哈雷爾為了確保萬無一失，把行動時間延遲到了5月11日晚上，並且又另外租了兩間房子，這樣他們一共有7間房子了。再來，他又買了一輛二手「別克」轎車，以備不時之需。

　　在行動之前，哈雷爾向特遣行動小組全體成員下達了一項簡單明瞭的指示：抓住艾希曼以後，在等待時機將其帶回以色列的這段時間裡，一旦被阿根廷警方發現，特遣行動小組的指揮官加比·埃爾達德應當把自己和艾希曼銬在一起，並由埃爾達德自己拿著鑰匙。其他人要設法逃走，並且爭取安全回到以色列。埃爾達德則留下告訴警方，和他銬在一起的這個人就是納粹戰犯阿道夫·艾希曼，然後要求儘快見到阿根廷有關方面的最高官員。

　　不過，哈雷爾認為不應該讓加比·埃爾達德一個人接受阿根廷警方的盤問和審訊，所以他嚴肅地對埃爾達德說：「萬一你和艾希曼被抓住，並被帶到警方或政府高級官員那裡的話，你可以向他們說明實情，說你來自以色列，並向他們解釋，你是按照另一個以色列人的指示行動的，這個人就是特遣行動小組的頭目……你可以跟他們說，這個特遣行動小組得到情報，一個名叫里卡多·克萊門特的阿根廷居民，其真名是阿道夫·艾希曼，他在第二次世界大戰期間是納粹德國屠殺猶太人的主要罪人之一。特遣行動小組來到布宜諾斯艾利斯就是為了核實這項情報的真偽，如果發現此人確為艾希曼，就應該立即逮捕他，並將他交給阿根廷當局，審判他殺害猶太人的罪行。另外，你也要把我供出來，告訴他們這個特遣行動小組的領導者名叫伊塞·哈雷爾，並告訴他們我住的旅館和我在旅館登記時所用的名字……你還應該說，是伊塞·哈雷爾本人讓我告訴阿根廷當局他的姓名和地址的。他會親自向你們解釋他率領的這個小組採取這項行動的緣由，他也會按照這個國家的法律以及司法和道德原則為這個小組的一切行為承擔全

部責任。」

對於一個國家情報機構的領導人來說，他的名字屬於國家一級機密。一個被捕特工所掌握的最大祕密往往是指揮他執行任務的專案官員的身分，而哈雷爾卻讓下屬把他交給阿根廷當局，這實在是異於常理的做法。

加比‧埃爾達德當然竭力反對，可是哈雷爾卻用一種不容分辯的口吻說：「我們這一次行動和以往所做的完全不同。在我看來，這是一項高於一切的、源自人道和民族的使命，其重要性超過一切，我這是按照自己的良心行事。」

哈雷爾就像一隻強而有力的蜘蛛，悄悄地布下了天羅地網。此刻，他就坐在這張網的中心，靜靜地等待著獵物的來臨。

膽敢反抗，死路一條！

　　5月11日晚，摩薩德終於要下手了。

　　19時25分，特遣行動小組的汽車抵達目的地。遠離市區的加里保迪大街在夜色籠罩之下顯得格外冷清，街上幾乎看不到一個行人，來往的車輛也少得可憐。這時，第一輛車上的人假裝車子故障，於是把車斜靠在路邊，裝模作樣地修理起來。第二輛車則靜靜地停在大街旁邊的停車道上。

　　時間一分一秒地過去了，可是艾希曼卻遲遲沒有出現。19點40分，一班公車過去了，並沒有艾希曼的身影。接下來，又有兩輛車先後駛過，艾希曼仍然沒有現身。

　　難道發生了什麼意外？守候在此的特工們個個心急如焚，如坐針氈。

　　時間指向了20點5分，伊萊用袖珍無線電對講機向哈雷爾請示。哈雷爾給出的答覆是：如果5分鐘之內還不見「獵物」，全隊立即撤回。

　　就在這時，又來了一輛班車，緩緩地停在街道售貨亭旁邊。

　　「就是他！」一名特工仔細辨認了從車上下來的那名乘客之後，悄悄地對身邊的同事耳語道。大家定睛一看，只見在朦朧的夜色之中，阿道夫・艾希曼正向他們這邊走來。

　　「開燈！」隨著一聲低沉而有力的口令，兩束強烈的汽車燈光直射艾希曼的雙眼，把他照得眼花繚亂。

　　說時遲，那時快！一名尾隨其後的特工像猛虎撲食般朝艾希曼撲過去，第二名特工緊隨其後。艾希曼一下子被撲倒在地，不由得驚叫起來。可是，這根本無濟於事，幾隻有力的大手牢牢地抓住他，轉眼間，就把他塞進了汽車。

　　這時，第二輛車從旁邊開過。

　　「搞定了嗎？」

　　「搞定，開車！」

　　兩輛車同時啟動，迅速逃離現場，沒有留下任何痕跡。

　　車內的艾希曼已被五花大綁。他的頭被一名特工用粗壯的大腿牢牢夾住。車裡沒有一個人講話，艾希曼聽到的唯一一句話是用德語說的：「你敢動一下，我們就把你幹掉！」

　　此時的艾希曼已經完全弄明白這夥人的來路了。他深知，如果他膽敢反抗的話，以色列特工會毫不猶豫的把他當即處決。

　　特遣行動小組把艾希曼押到「宮殿」的三樓，並脫掉了他所有的衣褲，刺在他後背靠近腋下的一處「ㄅ」字標記立刻顯露出來，這就是當年納粹黨衛軍的身分證明。

　　特工們讓艾希曼穿上一件事先準備好的睡衣，然後把他銬在一張鐵床上。接著，一名精通德語的特工開始對他進行審問。

　　「你的國家社會黨黨證號碼是多少？」

　　「889895。」艾希曼不假思索地答道。

　　「你在黨衛軍的編號是不是45326和63752？」

　　「是的。」

　　「那麼你說，你的真實姓名是什麼？」

　　聽對方提出這樣的問題，艾希曼頓時全身發抖。幾秒鐘

之後，他膽顫心驚地囁嚅道：「我……我叫阿道夫・艾希曼。」

在此後的幾天裡，特工們輪流看守俘虜。出乎他們的意料，艾希曼竟然表現出令人驚訝的合作態度。在摩薩德特工面前，這個神經緊張、語調悲愴的老者，完全失去了當年穿著筆挺的軍裝，令數百萬猶太人膽顫心驚的黨衛軍軍官的威風。特工們實在難以想像，面前這個面貌和善、卑躬屈膝、唯命是從的人，竟然是當年險些征服全球的納粹黨魁之一。

艾希曼在被關押期間，他的看守人幫他梳洗，為他刮臉，甚至當他解手時，看守也一步不離地跟著他。顯然，這樣的工作對於以色列特工來說，同樣是一種考驗，因為艾希曼出現在他們面前，不得不讓他們想起往日的夢魘。這個看上去可憐兮兮的老人，就是當年的那個以駭人聽聞的手段對他們整個種族施行大屠殺的惡魔。

即便是對於哈雷爾手下的精銳部隊而言，看守艾希曼也是一項非同尋常的任務，他們的神經就像繃緊的小提琴弦一樣緊張。就連他們當中最剛強的人，也要不時地走出屋子，好讓自己過度緊張的神經稍微放鬆一下。

這些冷酷無情的特工，在執行任務的時候都曾經殺過人，然而此時此刻，他們卻不得不用雙手捂住自己的臉，好讓他們無法控制的淚水偷偷地流淌。

5月19日，來自以色列的「布列塔尼亞號」專機抵達布宜諾斯艾利斯，代表團成員下了飛機，就去參加慶典了。而艾希曼已經在「宮殿」裡平平安安地待了9天。

現在，哈雷爾絲毫不擔心艾希曼的失蹤會引起阿根廷當

局大規模的搜尋，因為他已經分析過了：艾希曼失蹤以後，他的家庭成員不會立刻聲張。因為他們是以假名寄居在阿根廷的，必然害怕因暴露身分而受到地方當局的懲罰。他們充其量只會到一些靠得住的朋友那裡去尋求幫助。而艾希曼的那些納粹朋友呢？即便真有這樣的朋友，這些人也得首先考慮自己的處境，在得知消息之後，肯定溜之大吉了。事實證明，哈雷爾的分析完全正確。

圖為二戰時，慘死在納粹集中營的眾多猶太人屍體

惡魔的結局

　　既然人已經抓到了，那麼哈雷爾接下來需要考慮的一個重要問題，就是如何把艾希曼弄回以色列。

　　他打算讓特遣行動小組的特工都換上以色列國家航空公司的制服，同時給艾希曼也弄一套，讓他冒充以色列國家航空公司的職員。然後，他們這些人全部乘坐機組人員的專車抵達機場，只要上了飛機就萬事大吉了。

　　可是，哈雷爾又考慮到這樣一個問題：萬一艾希曼在通過機場檢查時狗急跳牆，洩漏自己的真實身分，那又該如何處置呢？這回就輪到了特遣行動小組當中那位醫生大顯身手了。就在幾天前，他教了一名特工腦震盪的症狀，並為他編了一套假話：「你到醫院以後，就說你騎摩托車的時候出了車禍，只記得車子猛然一停，然後你就失去了知覺。當你醒來的時候，發現自己已經躺在旅館的床上了。後來，你總感覺頭暈、噁心……」接著，他又教小夥子在住院的幾天裡如何假裝「病情逐漸好轉」，如何爭取最晚在5月20日出院，以便返回以色列「休養」。此外，還要跟醫院方面說，他正好有機會可以搭乘以色列的一架專機回國。

　　這位特工依計而行，戲演得相當逼真。他住了幾天院，然後帶著院方出具的「腦震盪，需進一步治療」的診斷證明出院了。

　　「病人」一出院，那個精於偽造證件的專家沙洛姆・達

尼就對他帶回來的診斷證明進行加工。兩個小時後,診斷證明又重新出現在了哈雷爾的辦公桌上。所不同的是,病人已經變成了艾希曼,而他本人的照片也赫然貼在了「病人」頭像的位置上。這樣,即便阿根廷人攔住他們的專車檢查證件,特工們也能對「機組人員」艾希曼神志不清的狀態做出令人信服的解釋了:「他最近出了一次車禍」。同時,他們還會遞上一張如假包換的醫院診斷證明。

5月20日晚上8點左右,特遣行動小組正在「宮殿」裡做最後的準備工作。大家都換上了以色列國家航空公司的制服,艾希曼也不例外。

為了讓艾希曼「老實」一點,摩薩德的醫生給他注射了一針藥力很強的鎮靜劑。半分鐘以後,艾希曼就對周圍的一切失去了感知能力,但仍然可以在兩個人的攙扶下行走。在外人看來,他的確是一個非常典型的「腦震盪」患者。

做完這一切準備,特遣行動小組便出發了。

哈雷爾到達機場後,把他的指揮部設在候機室餐廳角落的一張餐桌上。他周圍有數百名正在用餐的各國旅客、機場工作人員以及阿根廷邊防員警。在哈雷爾身旁,沙洛姆·達尼仍在對幾張假護照進行最後的潤色,並檢查這些證件是否已經蓋上了他隨身攜帶的阿根廷政府「官印」。直到所有人都用假護照通過了海關和護照檢查,哈雷爾才鬆了一口氣。

檢查結束以後,特遣行動小組「攙扶」著艾希曼,乘坐三輛貼有「以色列國家航空公司」標誌的汽車進入機場隔離區,「病得不輕」的艾希曼坐在第二輛車上,被特工們夾在中間。

曾經不可一世，罪惡滔天的阿道夫·艾希曼最終還是難逃被抓捕的命運。圖為1961年，他在以色列的阿亞隆監獄牢房的院子裡

　　在停機坪入口處，衛兵示意他們停車，幾名全副武裝的憲兵走了過來。

　　第一輛汽車裡的人扯著嗓子唱著下流的歌曲，狂笑聲不止。司機一臉尷尬地向衛兵解釋說，他的同伴們沉浸在布宜諾斯艾利斯放蕩的夜生活當中，竟然忘了今晚必須離開。

看著這夥人的模樣，衛兵的戒心完全消失了。他們還譏笑說：要是靠這群人開飛機，飛機肯定會栽到水裡。「沒關係的，」司機說：「他們是後備機組人員，在飛機上可以睡大覺。」

雙方笑著互相擠了擠眼，然後衛兵便讓開了路。三輛汽車魚貫開向被車燈照得通明的「布列塔尼亞號」專機。

車子剛一停穩，兩名特工便把艾希曼拉出來，架著他的胳膊上了舷梯，把他塞進一個頭等艙位上。在他的周圍，坐滿了「其他機組成員」，他們沒有停止表演，一個個「呼呼大睡」起來。

應哈雷爾的要求，機長減弱了機艙內的燈光。在昏黃的燈光下，每個人的臉頰都顯得有些模糊。為了應付阿根廷方面可能對飛機進行的「例行檢查」，謹慎的哈雷爾不想冒任何風險。他知道，從當天早上開始，阿根廷警方為了尋找已經失蹤9天的艾希曼，正在全國範圍內開展搜捕行動。

飛機原定於23時45分起飛，可是到了23時50分，還沒有得到起飛的許可。負責檢查的官員說：證件有些小問題。哈雷爾雖然表面上不動聲色，但心臟都快跳出嘴巴了。難道阿根廷人在最後關頭發現了可疑之處？不，這一切都只是個誤會。此時的哈雷爾也只能這樣安慰自己了。

這也許是哈雷爾有生以來最難捱的時刻！

時針指向了5月21日12點，新的一天開始了，可是飛機依然沒有得到起飛的命令。哈雷爾的心臟依舊劇烈地跳著，不知道等待他的將會是怎樣的結果。

到了12點05分，機場塔台終於向以色列國家航空公司的「布列塔尼亞號」專機發出了「起飛」的指令。

　　這時，坐在舷窗旁邊的哈雷爾發現，在機場守衛處方向，在一名官員的帶領下，一隊阿根廷憲兵正慌慌張張地向飛機跑來。

　　然而他們晚到了一步！此時，飛機的引擎已發出了劇烈的轟鳴聲，隨即開始平穩地向飛行跑道滑行，沒多久，「布列塔尼亞號」便離開了布宜諾斯艾利斯機場的跑道，飛向茫茫夜空。

　　雖然阿根廷警方在最後關頭察覺了以色列人的意圖，但是為時已晚。為此，阿根廷員警總監火冒三丈，可他又不能聲張。因為，庇護一名前納粹戰犯並非是一件光彩的事情。

　　24小時以後，飛機降落在以色列利達機場。至此，這場跨越幾萬里的追凶行動終於劃上了圓滿的句號。

　　一下飛機，哈雷爾便徑直驅車趕往總理古里安的辦公室。他按捺不住內心的興奮，詼諧地對總理說：「我如此唐突地闖進你的辦公室，真是很抱歉，但我卻給你帶來了一件『小禮物』！」古里安心裡非常清楚，哈雷爾所說的「小禮物」就是艾希曼，但是他萬萬沒有想到，這件事竟會辦得如此順利而迅速。他激動得一時說不出話來，只是緊緊地與哈雷爾擁抱在一起。

　　第二天，古里安總理對議會發表了這樣一番談話：「我應該告訴各位，就在前不久，以色列特工部門在南美某地找到並逮捕了前納粹戰犯阿道夫‧艾希曼。此人現在被關押在以色列的監獄裡。不久，一個猶太人法庭將對其在第二次世界大戰期間對猶太民族犯下的滔天罪行進行審判……」

　　此時此刻，這個從14歲起就投身猶太復國主義運動，被人們稱為有著「鋼鐵般意志」的以色列政治領袖再也控制

不住自己，他激動得聲音都開始顫抖了。以色列國家電台立即向全國播發了這個消息，整個以色列都為之沸騰。

在議會大廳，全體與會者都把目光移向了以色列的功臣——哈雷爾。

平時，哈雷爾很少在大庭廣眾之下拋頭露面，但在今天這個特殊的日子，在密友古里安的再三請求之下，他破例坐在議會大廳最後一排的座位上。

圖為阿道夫・艾希曼在法庭上受審。
最後他被判定為「滅絕人類罪」，被判處絞刑

　　這位間諜大師一動也不動地坐在那裡，用他那雙藍色的眼睛直視前方。他的心中正湧動著複雜的歷史感情，但此刻，他一句話也不想說。

　　I960年12月15日，在猶太人的法庭上，艾希曼以其屠殺猶太人的罪行，被定為「滅絕人類罪」，判處死刑。

　　1962年5月31日，艾希曼被處以絞刑。這個曾經策劃了對600萬猶太人實施大屠殺的納粹劊子手，終於進了地獄。

　　1962年6月1日，在太陽尚未升起的時候，以色列人將艾希曼的骨灰倒入遠離海岸的萬頃波濤之中。

伊萊・科恩——
間諜之王的諜海生涯

1965年5月19日凌晨,在敘利亞首都大馬士革的烈士廣場上,一個名叫伊萊・科恩的以色列特工被處以絞刑,這意味著此前以色列當局為營救此人所做的一切努力都歸於失敗。伊萊・科恩死後,以色列人像對待英雄一樣對其頂禮膜拜;而他生前的諜海生涯,也給了摩薩德的歷史添上了濃墨重彩的一筆。

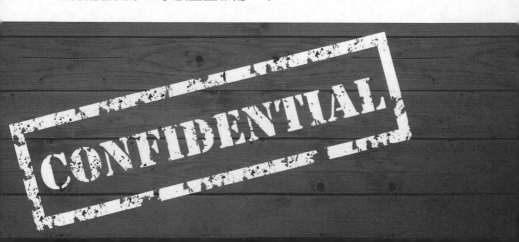

定格在絞刑架上的超級間諜

1965年5月18日深夜，大馬士革電台廣播了一則消息：一位名叫伊萊・科恩的以色列間諜將在幾個小時以後被處以絞刑。

臨近午夜，大馬士革馬紮監獄那扇沉重的大門緩緩打開，伴隨著監獄看守急促的腳步聲，監禁伊萊・科恩的單人牢房的門被打開。科恩從睡夢中驚醒，一下子從行軍床上坐了起來。藉著徹夜不熄的微弱燈光，他看見了兩名敘利亞士兵的身影，心中頓時產生了一種不祥的預感：難道又要去經受一場酷刑了……

過了一會兒，科恩完全清醒過來了，這時他才注意到那個曾經審問過他的特別軍事法庭庭長戴利上校和那位年過八旬的猶太教長厄辛・安達博士正站在兩名士兵中間。這兩個人的意外光臨讓他預感到自己的厄運，但此時此刻，他已經沒太多時間考慮這個問題了。

戴利上校位高權重，高傲自大，說起話來尖聲尖氣。他命令科恩立即穿衣、立正。科恩按照上校的命令站在那裡，靜靜地聽著決定他命運的判決詞：「今夜，你將被處以絞刑。」

戴利上校說完以後向後退了一步，讓路給安達博士。這位滿臉花白鬍鬚的駝背老人懷著悲憫的心情，用顫抖的聲音念著希伯來語的祈禱文：「慈悲的主啊！請您寬恕有罪

的僕人吧……」

科恩跟著教長小聲地念著。

老人抑制不住自己的感情，兩行熱淚不斷地流過面頰，滴在地上。當他因不能自持而把一些祈禱文念錯的時候，科恩則十分有禮貌地輕聲為他糾正。

祈禱過後，四名手執衝鋒槍的敘利亞士兵押著科恩上了一輛卡車，駛出監獄大門。此時已是19日凌晨2時。科恩雖然看不見方向，但他知道，自己將要被送往幾百年前建成的大馬士革絞刑台。

載著囚犯的卡車在位於烈士廣場一角的警察局門口停了下來，科恩下了車，被帶進有「屠宰場」之稱的員警大樓。

戴利上校要他在一張粗糙的木桌旁坐下，告訴他說，如果願意的話，他可以留個遺囑或訣別信。

圖為以色列著名間諜伊萊・科恩，享受「西方佐爾格」的美譽。後被敘利亞政府抓獲，1965年5月被當眾絞死

科恩把頭轉向正在向真主歌唱著單調而重複的讚美詩的老人，平靜地說道：「我並沒有罪，也不欠任何人的東西，我不需要留什麼遺囑。但是，我要對我的家人盡最後的責任，我要寫一封信給他們。」

他拿過筆和紙，開始不慌不忙、字斟句酌地寫了起來：

我的納迪亞和親愛的家人們：

　　這是我寫給你們的最後幾句話，我希望你們要一起生活下去。納迪亞，請妳原諒我，並照顧好妳自己和我們的孩子。妳要設法讓孩子們受到良好的教育。妳自己要多保重，要多關心孩子，不要讓他們缺這缺那。希望妳和家人們永遠和睦相處。

　　同時，我希望妳能夠再嫁，也好讓孩子們有個父親。妳完全可以這樣做。千萬不要為已經不復存在的東西終日悲戚，要永遠向前看。讓我向妳吻別，請妳代我向蘇菲、艾里斯、紹爾和家裡所有的親人吻別。不要漏掉他們當中的任何一個，告訴他們，直到生命的最後一刻，我依然思念著他們。

　　千萬不要忘記為拯救我父親的亡靈、解救我的靈魂而進行祈禱！

　　致上我最後的吻別。

　　向大家致敬。祝大家和睦。

伊萊‧科恩

1965年5月18日

　　科恩用阿拉伯文寫完這封訣別信後，就把紙推開，想了一會兒，又把它拿了過來。他又要了一張紙，然後用法文把信重抄一遍，讓他的臨終遺言不只是用阿拉伯文保存下來。

　　這時，猶太教長誦讀起最後的禱告：「親愛的以色列，聽吧！」說著，老人的聲音哽咽了，眼淚再次流了下來。

　　在距離警察局不遠處，就是那座燈光耀眼、戒備森嚴的廣場。絞刑架就設在廣場的中央，四周用鐵絲網圍著。

　　三年前科恩也曾在來過這個廣場，當時敘利亞軍隊在努凱蔔高地戰鬥中繳獲的以色列裝甲車，就在這個廣場上帶著炫耀意味的向公眾展示。科恩夾在民眾中間，像一個普通民眾那樣觀看了這場「表演」。而現在，同樣是在這個廣場上，卻是無數的市民揉著惺忪的睡眼從四面八方聚集於此，急切地等著看看科恩。自從三個月前被捕以後，科恩被各家報紙大肆渲染。對於數百萬敘利亞民眾來說，這個「以色列間諜之王」已經成了一個具有神奇魔力的人物。

　　從1962年1月至1965年1月，科恩在大馬士革一直扮演著國家要人的角色，然而任何人都沒想到，他的真實身分竟然是一位來自以色列的高級間諜。

　　案發以後，他立刻被單獨囚禁，與外界徹底斷絕了聯繫，甚至不能與律師和家人通信。雖然電視台播出對他審訊的部分實況，但這只是用於官方的宣傳，廣大民眾依舊對這位神奇而非凡的人物充滿了好奇。

　　廣場上的人越聚越多，他們是在午夜時分透過電台得知這項消息的。從那時起，人流便絡繹不絕地從附近的街道湧來。

　　在即將行刑的時刻，相較於科恩的平靜，敘利亞政府反而更加緊張與不安。敘利亞當局對他的最後裁決是在48小時前確定的，而且只有極少數高層官員才知道此事。敘利亞總統阿明・哈菲茲命令黨政軍主要領導人在大馬士革待命。

　　祕密報告中建議，對這個以色列超級間諜執行死刑的判絕不要履行常規的法律手續，以免激起以色列方面的進攻。出訪蘇聯的敘利亞軍事情報部門首腦也接到了通知，務必在24小時之內返回大馬士革。在敘、以邊境上，當晚增加

了大量摩托車、大炮等各種輕重型武器。

科恩雖然對敘利亞政府的這些緊急戒備措施一無所知，但透過防備森嚴的警戒系統，他還是感覺到了敘利亞人的不安。走向刑台的時候，科恩拒絕了戴利上校想要扶他一把而伸出的手，此時的他，雖然臉色蒼白，但神態異常平靜。

在刑台上，上校向科恩做最後的詢問：「你還有什麼話要說嗎？你在敘利亞還有同謀嗎？」

「我並不認為我有罪，我只是做了我應該做的而已。」這是科恩的回答，也是他在之前的審問中，僅有的供詞。

體格彪悍的劊子手阿布・薩里姆把傳統的白布袋扔到科恩身上，然後要替他把眼睛蒙上，但科恩搖搖頭，自己將脖子伸進了繩套。

隨後，老人為他做了最後一次祈禱。

1965年5月19日，伊萊・科恩在敘利亞首都大馬士革烈士廣場被絞死

4分鐘之後，劊子手向上校報告說，伊萊・科恩已經死了。超級間諜伊萊・科恩的生命就這樣定格在烈士廣場，定格在絞刑架上。而他那撲朔迷離的諜海傳奇，則在他死後多年才逐漸為世人所知。

超級間諜前傳

1924年12月16日，伊萊‧科恩——這位未來的間諜之王出生在埃及亞歷山大城的一個猶太人家庭。他的父母都是非常正統的猶太人，在城裡經營一家賣領帶的小店。

科恩從一個正統的猶太教教徒那裡接受了十分嚴格的教育，從小便被培養成了一名虔誠的教徒。

由於科恩聰明好學，因此他得到了一筆在法國中學讀書的獎學金。在那所法國中學裡，他的表現十分出眾，尤其是在外語和數學方面，他學得特別輕鬆。他有著驚人的記憶力，能夠大段背誦猶太法典，甚至能瞬間記住從他家門前開過的汽車車牌號碼。

和當時埃及大部分猶太青年一樣，科恩很快就捲入了猶太復國主義政治運動當中。所不同的是，他比別人走得更遠——他加入了薩米‧阿紮爾領導下的一個非法猶太人地下組織。該組織是由摩薩德的前身——當時最大的猶太人準軍事組織「哈迦納」的情報部所領導，其任務就是偷運猶太人去巴勒斯坦。

科恩以經營旅行社為幌子，充分發揮了自己的多種天賦——例如精通多種語言，廣泛結交了埃及政界和外交界人士。他不但收集了大量祕密情報，而且先後將數千名猶太人從埃及偷送至巴勒斯坦定居。

1948年，以色列建國，此後經科恩之手偷送出埃及的

猶太人倍數增加。到了1951年，居住在埃及的30萬猶太人僅剩下三分之一。在此期間，科恩的父母以及他的7個弟妹也都到了以色列。

1954年，埃及第二任總統迦瑪爾‧阿卜杜爾‧納賽爾接管埃及以後，以色列軍情處處長班傑明‧吉卜利在隱瞞摩薩德新任局長伊塞‧哈雷爾的情況下，私自在埃及建立情報網，並命令特工在埃及製造了一系列爆炸事件，以製造恐慌。這就是著名的「蘇珊娜行動」。可是，由於其中一名特工意外被捕，致使間諜網遭到嚴重破壞，行動以失敗告終。當時科恩也受到牽連，和其他10名間諜均被埃及當局拘捕。不過，科恩巧舌如簧，百般狡辯，一臉無辜地說自己只是個清清白白的旅行社老闆，對這些陰謀活動一無所知，最後竟然逃脫了懲罰。

科恩被埃及警方釋放以後，帶著未被查出的收發報機轉移至亞歷山大，繼續向以色列發送情報。他發來的報告引起了上司的警覺，因為這些報告指出，埃及總統納賽爾越來越放鬆對於納粹分子的控制。一些前德國納粹分子為了掩蓋自己的真實身分，改用了阿拉伯名字，甚至還改信了伊斯蘭教。這些昔日的德國祕密員警頭目，徹底改組了納賽爾的特工部門和國內的保安部門——國家安全局。

1956年11月，伊萊‧科恩因親猶太復國主義的罪名在埃及被捕，可是他這次把自己裝扮成一名虔誠的猶太教徒，又一次溜掉了。同年12月底，他被送上一艘紅十字會的難民船，他的護照上寫著這樣幾個字：不准返回埃及。

1957年2月12日，32歲的伊萊‧科恩乘坐一艘運送埃及難民的義大利輪船「費里珀‧格里穆尼號」抵達以色列。

在海法港，他一下船就得到了一個證明他是以色列公民的證件。直到這一年年底，他才在以色列國防部謀到一份工作。

伊萊‧科恩對自己在埃及所做的一切間諜工作守口如瓶，即便是對自己的家人也隻字不提。他的弟弟在評價他的性格時是這樣說的：「伊萊就像是一本封閉的書，從不對我們談起他過去的任何事情。」

兩年以後，伊萊‧科恩在特拉維夫的軍人俱樂部裡遇到一位身材高大的伊拉克女子——納迪亞。她那雙含情脈脈的大眼睛清楚地告訴人們，她十分喜歡伊萊‧科恩。當時，納迪亞27歲，是一家醫院的護士。

過沒多久，他們就結婚了。

伊萊‧科恩在國防部的工作是翻譯阿拉伯文報紙上的文章。但沒多久，他就厭倦了這種翻譯工作，於是離開了國防部，到一家食品公司當了會計。

可是，在一個平常得不能再平常的日子，當科恩和往常一樣回到家時，他告訴妻子，他已經不再從事會計工作了，他即將到政府的「商業部門」任職。

他的妻子並不知道，他所任職的「商業部門」，就是以色列情報和特殊使命局——摩薩德。他的妻子更不可能知道，為了重操舊業，伊萊‧科恩頗費一番周折。

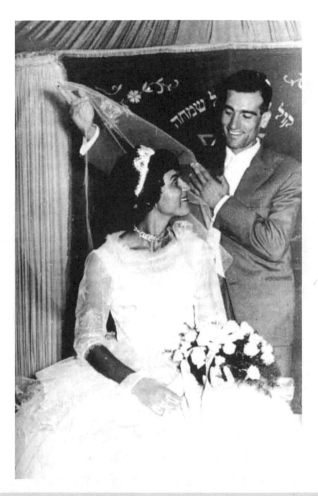

圖為伊萊・科恩和他的妻子納迪亞的結婚照片。儘管當時他已經結婚了，但當摩薩德找到他，並邀請他加入時，科恩還是接受了這個邀請

加入摩薩德

　　和前來聖地觀光的許多遊客一樣，來自法國的馬塞爾‧考萬在耶路撒冷那車水馬龍的大街上足足逛了好幾個鐘頭。無論是這裡的歷史遺跡還是宗教中心，都令他流連忘返。不過，他最大的樂趣還是去逛古董店。這位自稱在埃及度過了青年時代，後來一直居住在馬賽城附近的遊客，精通阿拉伯語和法語，因此可以和那些他在大街上遇到的外國人長時間交談。

　　馬塞爾‧考萬在自己下榻的那個簡樸旅館裡對招待員說，他準備移居以色列。目前他正在耶路撒冷聯繫商店。招待員熱情地向他介紹了耶路撒冷城內商界人士最喜歡光臨的那幾家咖啡館，並把幾個在政府工作的朋友姓名也告訴了他，說這些人可能會對他有所幫助。

　　考萬聽了招待員的介紹，當天就到維也納飯店去吃午餐。由於他和藹可親，因此很快就和同桌的一名以色列男子拉上了關係。在交談過程中，考萬得知，這是一位在政府某個部門工作的重要人物。兩個人越談越投機，結果那位以色列人邀請考萬晚上去他家裡吃飯。當天晚上，在眾多賓客中間，考萬碰上了一位銀行家。考萬表示，他準備在以色列創辦一家企業，可是他對於以色列的法律知之甚少，特別是關於他應該採取什麼樣的方法才能把自己的一部分資金轉移到以色列，他根本不知道如何操作。銀行家

聽了以後便約他第二天上午見面。

第二天，這位正在尋找新客戶的銀行家花了差不多一上午的時間來回答馬塞爾‧考萬的問題。他不僅指出了馬塞爾‧考萬個人在他的銀行裡新開一個帳戶的可能性，而且還談到了以色列的經濟狀況。兩人談了很久，直到銀行裡的職員都去吃午飯了，銀行家才從便門送走這位未來的大客戶。

臨別時，考萬答應很快就給他回音。在接下來的日子裡，他又和數十位企業界人士進行了接觸，向他們諮詢了物色一些合適住所的方法，以及有關以色列日常生活的一系列問題。

就這樣過了一段時間以後，當他搭坐火車返回特拉維夫時，他對耶路撒冷的瞭解程度完全不亞於一個在那兒生活多年的人。另外，他也成功地拉上了許多對自己有用的關係。在這些人當中，有一些人，尤其是那位銀行家，後來就再也沒聽到過有關這位準備在耶路撒冷定居的法國人的消息。

馬塞爾‧考萬回到特拉維夫之後，來到了艾比倫街附近的一座小房子。在那裡，他受到了一個蓄著濃重金色鬍子的人歡迎。

他們在一張桌子旁坐下，「金鬍子」拿出了一大卷材料，其中包括馬塞爾‧考萬和他在耶路撒冷認識的那些新朋友的合照，多達數十張。此外，還有一張用打字機打出來的表格，記錄了馬塞爾‧考萬在耶路撒冷期間的一舉一動，甚至還有他在咖啡館和古董店消費的數目。兩個人花了好幾個小時的時間，將考萬對自己活動所作的描述與資

料裡的記錄進行核對。最後，考萬說：「他們只漏掉了我在銀行裡會見的那個銀行家名字。」然後，他便交出了護照。

幾個小時以後，真正的馬塞爾‧考萬——一個在埃及出生的法國人終於找到了他在兩週前遺失的證件和股票證券，他頓時鬆了一口氣。

「我們總算找到了您遺失的證件，不過，您以後可要多留意才對啊！」有人對他這樣說。

而在耶路撒冷四處招搖，冒充馬塞爾‧考萬長達十天之久的不是別人，正是伊萊‧科恩。至於那個「金鬍子」，其實是摩薩德的一名教官，他擔任對科恩進行「冒名頂替」這門高深學科的教學指導工作。另外還有兩名配備微型照相機的年輕特工，由於成功地跟蹤了遊客「馬塞爾‧考萬」，也得到了教官的表揚。

遊客「馬塞爾‧考萬」根本沒有認出他們，儘管他已經被人事先告知，他隨時隨地都會被跟蹤。這兩位跟蹤者的唯一失誤，是他們對「馬塞爾‧考萬」和銀行家所進行的那次長談一無所知。這是他們唯一被「獵物」甩掉的時刻。

摩薩德安排這次演習的目的，就是要測驗一下伊萊‧科恩以某一特定的偽裝身分執行任務的能力。儘管科恩過去曾在埃及長期從事間諜工作，但他的最高指揮官伊塞‧哈雷爾依然要求必須嚴格按照一個新手的標準去對待他。在他的上司做出他是否有資格在以色列國境之外執行間諜任務的決定之前，他必須像新人一樣經受這些艱難而又嚴峻的考驗。

作為摩薩德的特工，他是否知道即便是對自己的妻子也無權說出這項工作的性質？他是否知道間諜的薪水其實是

很低的？他的家庭生活幸福嗎？他與妻子和睦嗎？他為什麼會選擇到遙遠的地方去執行任務？是特工職業所具有的誘惑力吸引了他嗎？他是否能夠服從鐵一般的紀律呢？這些問題是必須經過重重調查和考驗的，伊萊・科恩自然也不例外。

為了弄清楚這些問題，摩薩德早已派人祕密地詢問了伊

萊・科恩在以色列的親人和朋友，不僅談及了他的私生活，而且還掌握了他對自己國家的態度。而對於這一切，科恩本人都毫不知情。

圖為以色列摩薩德的標誌

當這位來自亞歷山大城的間諜放棄了辦公室裡的工作，到一家食品聯營公司當了會計時，摩薩德就已經注意到他了，並且對他做了上述調查。

直到幾個月後的一天，一個陌生人到科恩家裡找他，約他一起去海邊散步。陌生人見四下無人，便亮出了他的真實身分，原來，他是摩薩德的一名高級軍官。

他對科恩說：「如果你真的想加入摩薩德，你的申請將會得到特別的考慮。」科恩隨後就和這個被人們稱為「苦行僧」的人進行了長時間的談話。

伊萊・科恩非常坦率地承認，他對會計工作根本不感興趣。祕密特工人員的工資要比會計高一倍，但這並不是他想改行的主要原因。他一再堅持說，他唯一的目的就是要

為國家效力。「總之，這是我整個青年時代所從事的事業，對於這一點，您是十分清楚的。」科恩最後說道。

「苦行僧」並不急於做出判斷，他用了好幾個小時的時間「盤問」科恩。事實上，早在1948年以前，「苦行僧」就是個恐怖組織內部的特工人員，他之所以能夠活到今天，並且成為摩薩德的高層人物，就是因為他反應敏捷，「看人」很準，對別人的誠懇度有一個準確的判斷。

這次談話結束之後，一個專家小組對伊萊‧科恩進行了全面的身體和心理檢查，所測得的各種資料都被按照極其嚴密的程式輸入一台電腦。這個程式的基本原理，是由以色列最優秀的科學家和精神病專家制定的。

儘管伊萊‧科恩有那些不平凡的間諜工作經歷可供參考，但他還是必須全面地經歷招考這一關。因為按照哈雷爾的規定，摩薩德只使用那些最忠誠、最合理的特工人員，對於那些在性格上哪怕只有那麼一點缺陷或者稍有一點經不起考驗的人，就算他們有再強的能力，有再高的天資，都會被摩薩德拒之門外。

最後，「苦行僧」終於召見伊萊‧科恩，並向他宣佈了考核結果：「你的成績非常優秀。在接下來的六個月內，你將在我的領導下繼續接受訓練。在此期間，你將得到全額工資。不過，在訓練結束時，你依然可以改變主意，離開摩薩德。只要願意，你可以毫無愧疚地放棄這項工作。你必須明白，只有在你本人完全自願的情況下，你才能繼續幹下去。我們對你的唯一要求就是你無權對任何人暴露你活動的真實動機。如果你稍不留神違反了這條保密規定，就將立即被我們開除。」

聽了教官的話以後，伊萊·科恩沒有任何猶豫，當即表明了自己的態度：加入摩薩德。

伊萊·科恩通過了重重考驗，正式成為摩薩德的一員

特工訓練營

1960年的整個夏天，伊萊‧科恩都是在軍營當中度過的。經過訓練，他成了密碼破譯和通訊聯繫的高手。同時，他還習得了拆裝收發報機以及隱藏這些設備的各種方法。摩薩德的教官們從最基礎的技能開始，教會了他從事破壞活動、製做炸藥和定時炸彈以及徒手格鬥等全部技術。為了達到實戰要求，教官們還對他進行了高標準的炸毀橋樑和其他重要設施的訓練。

獲取並分析軍事情報的技術也是伊萊‧科恩的一門必修課。他必須做到在瞬息之間識別出包括飛機、軍艦在內的各種武器。另外，他還接受了使用各種輕武器的高強度訓練。只有當他達到神槍手的標準，這項訓練才會結束。

隨後，他又開始學習盜竊技術，並學會了在沒有鑰匙的情況下打開形形色色的鎖。他的攝影技術原本就已經相當全面了，現在只需在使用最先進的微縮膠卷方面略加指點就行了。當然，他還必須學會使用古老的，但至今仍十分有效的密寫藥水，掌握那些將一份情報隱藏於信中而不露破綻的方法。在學習這些技術的同時，科恩還必須一直接受專家們沒完沒了的提問和考試。

伊萊‧科恩接受新知識的速度讓教官們留下了深刻的印象。對於其他優秀特工來說需要反復學習、反復訓練才能掌握的技能，科恩學習起來不費吹灰之力。他那從小透過

整段、整段地背誦《聖經》而培養起來的驚人記憶力，更是讓「苦行僧」吃驚不小。

關於這名學員的最後鑑定，「苦行僧」是這樣寫的：「他充分具備了一名祕密特工人員所必備的一切素質。」

為了訓練跟蹤與反跟蹤能力，伊萊・科恩在特拉維夫最繁華的大街上扮演了兩個星期的「遊客」。他必須在特拉維夫走遍各角落，努力發現跟蹤他的「尾巴」，並設法將其甩掉，同時又必須裝成若無其事的樣子。這是一門需要經過長期學習與訓練才能掌握的技能。然後，雙方的角色又要顛倒一下，伊萊・科恩成了跟蹤者。

剛開始是其他新學員，然後經驗豐富的老特工要設法擺脫他。由於這種演練是在電影院、咖啡館和商店等安全的環境中進行的，因此，特工們在精神上可能會出現懈怠，但是摩薩德不斷對新人強調，他們的生命或許就取決於他們發現自己被人跟蹤的能力，或許就取決於他們在跟蹤某個目標時既不會被對方擺脫，也不會被對方認出來的能力。

這種訓練一直要持續到讓「多謀善斷、善於隱蔽」成為新學員們完全自動的條件反射時，才能告一段落。

學員之間是互不往來的。在受訓的幾個月裡，他們一直受著最為嚴格的紀律約束。他們不能回家，也不能與家人有任何接觸。甚至在晚上少有的閒暇時間到外面散步時，為了「安全起見」，也必須要有一名正式的摩薩德特工陪同。

現在，伊萊・科恩和「苦行僧」之間的友誼越來越牢固。這位飽經風雨的老特工深知，當他的「合作者」獨自一人生活在一個充滿危險的城市時，他的工作效率和意志在很大程度上，取決於他對「總部」所抱有的絕對信心。

　　「如果在學員與教官之間不能建立起相互產生好感、相互尊重的關係，那麼摩薩德的領導人就要為學員派一位新教官。」這項原則從一開始就被哈雷爾確定了。他曾經說過：「為我們工作的任何一個人都是朋友，都是這個大家庭中的一分子。不管要花多少時間，做多大努力，付出多少金錢，我們都將始終不渝地竭力救助一個蒙受牢獄之災或一個處在困境之中的特工人員。只有在極其罕見的絕境當中，我們才可能犧牲一個人的生命。」這是摩薩德一貫的傳統。

　　1960年9月，伊萊‧科恩終於被允許回家探親了。這可是他期盼已久的一件大事。因為他終於可以把自己的女兒蘇菲抱在懷中了。可是，假期是短暫的，這位未來的間諜之王很快的就來到阿拉伯人聚居地——拿撒勒，走上了新的工作崗位。

　　科恩帶著一份假護照，其公開身分是一名想學習伊斯蘭教文化的耶路撒冷大學學生。憑藉這一身分，他很快就被人介紹給穆罕默德‧沙爾曼酋長。過去，在家鄉亞歷山大，他就曾向埃及的夥伴學過一些伊斯蘭教教規，而現在，這個裝扮成學生的間諜必須認認真真地學習伊斯蘭教了。首先，他發揮出自己的優勢，把《古蘭經》中的許多章節背得滾瓜爛熟。接著，他又學會了伊斯蘭教徒的日常行為舉止。

　　為了讓自己的「表演」天衣無縫，每到星期五，當清真寺裡帶領信徒們背誦教義的聖者號召大家去做禱告時，這名「大學生」總會前往以色列的主要清真寺，背誦那些流傳千古的禱告詞：「萬物非主，唯有真主，穆罕默德，是主使者。」

科恩和身邊的「教友」常常一起彎下腰去做禱告。到了後來，他認為自己在做禱告時已經沒有任何猶豫和笨拙的動作了，任何人都看不出他是一名偽裝的穆斯林。

1960年11月，「苦行僧」和科恩在特拉維夫的一座小閣樓裡進行了一次談話。

在正式執行間諜任務前，伊萊・科恩假扮一名想要學習伊斯蘭教文化的耶路撒冷大學學生，為即將開始的任務做好準備

「從今天開始，你必須開始習慣於使用你的新名字──卡瑪律・阿明・塔貝特。『卡瑪律』是你的第一個名，『阿明』是你的父名，『塔貝特』則是你的姓。要記住，你來自敘利亞。你即將被派往敘利亞工作了。」

接下來，伊萊・科恩的訓練逐漸專門化了。很快，他就上完了有關敘利亞的歷史、政治、經濟、地理的速成課。

敘利亞方言和他從小學會的埃及人說的阿拉伯語是有一定區別的。因此，他跟好幾位教師，甚至跟一位出生在大

馬士革的大學教授學習了專門的語言課程。為了習慣用敘利亞方言發音，為了隨時瞭解敘利亞的大小事情，他還一直收聽大馬士革的電台廣播。

在他的公寓裡，設置了一個小型的電影放映室，很多專家前來為他講解在敘利亞拍攝的介紹該國各軍兵種和軍事設施的影片。其中有很大一部分資料，來源於大馬士革電視台的節目錄影。

事實上，無孔不入的摩薩德已經錄下了與以色列相鄰的阿拉伯國家所有的電台、電視台的節目。

為了勝任即將開始的任務，伊萊・科恩起早貪黑地緊張工作著。他孤獨地住在特拉維夫的公寓裡，完全與世隔絕，而這正是摩薩德教官們刻意安排的，他們要藉此檢驗科恩忍受孤獨的能力。因為他們早就作好了決定，科恩必須像一隻孤狼一樣，在大馬士革單獨執行任務，他將不屬於任何小組。

每天晚上，透過宿舍的窗戶，伊萊・科恩都會看到熙熙攘攘的人群出沒於特拉維夫的影院和餐館。有一次，摩薩德教官聽他說：「我是一個在人間遊蕩的幽靈。」不過，這是他唯一一次發牢騷。他的教官一再告訴他，在任何時候，他都可以選擇退出。但是，天生頑強的科恩從來沒有表現出任何吃不消的跡象。

隨著以敘邊界的氣氛日益緊張，在艾倫比大街的公寓裡，摩薩德對伊萊・科恩的訓練更加緊迫了……

脫胎換骨的旅程

　　1961年3月的一天，瑞士航空公司的一架客機，在布宜諾斯艾利斯機場緩緩著陸。一位風度翩翩的商人從飛機上走了下來，隨後叫了一輛計程車。按照司機的建議，他在位於市中心的七月九日大街上的一家旅館門前下了車。

　　這位商人來到旅館接待處，向服務員出示了自己的護照。護照上姓名一欄赫然寫著：卡瑪律‧阿明‧塔貝特。他安放好自己的行李，便到鬧市區散步去了。

　　他不斷地光顧咖啡館、飯店和酒吧，尤其喜歡到黎巴嫩、敘利亞等國僑民經常聚會的場所。在那些地方，他很快就結識了一大批阿拉伯人，並成為當地阿拉伯僑民圈裡的活躍人物。

　　他經常邀請那些阿拉伯僑民到他的住所做客，並對他們講述自己的身世。他還把自己全家人的照片拿出來給大家看，激動地談起自己的「雙親」。他說，很多年以前，他的父母就離開了家鄉敘利亞去黎巴嫩的貝魯特尋找財富，後來生下了他。不幸的是，他的家庭並非萬事如意，後來因為遭遇變故而遷居至亞歷山大城，所以，他在埃及度過了自己的青年時代。不過，他的父親要求全家人都保留敘利亞國籍，並不斷地向兒子灌輸愛國思想。他在彌留之際還要求兒子發誓，將來一定要重返大馬士革。

　　卡瑪律還說，他在一位遠房叔叔的幫助下，於1947年

　　來到阿根廷首都布宜諾斯艾利斯，和家人一起在萊加尼街開了一家紡織公司。但是很不幸，他後來破產了，而且就在那個事業低迷的階段，他的父母相繼去世。

　　不過，現在的卡瑪律已經東山再起，他有了自己的進出口公司。這位儀表大方的敘利亞商人在塔卡拉街1485號的寓所十分豪華，這座宅第毫不掩飾地彰顯著他在事業上的成功。

　　卡瑪律頗為自豪地向他剛剛結交的朋友們介紹著他的影集。在這些影集中，人們可以看到少年時代的卡瑪律和他的父母在亞歷山大城自家房前的合影，10歲的卡瑪律就站在父母中間。另外，他還拿出了他在布宜諾斯艾利斯和他的父親、叔叔在一起拍的照片。

　　當然，最能激起這位敘利亞商人興致的事，莫過於談論他的祖國，談論他將來終有一天要回到祖國的夙願。

　　「伊斯蘭俱樂部」是布宜諾斯艾利斯一個著名的飯店和社交中心，卡瑪律每天都會在那裡閱讀大馬士革報紙和開羅報紙。

　　這天，他十分偶然地跟一個有些禿頂的中年人攀談。這個人自稱名叫阿卜杜拉赫・拉蒂夫・阿勒桑，是布宜諾斯艾利斯一家著名的阿拉伯文報社主編。卡瑪律對這位堅定的民族主義者吐露了心聲：「我多麼渴望能夠回到我父親的故國，為祖國做出貢獻啊！可是我在那兒卻舉目無親。」

　　卡瑪律對大馬士革內政的一切問題都表現出極其強烈的興趣。主編非常高興能遇到這樣一個愛國的教友，因此把他介紹給了布宜諾斯艾利斯幾位最有威望的阿拉伯人士，同時還把他引進了這座城市的上流資產階級外交界。

　　由於卡瑪律對阿拉伯事務頗為精通，因此在敘利亞大使館的各種招待會上，他成了受人歡迎的座上賓。在一次晚會上，他結識了大使館武官阿明・哈菲茲。哈菲茲被卡瑪律的民族主義熱情深深地打動了，於是，他推心置腹地對卡瑪律說：「或許我不應該和你談論政治，但是我覺得，你一定有興趣加入我們阿拉伯復興社會黨。到今年年底，我在布宜諾斯艾利斯的任期就要結束了，之後我準備回到大馬士革，以便在我國的政治活動中發揮作用。你為什麼不和我一塊兒去呢？我們非常需要像你這樣既有教養又有愛國熱忱的人。」

　　卡瑪律聽了以後謹慎地回答道：「將軍閣下，如果我處在您的位置的話，我也許會這樣做的。不過，我是否有勇氣效法您呢？天曉得！」

　　在此後的一段時間裡，他們又曾多次見面。每次見面，卡瑪律總是尊稱哈菲茲為「將軍閣下」，而被捧得飄飄然的哈菲茲則總是說：「你好，我的朋友！你什麼時候才會說，你將回到大馬士革幫我們做事呢？」

　　在這個時候，他們倆個誰也不知道，哈菲茲將來會成為敘利亞的總統和阿拉伯復興社會黨的最高領導人。

　　卡瑪律依然經常對朋友們談起他對家鄉的思念之情。因此，在這一年的5月初，當他興高采烈地告訴他的朋友們，他準備回到大馬士革時，沒有任何人對此感到意外。每一個人都為他寫了向大馬士革企業、政界人士推薦他的介紹信，並向他介紹了他們在大馬士革的私人朋友，以保證剛重返故土的人在安家的時候就能得到幫助。

圖為敘利亞總統阿明・哈菲茲。伊萊・科恩化名為「卡瑪
律・阿明・塔貝特」，在阿根廷首都布布宜諾賽勒斯與哈
菲茲相識，進而使伊萊・科恩在敘利亞的間諜活動如魚得水

　　很快的，卡瑪律就從敘利亞領事館拿到了一切必要的證
件。到了7月底，就在他臨行的前一天，他的朋友們還特地
為他舉辦了一次餞行宴會。然後，卡瑪律就離開了布宜諾
斯艾利斯，經過倫敦和蘇黎世，飛抵德國的慕尼黑。

　　卡瑪律抵達慕尼黑以後的所作所為，如果被他那些阿拉
伯友人知道的話，他們一定會驚訝萬分。

　　在巴伐利亞首都機場，一個名叫齊林格的人正在等他。
他們兩個人來到了慕尼黑市中心的一家旅館。進入房間以
後，卡瑪律交出了自己的護照、官方證件以及今後將為他
在大馬士革打開方便之門的介紹信。接著，他脫去了衣服，
換上了一套樸素的穿戴。他原來穿的那些瑞士和阿根廷的

服裝被整齊地放進了齊林格帶來的一只箱子裡，齊林格則給了他一張去特拉維夫的機票。隨後，兩人便握手告別了。

8月初，卡瑪律抓緊時間為自己的妻子和孩子買了一些禮物，然後便匆匆忙忙地趕到慕尼黑機場，上了飛機。不過，這架飛機並不是飛往大馬士革的，它的目的地是以色列首都特拉維夫。

這個名叫卡瑪律・阿明・塔貝特的敘利亞商人的真實身分，就是摩薩德特工伊萊・科恩。在布宜諾斯艾利斯度過的這半年，是以他為中心而進行的一次長期行動的第一階段。這一階段的目的在於，在他前往敘利亞從事冒險活動之前，為他製造一個萬無一失的掩護身分。

為了讓富有的阿拉伯商人卡瑪律・阿明・塔貝特這個形象更加真實，科恩隨身帶著卡瑪律親人的照片。這樣，他就感覺自己名副其實地成了卡瑪律。

在布宜諾斯艾利斯生活的那段日子裡，他與以色列方面的唯一關係，就是他第一次在離他下榻的旅館不遠的科廷塔斯咖啡館裡會見的接頭人——摩薩德在布宜諾斯艾利斯的常駐代表亞伯拉罕。亞伯拉罕把卡瑪律房間的鑰匙交給了他，又向他介紹了包括最有名的阿拉伯咖啡館在內的各種可能有用的資訊。亞伯拉罕另一個重要的任務，就是負責為卡瑪律提供在布宜諾斯艾利斯的活動經費。

亞伯拉罕為卡瑪律找了一個辦公處，並為他在布宜諾斯艾利斯擁有的「進出口公司」準備了印有公司名稱的信箋。

亞伯拉罕對於「卡瑪律」在特拉維夫所做的準備工作，唯一的不滿，就是他的西班牙語說得並不漂亮。為了幫助

卡瑪律進一步掌握阿根廷方言，亞伯拉罕把他送到一位能力很強並且非常可靠的老師那裡。

不過，為了安全起見，他們兩個人很少見面。

所有準備工作都做得極其認真細緻。就這樣，卡瑪律成功地打進了在阿根廷生活的敘利亞僑民圈子。

六個月以後，當卡瑪律帶著如哈菲茲的介紹信那樣價值無法估量的敲門磚離開布宜諾斯艾利斯時，毫無疑問的，他已經用行動證明了「苦行僧」給他高度評價是完全正確的。

回到以色列，重新「找回自己」的科恩又接受了一段時間新的訓練。現在，他經常與那些將接受他電報的同事保持接觸。對於摩薩德總部的報務員來說，最重要的技術就是要熟練地分辨出科恩發報的特殊指法，以便能夠在瞬間判斷出電訊是否是「自己人」發出來的。

科恩必須背誦最新的密碼，同時還必須熟練使用各種手槍和施邁塞爾式衝鋒槍。在當時的敘利亞，這些槍械是使用最為廣泛的防身武器。

他學會了微型照相機的最新技術之後，還必須練習將一份正常開本的檔案拍在芝麻粒大小的底片上。另外，也要學會一眼就能認出蘇聯人的職務、官銜以及軍衣上的標誌。因為在大馬士革，他一定會碰到這些蘇聯人的。

他把氯化物膠囊藏在阿司匹林藥片裡，以便在必要的時候殺死敵人或者自殺。在他的牙膏和刮鬍膏裡，還藏著能夠引起劇烈爆炸的化學藥品。

一切準備就緒。摩薩德總部決定把他們的計劃付諸行動，將他們培養的最優秀特工派到大馬士革。

　　1961年12月底，科恩再次經蘇黎世來到慕尼黑。他找到了齊林格，並在他那裡得到了全套的間諜裝備。換上昂貴的瑞士服裝，搖身一變，科恩又成了卡瑪律·阿明·塔貝特。在他的手提箱裡，有一台藏在一個電動食品攪拌器支架裡的大功率收發報機。這可是當時世界上最先進的收發報機。

　　1962年1月1日，這位志得意滿的敘利亞商人走進了從熱那亞開往貝魯特的客輪「阿斯托里亞號」的頭等艙。

　　一次精采的間諜活動由此開始了。

敘利亞政壇的舞者

　　一天，一輛黑色的官方汽車緩緩駛入了敘利亞國家元首的官邸大院。幾分鐘之後，這輛車裡的來客受到了敘利亞總統哈菲茲將軍的熱情接待。哈菲茲將軍——這位曾經駐阿根廷武官剛剛奪取了敘利亞的政權，現在已經是大馬士革的主人了；而他所接見的客人，就是來自以色列的摩薩德間諜——伊萊·科恩，他現在的身分是敘利亞商人卡瑪律·阿明·塔貝特。

　　在敘利亞軍隊高級官員的簇擁下，卡瑪律就好像在自己家裡一樣自在。當他擠開一條道路走向五光十色的餐室時，周圍的朋友們頻頻向他致意。

　　哈菲茲並沒有忘記他在擔任駐布宜諾斯艾利斯武官時，結識的這位充滿理想主義的阿拉伯商人。他堅持要攝影師為他和卡瑪律拍一張合影。為了表現他們之間的友誼，哈菲茲主動伸出胳膊摟住了那位被他稱為「他悔過的僑民」肩膀。哈菲茲之所以這麼稱呼他，是因為在他看來，卡瑪律是出於純粹的愛國熱情，才放棄了他在南美的事業，回到大馬士革這種困難重重的環境下工作的。

　　「我的太太非常感謝你寄給她那件皮大衣。」哈菲茲總統貼著卡瑪律的耳朵輕輕地說道。卡瑪律略微欠過身子低聲答道：「不客氣，這不過是區區小事。」

　　事實上，這件「小事」花去了摩薩德1000美元。這是

摩薩德歷史上屈指可數的幾次最具成效的投資之一。

卡瑪律完全相信，自己已經具備了典型的敘利亞人的特徵，因此他請求攝影師說：「請你把照片多沖洗一張寄給

我，我會非常感激的。這將是我要保存一生的珍貴紀念品。」

第二天，這張照片就被送到了卡瑪律家裡。現在，他住在一座現代化大樓的五樓，那是一間有五個房間的豪華公寓。這座大樓位於阿布魯馬尼大街最繁華的地段，透過窗戶就能看到對面的敘利亞軍隊總司令部。

伊萊・科恩輾轉從南美來到目的地敘利亞，在這裡開始書寫他的傳奇間諜生涯。圖為生活在敘利亞的伊萊・科恩

卡瑪律在來到大馬士革之後的幾個月內，成功地將自己塑造成為一個敘利亞上流社會中令人尊敬的成員。他結交了很多親密的朋友，其中包括總參謀長阿卜杜勒・卡里姆・紮哈爾・丁的侄子馬齊亞中尉，敘利亞政府新聞部領導人喬治・塞夫，還有傘兵團的指揮官薩利姆・哈圖姆上校。

在敘利亞所有的反以色列分子當中，哈圖姆可謂是個極端的代表，他時常一連數小時向他的這位新朋友抱怨敘利

亞政治家們的怯懦，說他們害怕與以色列立刻開戰。每當這個時候，卡瑪律總是專心致志地聽著，並常常對哈圖姆的愛國主義熱情大加稱讚。

馬齊亞中尉曾多次把卡瑪律帶到敘以邊境地區。按照當局的指令，任何一個平民闖入這個地區，都將不經警告地被當場擊斃。在這裡，卡瑪律親眼看到在蘇聯顧問的指揮下，工人們正在修建巨大的鋼筋混凝土地下掩體，用以隱蔽從裡海的奧德薩港運來的遠程大炮。

在一次「觀光」中，卡瑪律發現，在靠近邊界的西半坡上有80多門嶄新的122毫米迫擊炮，這些迫擊炮足以轟擊在它們俯視下，分佈在約旦河流域20公里內的任何目標。

卡瑪律最大的成就，就在於他得到了敘利亞人的高度信任，他們甚至允許他拍攝高度保密的130毫米新式大炮，並讓他在自己的相機上安裝遠攝鏡頭，拍攝「可恥的猶太復國主義分子」領土的照片。

卡瑪律對馬齊亞中尉說，他的這架照相機是他因業務關係前往歐洲時買的。他見對方對這架相機十分喜愛，便豪爽地把相機遞給了中尉，說：「你自己拿去拍幾張吧，我非常樂意為你沖洗。」

自從上次拍了那張合影以後，幾乎所有人都知道卡瑪律是哈菲茲總統的好朋友，因此他受到了戈蘭高地所有指揮部和營地軍官的熱烈歡迎。這位來訪者也從不放過任何一個向人們炫耀他與總統的那張合影的機會。

卡瑪律希望盡可能多地瞭解敘利亞總防禦體系的計劃，而敘利亞人也極其配合。他們曾向卡瑪律表示，這是世界上除蘇軍以外最複雜的炮兵陣地。

　　「這些抽象的計劃，我實在很難理解。」卡瑪律謙虛地說道。於是，那些高級軍官便爭先恐後地向他詳細講解這些「抽象的計劃」。

　　他對軍官們的活動表現出了極大的興趣，對他們為了消滅約旦河谷裡那些可惡的猶太人而採取的方法，也表現出了近乎天真的熱情。有好幾次，他就像一名小學生那樣請求軍官們在某一點上作補充講解。他的這一切的舉動都讓敘利亞人受寵若驚。

　　就這樣，卡瑪律走遍了戈蘭前線。

圖為伊萊·科恩與敘利亞官員在戈蘭高地參觀時拍攝的照片。戈蘭高地位於敘利亞和以色列的邊境地帶，是重要的軍事陣地

　　現在，這裡已經變成了一道根據蘇聯軍事理論修建的、

長達24公里的現代馬其諾防線。這道防線上強大的火力點都修築在海拔550米高的懸崖峭壁上。在整條防線上,深深的壕溝交錯縱橫,從山下的村莊裡,根本無法看到這些戰壕。敘利亞人懷疑,這些村莊裡的居民可能都是以色列的情報人員。

卡瑪律看到,這片黑土地上佈滿了鋼筋水泥觀察站、反坦克地堡以及機槍掩體。一門門重炮被厚實的鋼筋混凝土保護著,彈藥庫則全部建在地下。敘利亞軍官還帶著卡瑪律觀看了保護著這些設施的地雷區和鐵絲網。

庫奈特拉是敘利亞南部軍事體系的神經中樞,卡瑪律在這裡住了好幾夜。這裡的人們向他介紹了該地區的地圖和模型,帶他參觀了所有的雷達站。負責訓練敘利亞炮兵部隊的蘇聯軍官還耐心地讓這位文職要員為自己拍照。事實上,他們根本無法拒絕,因為此人是哈菲茲總統的密友,再說,他還對蘇聯人把阿拉伯軍隊變成一支「雄獅般強大的部隊」,表現出無限的欽佩。

在哈圖姆的陪同下,卡瑪律還觀看了炮兵演習,並且用自己那記憶力超凡的大腦記下了這些大炮位置的精確座標。

有一次,當這名以色列間諜凝視著約旦河谷裡,那些他曾經與「苦行僧」一起參觀過的猶太人村莊時,心中頓時湧起了回家的念頭。

「那時,我的確感受到了悲傷的滋味,」事後他曾這樣說過,「我多麼想搭上一艘小船,越過橫在我面前的金納雷特湖,回到我那可愛的家鄉!這片湖水宛如一個充滿敵意的大洋,將我和親人分隔開了。我感覺自己就像一座孤獨的燈塔,為了把以色列從危險當中拯救出來,我在黑夜

裡向它發出了警告的光芒。」

　　敘利亞人根本不會想到，卡瑪律那經過特殊訓練的記憶力，已經以一架精密照相機鏡頭的速度準確記錄了所有細節。每天晚上，他一回到房間就把門緊緊地鎖上，並拉上窗簾。接著，卡瑪律的角色消失了，他立刻變成了以色列間諜伊萊・科恩。

　　他的臥室裡有一個巨大的水晶燭台，燭台下部安裝了一個有著穩固作用的銅腳。每天晚上，科恩都從銅腳下取出微型發報機，以密碼的形式，迅速準確地將情報發送出去。

　　他把天線安裝在屋頂，與鄰居們的電視天線混在一起，這樣就不易被外人發現。

　　此外，他還得在浴室裡，把白天拍攝的照片沖洗出來，製成微縮膠卷，然後寄到他的公司在慕尼黑或蘇黎世的辦事處，接下來，摩薩德的同事就會把這些東西取走。

　　作為一名商人，卡瑪律自然不能在經營上太過放鬆。他透過出口越來越多的敘利亞式首飾、傢俱以及其他藝術品，讓他在商場上獲得了極高的聲譽。按照他的作風，供貨方只要將貨物運到，他便立即付款，絕不拖欠。他甚至和一些供應商達成了這樣的協定：以瑞士銀行的戶頭結算一部分發票，這些戶頭是他去歐洲辦事時特意開設的。這種做法完全是違法的，但卻得到了敘利亞商人的歡迎。

　　卡瑪律經常和這些生意上的夥伴在大馬士革舊城的哈姆迪亞商業區喝咖啡，而從這些商人口中得到的情報，則構成了他發給摩薩德總部有關敘利亞經濟狀況報告的基礎。

　　與卡瑪律交談的敘利亞商人不會想到，負責在瑞士推銷他們產品的人，是一個名叫齊林格的摩薩德間諜。卡瑪律

088

每次去歐洲，總是由齊林格去迎接他；另外，他也總是以伊萊・科恩的名字被齊林格送回以色列。

科恩一回到以色列，立刻就被自己的妻子和孩子包圍了。他在家裡享受了幾天平靜的生活之後，便被摩薩德領導人招喚過去。在接下來的幾個星期裡，他們詳細地向他詢問了他用微縮膠卷送回的情報，和他用密寫藥水寫成的情報內的具體內容。

伊萊・科恩向他的上司保證，他那邊一切順利。接著，他就再次以敘利亞商人卡瑪律的身分重返敘利亞，重新回到他的崗位上。

卡瑪律的朋友們對他那所位於敘利亞軍隊總司令部對面的房子非常熟悉，因為他經常在那裡宴請賓朋。

卡瑪律總是會拿出各種昂貴的飲料、食品和用印度大麻製成的麻醉品招待諸如薩拉・達利上校這樣的尊貴客人。

來這裡做客的敘利亞人非常喜歡這間房子的豪華裝飾，更羨慕那些昂貴的地毯以及現代化廚房和浴室，不過，他們最喜歡的莫過於那張好客的大床。在敘利亞這樣一個嚴格遵守教義的國家，對於一個已婚男人來說，私養情婦是非常嚴重的罪過，這很有可能會危及他的事業。但是，卡瑪律卻常常殷勤地接待他朋友帶來的情婦，他甚至把自己的鑰匙留在一樓的信箱裡，供那些需要和情婦共度良宵的朋友使用。

卡瑪律經常鼓勵他的朋友們來他的住所行樂。那些朋友常常為他們自己和這位熱情好客、寬容大度的主人帶來一些女歌手、女演員、女祕書以及空中小姐。不過，卡瑪律好像從來沒有被這些漂亮性感的女人迷住過，他總是保持

著十分清醒的頭腦。有時，他也會裝出酩酊大醉的樣子，這樣，他就可以聽到他的朋友們因一時大意而洩露的政治、軍事機密。

有一次，卡瑪律正準備去歐洲辦理業務，薩拉・達利上校問他是否願意把房門鑰匙留下來。卡瑪律爽快地答應了上校的請求。他覺得，這個風險還是值得冒一下的，因為這位敘利亞傑出的軍官以後可能會帶他參觀全國最重要的軍事基地和國防設施。與這一優待相比，他房間裡的收發報機或其他間諜工具被發現的危險簡直不值一提。

卡瑪律向特拉維夫那些對此事萬分焦慮的上司報告說，風險是微乎其微的，「能朝臥室的天花板看上幾眼的人，只有那些陪著我的朋友們來這裡過夜的女人。」

特別是喬治・塞夫，他與自己那位胖得惹人喜愛的女祕書在卡瑪律的床上度過了許多美好的時刻。出於禮尚往來的需要，他在政府大樓裡的辦公室也成了卡瑪律經常光顧的地方，時間一長，連警衛人員也不再請他出示證件了。

塞夫的工作是走訪政府各部門和敘利亞軍隊總司令部，採集各種檔和資訊，以制定他的宣傳計劃。在這些檔中，相當一部分都蓋有「高度機密」的印章，但是都被他隨意地扔在了辦公桌上。塞夫對卡瑪律沒有絲毫防範，他甚至經常主動讓卡瑪律看這些檔案。

有一次，一名官員走進了塞夫的辦公室，正好看到這個外人正在唸一份「絕密」檔。他隨即便把塞夫狠狠地責備了一番。這讓以色列間諜心裡感到一陣害怕，然而讓他想不到的是，塞夫竟然對那名官員說：「噢，這是我最親密的朋友，是我的好兄弟！這和我自己唸檔沒什麼兩樣。」

　　有好幾次，卡瑪律趁塞夫不在的時候來到他的辦公室，一邊等著塞夫回來，一邊沉著地拍攝各種檔案。

　　卡瑪律剛來到大馬士革的時候，為了尋找現在這間房子，可謂煞費苦心。但皇天不負苦心人，他的努力最終為他的間諜活動提供了便利條件。

伊萊·科恩贏得了敘利亞上層的信認，不僅可以參觀軍事重地，還可以隨意出入政要辦公室，這為他順利竊取情報提供了極大的便利

　　根據馬路對面，敘利亞軍隊司令部裡亮著燈的窗戶的數量，卡瑪律就可以猜出那裡是否正在醞釀一場軍事行動。司令部大樓內活動的異常增加，比如許多官方汽車的頻繁進出，往往意味著他們準備在敘以邊境的某個地方發動一場進攻。

　　另外，在卡瑪律所在的這個住宅區，還有十餘座大使館

和聯合國維和部隊的大樓，他們各自擁有大功率的收發報機。各國大使館以及街對面屋頂上豎滿天線的敘軍總司令部大樓的發報機，整天不停地收發電報，這為住在五樓的卡瑪律提供了理想的掩護。他所拍發的短促摩斯電碼，幾乎不會引起別人的注意。

這個房間的有利位置很快就發揮了作用。就在卡瑪律到達大馬士革兩個月後，他就拍出了第一份重要的電文。一連三個晚上，敘利亞軍隊總司令部裡徹夜燈火通明，但又沒有任何政變的跡象。他據此猜測，一場針對以色列的軍事行動已經迫在眉睫。最近幾天，報紙、電台以及電視的反以宣傳特別多，大街上還能看到有部隊調動。

就在他發出電報24小時以後，加利利海（現在地圖上通常標記為加利利湖或提比里亞湖）的前沿觀察哨便證實了這項消息。有一大批來自大馬士革的裝甲部隊正在逼近，於是以軍對敘利亞的努凱蔔軍事基地發動了突襲，並將其摧毀。敘利亞裝甲部隊意識到對方正處於一級戰備狀態，於是只得返回它們的基地。

「一名優秀的諜報人員抵得上一個師的兵力。」這句格言再一次得到了驗證。

保存在摩薩德總部的伊萊・科恩的個人檔案裡，有這樣一句評語：「伊萊在極短的時間內就顯示自己是一名才智非凡的間諜。」

伊萊・科恩所做的工作，已經遠遠超過了當初他的上司對他提出的那些要求甚高的希望。他對敘利亞局勢變化所提出的看法，為未來事件的發生做出了十分準確的預測。因此，他的上司一接到他發出的情報，總是立即上報總理

本人。古里安總理曾不止一次地以他的報告為主要依據，做出了諸如是否要對敘利亞實施軍事行動這樣重大的決定。

伊萊·科恩的主要任務之一，是弄清楚敘利亞切斷以色列水源的計劃。約旦河發源於戈蘭高地，與雅穆克河一起流入加利利海，以色列人在那裡建立了一個十分複雜的管道系統，以供應全國的用水。這項引水工程耗資數億美元，一直延伸到以色列南部的內蓋夫沙漠。

為切斷以色列的水源，敘利亞方面制定了一項改變約旦河的源頭——巴尼斯亞河和哈茲巴尼河流向的計劃。這項計劃的主要內容就是開鑿一些水源，讓現在注入加利利海的水流改變方向。這項耗資巨大的工程，由一家南斯拉夫公司承攬。

「這可是我們的祕密武器！」哈菲茲總統曾這樣宣稱。

為了應對敘利亞的這項計劃，摩薩德對科恩下了一道命令：「我們需要知道與這項計劃有關的一切細節，包括計劃內容、設計圖、設備型號以及設備的準確位置等。」

摩薩德還透過其他間諜得到情報，在一次阿拉伯首腦會議上，埃及總統納賽爾曾敦促敘利亞加快實現改變約旦河流向的計劃。

「這項計劃將在何處實施？何時完成？如何完成？」科恩接到的任務一天比一天緊迫。顯然，摩薩德已經把這項任務放到了絕對優先的位置。

這位潛伏在大馬士革的摩薩德間諜沒有辜負上司的期望。很快的，非常想討好卡瑪律的達利上校和哈圖姆上校就表示，他們知道很多關於哈菲茲總統的「新式武器」的內情。

真是天遂人願，負責保衛這項引水工程的，恰好是哈圖姆上校。他不僅讓卡瑪律看了計劃書和設計圖，還把他介紹給了來自黎巴嫩的工程師蜜雪兒‧薩布。這位工程師制定了在戈蘭高地鑿開70多公里長運河的宏偉計劃。

另外，一個名叫胡哈馬德‧班‧蘭丹的人也參與了這項計劃的制定工作，他負責指揮一個推土機隊。他十分友好地向卡瑪律透露了工程計劃，並且確切地介紹了這些設備將在何時何地開始工作。卡瑪律只是說了一句，他打算在這塊地區買一塊土地：「好讓我們當中的每一個人都能賺點錢」。於是，他們便毫無戒備地允許他把所有的計劃書、設計圖都帶回家去，好讓他仔細研究這些資料，為日後的投資確定一塊理想的地方。

這樣，不出三個月，這位超級間諜就向摩薩德總部送去了預定開鑿的水渠的設計圖、防禦體系的設計圖以及各個階段的施工日期。

為了鞏固自己在敘利亞執政黨──阿拉伯復興社會黨中的地位，卡瑪律決定前往阿根廷首都布宜諾斯艾利斯，對那裡的敘利亞僑民團體進行一次訪問。

他不僅像對哈菲茲總統許諾過的那樣，親往阿根廷進行一次自費宣傳性訪問，而且還帶回了為阿拉伯復興社會黨的「事業」在那裡募得的9000美元。為了湊足整數，他還從自己口袋裡掏了1000美元。當他親手把支票交給哈菲茲的時候，總統對他實在感激不盡。

1萬美元，並不是什麼大數目，但它充分表現了這位敘利亞商人的美好心願和一片愛國熱忱。

透過此次活動，卡瑪律不但成功地贏得了所有人的信

任，而且，大馬士革民眾也已經開始像談論一位國家未來領導人一樣談論他。人們普遍認為，他將來會出任新聞和宣傳部長。而總統本人甚至打算任命他為國防部長的助理，準備讓他進入國防部。很快的，他就被選進了阿拉伯復興社會黨全國革命委員會，並順利進入該黨的執行機構。

卡瑪律與總統哈菲茲的私人友誼越來越穩固了，他經常應邀到總統家做客，甚至還為哈菲茲到傑里科執行過一次祕密使命，成功說服了總統的一位政敵返回敘利亞。

卡瑪律相當成功地打入了敘利亞的領導階層，而且得到了國內上上下下的一致認可，人們經常要求他在大馬士革電台錄音。在整整一年的時間裡，他經常在電台發表各種談話，號召那些僑居南美洲的敘利亞同胞支持阿拉伯復興社會黨的領導人。

在以色列，這些廣播被完整地錄了下來，因為這是事先商定好的，摩薩德方面要仔細研究其中的某些語句，因為一旦發生某些緊急情況，卡瑪律將在呼籲他的「阿拉伯兄弟們」幫助復興社會黨的演說中，送出他的情報。

卡瑪律還利用他與馬齊亞・紮哈爾丁的友情，多次參觀敘利亞邊防事務中最祕密的部分。甚至到了1964年，他還在進行類似的參觀。

如今的卡瑪律，已經不僅僅是阿拉伯復興社會黨國防委員會的一名優秀成員，人們越來越把他看成是一位總理式的人物。他可以名正言順地在戈蘭高地的司令部過夜，因為他現在有權過問戈蘭高地發生的任何情況。

他還可以參觀戈蘭高地上巨大的武器倉庫。倉庫裡裝滿了各種蘇製新式武器，包括地對空導彈、尚處於保密階段

的新式反坦克武器、大口徑的火炮以及其他軍火。這個倉庫的指揮官向他解釋了這一大批裝備，是怎樣根據武器存放與運輸原則，從國內其他地方的祕密倉庫分配到這兒來的。

圖為位於敘利亞和以色列邊境的戈蘭高地。此處本是敘利亞的軍事重地，但對伊萊・科恩這位王牌間諜來說，卻早已無任何祕密可言。圖片攝於1973年的贖罪日戰爭中的戈蘭高地

在發給摩薩德總部的一批價值可觀的資料中，他寄出了保衛庫奈特拉城整體防禦工事的詳細設計圖。這些檔案不僅介紹了保護大炮的水泥掩體位置、大小和深度，還標明了為了使裝甲車輛免遭空中襲擊而修築的防禦工事準確位置。這是伊萊・科恩在敘利亞展開間諜活動最有成果的時期。

最早發出200輛蘇製T54型坦克抵達中東這個情報的就是這位超級間諜。有一次，他送來了由蘇聯顧問制定的軍事計劃全套俄文原本。在這份計劃中，蘇聯顧問向敘利亞人建議，在下一次發動突然襲擊時，應將以色列的北半部與其餘部分割開。隨後，他又送來了這一年從蘇聯運到敘利亞的「米格－21」戰鬥轟炸機的大量照片，而這些，正是以色列最高指揮部收到有關這種飛機最早的一批照片。

伊萊・科恩透過慕尼黑和蘇黎世轉送的檔案越來越多，因此他不得不將其中很大一部分隱藏在他名下「塔貝特進出口公司」所出口的古舊傢俱的假抽屜、夾層甚至桌腳裡。他在摩薩德受訓的時候，曾經學習過如何巧妙地使用各種工具，因此，那些外表毫無損傷的傢俱從未引起過敘利亞海關的懷疑。

現在，在敘利亞上層社會裡，卡瑪律有著極其廣泛的關係，而且人們都對他完全信任。儘管敘利亞軍政界人士都竭力保守祕密，但卡瑪律卻可以獲得任何情報，甚至連敘利亞反間諜機關領導人艾哈邁德・蘇韋達尼上校也在無意當中為他提供了情報。

1964年11月，伊萊・科恩返回以色列休假，等待他的第三個孩子降誕生。此時，他感覺自己已經精疲力盡了。他的上司很高興地給了他長達三週假期。現在摩薩德的領導人已經換成了梅厄・阿米特，在這個時候，如果他手下最優秀的間諜向他請求從敘利亞撤回，接受其他任務的話，這位新上任的領導人是不會提出任何異議的。

然而，民族責任感讓伊萊・科恩下定決心。「我還要再去一次。我要把我到大馬士革以後所獲得的全部成果都收

回來。我覺得我還可以為自己的國家做出更多的貢獻。」

　　他帶著妻子納迪亞去塞薩雷的海濱住了幾天。在海濱度過的最後一個晚上，當倆人在斯特拉頓飯店單獨吃飯時，他對妻子傾訴道：「我總是遠離妳和孩子，對此，我已經感到厭倦了。但是，我必須再去一次。等我再次回來的時候，我將時時刻刻陪在你妳身邊，永遠也不離開妳。」

　　當科恩趕往機場的時候，納迪亞哭了。當時的納迪亞並沒有想到，這竟會是她最後一次見到自己的丈夫。

圖為伊萊・科恩與家人的合影。1964年11月，科恩與妻子納迪亞渡過一段短暫的假期，納迪亞在機場送別丈夫，卻沒有想到，這一別不僅是生離，也是死別

間諜之王的末日

1965年1月的一天凌晨，大馬士革正下著濛濛細雨，熹微的晨曦開始驅散無邊的黑暗。卡瑪律剛剛發完一份長電，此時正躺在床上，靜靜地等待特拉維夫的回電。

昨天晚上，卡瑪律和薩利姆·哈圖姆共進晚餐時，從哈圖姆那裡得知，哈菲茲總統和敘利亞特工部門首腦已經做出了一項新的決策，他們決定將所有巴勒斯坦難民團體中的積極分子集中起來，建立起一個恐怖組織。這些人將在敘利亞軍營裡接受祕密訓練，然後被派出去與以色列軍隊進行遊擊戰。

就在敘利亞總統做出決定之後的24小時之內，一個特別的信使便來到了以色列總理家中，把這一決定告訴了他。

卡瑪律已經在自己身邊安放好了微型收發報機。他看了看錶，此時是早上8點。他輕輕地轉動開關，調準頻率，像平時一樣，準備在這個頻道上接收摩薩德總部發出的信號。

就在他等待回電的時候，突然，一陣急促而又猛烈的敲門聲傳入他的耳中。他還沒來得及做出反應，門框已經被撞裂了。只見八個身穿便衣的彪形大漢以迅雷不及掩耳之勢闖進了房間。當卡瑪律出於本能試圖藏起收發報機的時候，兩支手槍已經對準了他的太陽穴。

「不許動！」一個聲音在他耳邊響起。

這時，一個身穿軍衣的人走到他的床邊。科恩立刻認出

了他，這位就是敘利亞反間諜機關領導人艾哈邁德・蘇韋
達尼上校。

　　一場上演多年的大戲就這樣收場了。

　　「混蛋，我總算抓住你了！」

　　「你究竟是什麼人？」

　　「你的真實姓名是什麼？」

　　「你是為誰效力的？」

　　面對這一連串的質問，伊萊・科恩依然十分鎮靜，他回
答道：「我叫卡瑪律・阿明・塔貝特，是一名阿根廷籍的
阿拉伯人。」

　　「我們會查清楚的！」上校用恫嚇的口吻回應道。

　　「你就等死吧！但在此之前，看在真主的面上，你一定
會開口的！」

　　「趕快對我們說出你的所有祕密和你朋友的名字吧！你
將會為自己來到這個世界而感到遺憾的！」

　　「對於你來說，死亡將是一種舒適的解脫。」

　　此時的阿布・魯馬納街上只有為數不多的幾個早起的居
民在走動。他們驚訝地發現，這一帶有大批武裝人員在活
動。他們帶著機槍和其他武器，另外還有一支由卡車、吉
普車、裝甲車組成的車隊，這些車輛已經把這個地區封鎖
得水洩不通。

　　在這裡居住的外交官認為，敘利亞一定正在發生一場政
變。

　　那麼，伊萊・科恩究竟是怎樣暴露的呢？

　　事情過去以後，人們才知道，他暴露身分的直接原因
是：與其住宅相鄰的印度使館的報務員發現，一連幾個月，

他們發往印度首都新德里的無線電波總是受到一個不明信號的干擾。

敘利亞當局得知這一情況後，當即著手查找原因，但由於缺乏必要的設備，他們並沒有達到目的。於是，他們找到了在敘利亞工作已有兩年之久的蘇聯顧問，請他們給予指導和幫助。於是，他們專程從莫斯科運來了一台當時世界上最先進的機動探測儀。透過這部儀器，他們查出了卡瑪律住所的屋頂安裝了一根直通其臥室的收發報天線。

蘇韋達尼上校立刻將此事報告給了總統哈菲茲。一開始，他驚訝得目瞪口呆，很快，他便感到萬分狼狽，因為這個卡瑪律被他當作莫逆之交。

回過神來的哈菲茲總統立即下令逮捕卡瑪律。他預先叮囑蘇韋達尼上校，在新的命令下達之前，這件事一定要絕對保密。所以，當蘇韋達尼帶著人衝進卡瑪律的房間時，他並不知道這位間諜的真實身分，更不知道他在為誰效力。其實，他完全可以猜到卡瑪律是特拉維夫派來的人。

蘇韋達尼命令手下將所有房間翻箱倒櫃地徹底搜查一遍，結果找到了一部收發報機和一些雅得來牌香皂。上校掰開香皂，發現裡面藏有微型雷管、粉狀炸藥和毒藥片。除此之外，他們還找到了一些棍狀炸藥和其他間諜工具。

蘇韋達尼上校僅僅從卡瑪律口中得到了這樣幾句話：「這些炸藥並不是為了搞破壞用的。它們本應該用來炸毀那兩台收發報機——如果來得及的話。」

就在卡瑪律被捕的當晚，一支手槍頂在他的脖子上，他手裡拿著一份由蘇韋達尼上校口授的電文。為了迷惑以色列人，同時也為了引誘以色列人暴露出他們在敘利亞的整

個間諜網路，蘇韋達尼上校決定向以色列人提供一些虛假情報。

卡瑪律老老實實地按照蘇韋達尼的命令做了。敘利亞的電報專家緊緊地盯著他的每一個動作，但是，他們卻沒有覺察到，這位間諜極其輕微地改變了他發報的節奏——這是他當初與摩薩德同事約定好的一種信號，表示他已經落入敵手。不過，他表面上不動聲色，任何人都覺得他很配合。

與此同時，在特拉維夫摩薩德總部，以色列人正陷入一片恐慌之中。大馬士革的那位間諜，就像當著他們的面一樣清楚地告訴他們：「我這邊出事了。」摩薩德的報務員把這份電文的錄音接連放了十遍。

「你們大概搞錯了吧？」「苦行僧」哀求地問道。可是，專家們的結論是一致的：伊萊・科恩改變發報的節奏可能是故意的，這一點確信無疑，他這是在告訴特拉維夫，他被捕了。

摩薩德首腦也已經得到了消息，與此同時，一封電報被立即送到了總理家中。儘管總理已經睡了，但他的妻子還是當即把伊萊・科恩被捕的消息告訴了他。

第二天上午，蘇韋達尼上校強迫伊萊・科恩向特拉維夫發了一份新的電報。特拉維夫方面的回覆讓上校深信，以色列人已經中了圈套。回電的內容是：「你昨天晚上和今天上午發的電報都受到了干擾，請於今晚重新發出。」

科恩懸著的心終於放下了。特拉維夫告訴他，他發出的暗號已經收到了，他們正在試圖爭取時間想對策。自從來到敘利亞那一天起，科恩的電報從來沒有被干擾過，因此無論如何也不會模糊到必須全部重拍的地步。

1965年1月24日，大馬士革電台受總統哈菲茲之命，播出了一個名叫卡瑪律‧阿明‧塔貝特的間諜被捕的消息。

就在這條新聞發佈前不久，摩薩德總部收到了科恩發來的最後一封電文。這是由蘇韋達尼起草的。全文如下：

特拉維夫，致以色列總理及特工部門首腦：在大馬士革，卡瑪律和他的朋友是我們的客人。不久你們就會明白我們將給他們帶來什麼樣的命運。

署名：敘利亞反間諜機構。

電文至此結束。

1月24日晚，卡瑪律被帶到了大馬士革郊外的第七十裝甲旅基地。幾個小時以後，哈菲茲總統親自趕到這裡，對他進行單獨審訊。在這裡，無須多作介紹。站在哈菲茲面前的，就是那個阿根廷籍的阿拉伯人，早在布宜諾斯艾利斯的時候，他們就成了朋友。自從他來到大馬士革以後，總統對他一直是絕對信任的。這個「叛徒」經常應邀到總統府，而且過不了多久就要被任命為國防部長，成為敘利亞政府的重要成員。直到此時，總統的夫人依然穿著卡瑪律送給她的貂皮大衣。哈菲茲總統甚至考慮過，有一天讓他做自己的接班人。現在，兩人面面相覷。

最後，間諜打破了沉默：「我叫伊萊‧科恩，來自特拉維夫。我是以色列軍隊的一名士兵。」

伊萊‧科恩的被捕立即引起了一場大搜捕，共有500多名敘利亞人落網。其中，有參加過科恩房間裡的「狂歡派對」的空中小姐、女祕書和其他貴婦人。像馬喬亞‧查希爾‧丁‧喬治‧塞夫這樣的人物也被送進了監獄。儘管他們只是因為無知而被捲進風暴，根本沒有證據說明他們參

與了什麼間諜活動，但他們還是與科恩一起被帶上法庭受審。科恩到底是單獨行動，還是有一個龐大的間諜網，或者是他已經買通了敘利亞公民為他工作，這些都是敘利亞人極需搞清楚的問題。

圖為伊萊·科恩間諜身分暴露後，在大馬士革法庭接受審判

在審訊期間，這個被敘利亞人稱為「以色列魔鬼」的犯人遭受了各種各樣的嚴刑拷打，但他自始至終都沒有供出任何人。大馬士革專門為此成立了軍事法庭。整個訴訟過程都是祕密進行的，沒有任何一名記者、一名觀察員參加旁聽，納迪亞為她丈夫聘請的巴黎律師也被敘利亞當局堅決地驅逐了。

1965年5月8日，法庭對伊萊·科恩判處絞刑。消息一經傳出，以色列當局試圖透過各種途徑挽救這位間諜的生命。納迪亞特地趕赴巴黎，哀求敘利亞駐法國大使，但這

位大使卻拒絕見她。布宜諾斯艾利斯的羅馬天主教紅衣主教費爾修斯在彌留之際，躺在病榻上口授了一封致哈菲茲總統的信，請求總統把他關於饒恕伊萊・科恩的懇求，看作是一個老人臨死前最後的心願。

為了營救伊萊・科恩，以色列電台公佈了一長串關押在以色列的敘利亞間諜的名字。以色列政府希望用這些人來交換科恩。幾個月前，莫里斯・居斯醫生曾為哈菲茲總統做過一次複雜的肝臟手術，挽救了他的性命。這位醫生也給總統寫了一封信，稱：「我以一個曾經挽救過您生命的人的名義，懇請您寬恕伊萊・科恩。」

然而，敘利亞當局對全世界的呼聲都置之不理。因為哈菲茲總統完全意識到此事將給敘利亞的國際聲望帶來損害；他也深知，如果自己在這個問題上哪怕有一點「示弱」的表現，就很有可能在軍事政變中被迫下台。此外，廣大敘利亞民眾也在大喊報仇雪恥。因為，伊萊・科恩對這個國家造成的損失是無法彌補的。

比如說半年以前，也就是1964年11月，敘利亞政府要讓約旦河水改道的工程遭到了以色列重炮的突然襲擊。以色列人只開了幾炮，就把揚水站、推土機和其他戰略設施在幾秒鐘之內化為灰燼，而這都是因為伊萊・科恩向以色列提供了準確情報。就這樣，這項工程被迫終止了。負責施工的南斯拉夫人也回到了自己的國家。直到現在，敘利亞領導人才明白，這是伊萊・科恩幹的好事。

哈菲茲總統的好友，一名法國的軍官親自來到大馬士革，聲稱願意以100萬美元和提供諸如收割機、拖拉機、醫療設備以及其他非軍需物資為條件保釋伊萊・科恩。

　　很明顯的，是摩薩德在背後提供了這筆饋贈。摩薩德一直保持著它那深深植根於猶太人哲學的傳統。按照猶太人的哲學，一個人的生命遠遠超過任何物質的價值。

　　然而，哈菲茲總統拒絕接見那位法國軍官。這意味著，以色列人的最後努力歸於失敗。

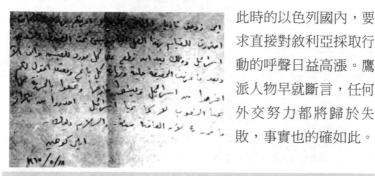

此時的以色列國內，要求直接對敘利亞採取行動的呼聲日益高漲。鷹派人物早就斷言，任何外交努力都將歸於失敗，事實也的確如此。

圖為伊萊・科恩臨死之前寫給家人的遺書。這位超級間諜最終還是難逃死亡的命運

　　他們提出，以色列人可以並且也必須對敘利亞的某些心臟地區發動一次軍事行動，這樣就可以逮捕敘利亞的高層人士，然後用他們來換取伊萊・科恩。但是，盛怒之下的哈菲茲總統對此一概不予理睬，他斷然下令將伊萊・科恩處以絞刑。

　　科恩死後，他所書寫的諜海傳奇並沒有結束。兩年以後，在「六日戰爭」中，憑藉科恩生前提供的軍事情報，以色列軍隊所向披靡，在短短幾個小時之內就占領了戈蘭高地——那個被多數軍人視為不可征服的堡壘。此時，在摩薩德總部，人們為伊萊・科恩高舉酒杯，以示懷念。在以色列人的心目當中，這位間諜之王已然成為民族英雄。

開羅之眼
──超級間諜沃爾夫岡‧洛茲

1965年3月，埃及當局逮捕了數十名在開羅生活的德國人，出乎埃及安全人員意料的是，這次原本只是「作秀」的所謂反特行動，竟然意外地挖出了一個潛伏在開羅高層長達數年之久的高級間諜。這個人，就是與伊萊‧科恩同時代的另一位超級間諜──沃爾夫岡‧洛茲。

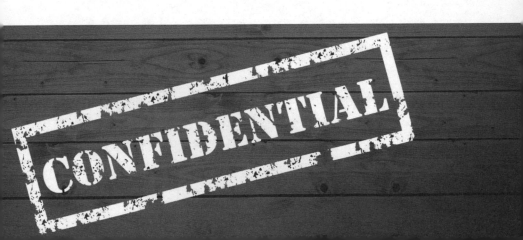

開羅之眼

50年代末，埃及政府網羅了一批曾為納粹工作過的德國科技人員。對此，以色列深感擔憂，他們擔心埃及的工業，尤其是軍事工業將會得到迅速發展，進而對以色列構成威脅。

摩薩德決定派遣一名間諜前往開羅，打探埃及軍事工業發展的情況，並伺機加以破壞。

很快的，摩薩德首腦就找到了合適的人選，這個人就是時任某軍團司令的沃爾夫岡‧洛茲。

1921年，沃爾夫岡‧洛茲出生於德國的曼海姆。他的母親埃萊娜是一名猶太演員，她不顧家人的反對，義無反顧地嫁給了漢斯‧洛茲。

然而，這對夫妻並不幸福，不久便離了婚。她心裡十分清楚，在這個全民崇拜阿道夫‧希特勒的國家裡，她和兒子是沒有出路的。於是，在1933年，她帶著年幼的兒子搭船來到巴勒斯坦。

雖然埃萊娜不懂一句希伯萊語，但她還是在當地最著名的大劇院──哈比馬赫劇院找到了工作。

沃爾夫岡‧洛茲在特拉維夫的貝思‧謝蒙農業學校學習期間，對馬產生了濃厚的興趣。他的朋友因此給他取了個綽號叫「薩斯」，希伯萊語的意思是「馬」。

　　和許多猶太小夥子一樣，少年洛茲加入了猶太自衛軍的行列。當時，他只有14歲，不到參軍的年齡。

　　為了隱瞞實際年齡，他精心塗改了護照上的出生日期，這並沒有引起英國當局的懷疑，因為他看上去要比他的實際年齡更加成熟。

　　由於他的英語、德語說得和希伯萊語、阿拉伯語一樣好，因此不久就晉升為中士。

　　在審訊德國俘虜的時候，他經常擔任翻譯，這讓他很快就對隆美爾的北非軍團瞭若指掌。

　　洛茲早年在英國軍隊學到的軍事技能，很快就在剛剛建國的以色列得到了發揮。不久，他被擢升為校級軍官。

　　1956年，在蘇伊士運河戰爭中，洛茲與埃及人進行了血戰。正是在這個時候，摩薩德招募了他。

　　摩薩德決定吸收洛茲並非出於偶然，在這個特工組織當中有一支重要的隊伍，其成員是在世界各地長大的猶太人。在以色列這塊彈丸之地，既有藍眼睛的猶太人，又有黑皮膚的猶太人，還有在印度出生的棕色皮膚的猶太人。

　　他們操著各種各樣的語言，身上保留著不同地域的文化特質。擁有這樣的資源，使得摩薩德在往其他國家派遣特工的時候，顯得左右逢源。因為以色列恰好就有在這個國家生活過的猶太公民，由他們前去執行任務，不需要進行任何化裝。

　　因此，有著雅利安人外貌的沃爾夫岡‧洛茲被摩薩德選中，扮演一名德國軍官的角色。同時，他也顯示出了自己的勇敢精神，為了以色列，他甘願獻出自己的生命。

洛茲的性格十分開朗，他的母親把一個優秀演員的天賦傳給了他，這也為他從事諜報工作奠定了堅實的基礎。

和伊萊‧科恩一樣，沃爾夫岡‧洛茲發現，在那些負責訓練他的教官眼裡，他以往的經歷沒有任何價值。為了成為一名優秀的間諜，他接受了特殊的訓練。

最後，當教官認為他具備了去埃及工作的全部條件時，他對埃及的歷史、政治已經爛熟於心，他甚至可以驕傲地說，他對這塊土地的瞭解，完全不亞於任何一個埃及人。

一位摩薩德教官滿懷希望地在沃爾夫岡‧洛茲的檔案裡寫下了這樣的評語：「他是特拉維夫在開羅的眼睛。」

接下來，洛茲便被派往開羅執行任務了。為了準備好自己的掩護身分，他先回到其出生地——德國。他對柏林當局宣稱，他希望回到他出生的地方。

就這樣，他從德國人那裡得到了必要的說明，獲得了全部官方證件，包括一份德國護照。

摩薩德從一開始就認定，對於洛茲來說，最好的掩護方式就是保留他的真實姓名。

不過，他那曲折的經歷卻是編造出來的：他在隆美爾的北非軍團裡待過，又曾在澳洲生活了11個年頭。

為了讓這段經歷真實可信，摩薩德還特意為他弄到了軍隊的證明。在摩薩德精心安排之下，洛茲很快就被德國退伍軍人團體接納了。

經過精心策劃，摩薩德放出消息，說洛茲實際上是一名雙手沾滿猶太人鮮血的黨衛軍中校，這一招瞞過了德國新納粹組織，洛茲因此受到了他們的熱烈歡迎。

　　他們尊重洛茲的謹慎,把他避免談論往事的做法視為
「一個需要隱瞞某些事情的人應有的謹慎態度」。

　　洛茲在德國整整住了一年,在此期間,除了努力鞏固他
的偽裝,為他將來在埃及開展間諜活動做準備外,他什麼
都沒做。

左右逢源的牧馬人

1961年1月，昔日的德軍軍官沃爾夫岡‧洛茲，以一位富有的德國遊客身分從海路來到亞歷山大城，並受到了吉齊赫馬術俱樂部的歡迎。

埃及的軍官們把馬術俱樂部這種時髦的地方，看作是他們的第二個家。洛茲在這裡結交的第一個朋友，就是埃及的員警頭子尤素福‧阿里‧古拉卜。

間諜生涯從一開始就這樣充滿戲劇色彩，這在世界間諜史上都是少有的。

短短幾天的時間，這位「新來的客人」就認識了一大批埃及上層社會的精英。軍隊和員警系統的所有要人都邀請他去家裡做客。他每天都和古拉卜一起並轡而行。一時間，這位家財萬貫、騎術高超的前德國軍官成了極受歡迎的人。

沃爾夫岡‧洛茲表現得十分慷慨，從不在乎個人錢財。他常常大擺宴席招待朋友，還送了不少貴重的禮物給古拉卜等人。

在古拉卜的建議下，洛茲出資買了幾匹馬，交給吉齊赫俱樂部飼養。他花了半年的時間，終於在開羅站穩腳步。而後，他又到了歐洲，受到了摩薩德聯絡人的歡迎。他們對這位新間諜邁出的第一步感到非常滿意。

摩薩德給了洛茲一大筆錢，還有一台類似伊萊‧科恩使用的那種微型收發報機。洛茲在歐洲為自己訂製了幾雙馬

靴,把微型收發報機藏在了其中一隻靴子的後跟裡。然後,帶著這套裝備回到了埃及。

就在一切都順利進行的過程中,這位「特拉維夫在開羅的眼睛」卻出現了一個意外情況,讓他的上司焦慮得直搖頭。

原來,已經兩次結婚又兩次離婚的洛茲,愛上了一個30歲的德國女郎——瓦爾特勞德・瑪爾塔・諾伊曼。洛茲是在前往歐洲的火車上遇到她的,瓦爾特勞德是一名東德難民。她曾在旅館當過服務員,後來又到洛杉磯當過女傭和保姆,並藉此機會學會了英語。這一次,她回到德國是為了探望她的父母。她的父母開了一家小鋪,經營家庭日常用品。

洛茲不但坦率地對瓦爾特勞德說他的真實身分是一名猶太間諜,而且他還先斬後奏,立即娶了瓦爾特勞德,然後對他的上司說:「不帶妻子,我就不回埃及。」

摩薩德領導人沒有辦法,只得做出讓步。因為洛茲已經顯示出他是一名大有作為的間諜,他送回有關埃及政治和軍事的報告,總是精確無誤。於是伊塞・哈雷爾最後批准了洛茲夫婦同去埃及的請求。

哈雷爾具有一種善於發現優秀特工人才的本領,他深知這位正式代號叫作「我們的開羅之眼」的間諜是一個罕見的天才。

洛茲在嬌妻的陪同下回到了埃及,巧的是,他前往亞歷山大城時乘坐的那艘船,正是伊萊・科恩第一次前往大馬士革時坐過的那艘開往貝魯特的船。

洛茲隨身攜帶的箱子簡直堆成了山,這些箱子裡面裝的是他為埃及軍界和警界的朋友帶回的禮物。儘管一名駐外特工的工資每月不超過850美元,但洛茲接到了上級的命

令，要他在開羅保持一個出手大方的德國富翁形象，只有這樣，才符合一個擁有一所馬術學校和一座阿拉伯純種馬飼養場的大老闆身分。

洛茲非常愉快而自然地進入了自己的角色。他在風景宜人的紮馬拉克區沙里亞‧伊斯梅爾‧穆罕默德街16號租了一間極其豪華的房子。這裡距離位於尼羅河吉齊赫島的馬術俱樂部大約只有3分鐘的路程。

與此同時，他購買了一大批阿拉伯純種馬，並把這些馬安置在自己的馬場裡。

在此之後，洛茲夫婦的社交圈子不斷擴大，除了最初結識的官員外，又增加了許多價值無法估量的重要關係，其中就包括福阿德‧奧斯曼準將和穆赫辛‧紮伊德上校，這兩位都是埃及軍事情報部門的重要人物。

奧斯曼準將是負責埃及所有導彈基地和軍工廠安全的領導人。對於一個間諜來說，獲取他的信任是比黃金還要寶

貴的。埃及農業部長查希爾與洛茲的關係也很好，經常成為洛茲夫婦舉行的晚會的座上賓。埃及總統納賽爾的心腹之一、副總統侯賽因‧沙飛也是洛茲的好朋友，他經常在開羅政府高官知道以前，就把埃及當局的許多重要決定告訴了洛茲。

圖為埃及總統納賽爾的心腹之一，副總統侯賽因‧沙飛

在洛茲夫婦經常宴請的賓客中，還有後來成為埃及總統的穆罕默德・安瓦爾・薩達特，以及在埃及軍事情報部門擔任要職的阿里・薩布里。

圖為埃及總統納塞爾。納塞爾全名為賈邁勒・阿卜杜・納賽爾，沃爾夫岡・洛茨在埃及期間，與總統納塞爾的心腹、副總統侯塞因・沙菲建立了良好的關係

　　洛茲不僅受到隱姓埋名住在埃及的前納粹分子的歡迎，而且與另一些住在埃及的德國人也結下了深厚的友情。在洛茲夫婦的朋友中，有一個名叫格哈德・博克的人，他說自己過去是一名德國軍官。外面有傳聞，說他是聯邦德國特工部門駐埃及的負責人。

　　洛茲非常懂得如何才能贏得埃及人的信任。一天，福阿德・奧斯曼把洛茲拉到一邊，神祕兮兮地對他說：「你看，沃爾夫岡，這個博克總是想偷聽我們之間的談話。你一定要多加小心。他的公開身分是一家西德企業駐開羅的負責人，但我們知道，他是為波恩政府效力的葛蘭組織（『二戰』以後西德的情報機構，以其創始人賴因哈德・葛蘭將軍的姓氏命名）的一名間諜。我們之所以讓他自由自在地活動，是因為我們的納賽爾總統希望與波恩保持良好的關係。我們知道，他得到的情報總是立即送到美國中央情報局那裡，以換取美國政府對葛蘭組織某些行動的經濟援助。因為你是德國人，所以他很有可能會設法利用你在我們當中的地位。請原諒我對你說這些，但是看來你在政治方面實在有點天真，你對那種骯髒的間諜行為一無所知。所以我覺得有必要提醒你一下。」

　　埃及與西德政府之間曾經達成一項君子協定：葛蘭向埃及提供製造飛機所需要的技術情報，開羅方面則把有關運到埃及的蘇聯武器的情報提供給博克。博克有權考察新式的蘇聯武器，並可以拍照。他的連絡人是埃及空軍的穆罕默德・海里爾上校。

　　不久以後，埃及人發現，這些技術情報竟然也傳到了摩薩德領導人的辦公桌上，他們便懷疑博克很有可能與以色

列人搞在一起了。

在開羅，洛茲與那些老納粹分子相處得十分融洽，他甚至與曾經是戈培爾親信的約翰‧馮‧賴爾斯打得火熱。

許多在開羅工作的年輕德國人都討厭前德國黨衛軍分子，並拒絕跟這些人來往。他們當中的一些人，比如佛朗茲‧基索，甚至還好意勸說洛茲遠離那些人。

洛茲溫文爾雅地向他們解釋道：「我對政治沒有任何興趣。再說，他們當中的某些人曾經光榮地為我們的國家服務過。作為一名德國人，我不會只為了順著多數人，打著大家抨擊納粹的藉口迴避他們。」

正是在賴爾斯家裡，洛茲遇到了一個惡名昭著的醫生——艾澤勒。艾澤勒曾在納粹集中營裡主持過對受害者進行的慘無人道的試驗。洛茲和他們開懷痛飲時，一起唱起了昔日的戰歌。事後，洛茲承認，這是他最難忍受但卻又不得不做的事情之一：佯裝讚賞這些前納粹老兵。然而，同情納粹和反猶太復國主義的「美名」卻有效地鞏固了他的偽裝。

因為洛茲塑造的前納粹德國軍官的形象是如此逼真，以至於讓摩薩德的領導人遇到了一件哭笑不得的事：

當時，他們正在為另一名即將前往埃及執行任務的特工擬定一個偽裝身分，這名特工曾經假裝遊客到過開羅，並且很快就打探到當地上流社會重要人物的情況。這位未來的間諜對他的上司說：「請聽我說，你們為什麼不讓我像那個法西斯混蛋沃爾夫岡‧洛茲那樣開一所馬術學校呢？我曾經參觀過那裡，裡面全都是埃及軍官，這些人好像除了騎這個婊子養的納粹分子的馬打發時間外，沒有別的事

可幹。他們對洛茲完全信任，因為他是前納粹黨衛軍的軍官。如果你們同意的話，我很想把他幹掉。」

聽到這裡，摩薩德領導人實在無法繼續保持嚴肅的神態了。他們其中一人十分遺憾地說：「很可惜，我們不能向你提供養馬這種奢華的職業了。我們應該為你找一個更加簡單的工作。」

洛茲為人非常隨和，因此他總會受到人們的歡迎；而他在政治上則顯得那樣單純，所以德國科學家，甚至一些埃及人在他面前講話都無所顧忌。

一些「重量級」朋友也向洛茲提供了諸如「蘇聯顧問如何組織埃及軍隊」這樣的重要情報。洛茲夫婦還有幸參觀了蘇伊士運河軍區。這對夫婦似乎特別喜歡去鹹水湖游泳，他們還經常開車在祕密機場和供蘇聯新式驅逐機使用的跑道附近兜圈子。

洛茲不但獲准拍攝這些空軍基地，而且還能讓那些派頭十足的軍官在高度機密的蘇聯飛機前擺好姿勢讓他拍。另外，他還參觀了飛機庫和彈藥庫。

福阿德·奧斯曼將軍不止一次地為洛茲提供幫助。有一次，摩薩德總部要求證實，伊斯梅利亞附近是否正在修建一個蘇聯薩姆導彈基地。於是，洛茲帶著妻子瓦爾特勞德搭車來到了現場。洛茲明知道這樣做會有危險，但他還是把車開上了一條禁止接近的公路。路旁有許多寫著「軍事禁區」、「禁止入內」字樣的大牌子。當他來到一個埃及軍隊的哨卡時，他竟然開著車子直衝過去。

第二次中東戰爭期間，蘇伊士運河周邊成為軍事地區

　　最後，埃及士兵抓住了他，並把他帶到了基地指揮官那裡。洛茲說，這完全是個令人遺憾的失誤。他連忙打了電話給奧斯曼及其他朋友，多虧有了這幫朋友，他很快就被釋放了，基地指揮官還誠懇地向他表示了歉意。

　　洛茲之所以要冒這個險，唯一的原因就是在公路幹線上根本無法看清基地的情況，只有在哨兵把他帶到基地指揮官那裡的路上，他才能夠近距離觀察那些導彈設施。

　　雖然洛茲只是對正在施工中的導彈貯藏井和大樓走馬觀花地掃了一眼，但這對於他來說已經足夠了。

　　有了德國專家和埃及軍官這雙重情報來源，洛茲始終都

能對埃及的軍事機密瞭若指掌。有段時間，他得到的重要政治、軍事情報多到來不及用發報機傳送。這時，他便前往歐洲「旅行」，直接把情報交給接頭人。

「旅行」結束之後，洛茲免不了又要替朋友們帶回一些禮物——打火機、答錄機、半導體收音機、照相機、電動食品攪拌器及其他一些電動小玩意兒。這些東西頗受朋友們的喜愛。

這名摩薩德間諜付出的一筆最為奇特的開銷，是向一位德國整形專家支付的一筆治療費。原來，他選擇了這位專家為尤素福‧古拉卜將軍的女兒哈娜赫修整她那過大的鼻子，這正是他慷慨地送給哈娜赫的18歲生日禮物。

祕密會議之後

　　1962年8月，洛茲應邀前往巴黎參加摩薩德的祕密會議。為了安全起見，他先到達維也納，然後轉至慕尼黑，最後抵達巴黎。這一次，摩薩德向洛茲提出了更高的要求：「我們知道，往那些埃及人和老納粹分子的嘴裡灌酒是必要的。為了滿足這些人的酒食之欲，你不斷在開羅最好的飯店訂下美酒佳餚，其作用是顯而易見的，對此，我們給予你高度評價。我們絲毫不抱怨你的那些大筆開銷，但是，你應該為我們提供更多的情報，尤其是關於德國科學家造的導彈情報，越詳細越好，而且越快越好。為了在開羅站住腳，你已經花了足夠的時間。眼下，我們需要更加準確、更加迅速的成果。」

　　洛茲的上司責備他沒有掌握埃及人成功發射第一枚自製地對地導彈的情況，而美國中央情報局則記錄到了這次試驗。

　　洛茲並不知道，伊塞‧哈雷爾已經在竭力說服古里安總統，讓他相信要取得在開羅工作的德國科學家的情報有多麼困難。另一方面，哈雷爾也不斷地對他的部下施壓，要求他們得到一些重要的情報。現在，這個任務就落到了洛茲的肩上。

　　祕密會議結束之後，洛茲憂心忡忡地回到了開羅。毫無疑問，他不能辜負上司對他的信任，而且，他也一心想要為以色列服務。

六個月後，當洛茲再次來到巴黎時，他帶來了在開羅研製導彈的德國專家全部名單，此外，還有他們在埃及的住址，以及他們的家人在歐洲的住址。這些材料準確地記錄了每一個德國專家在埃及軍事工業部門所擔任的職務。

圖為以色列第一任總理大衛・本・古里安，執政長達十五年之久，被稱為「以色列國父」

洛茲還帶來了微縮膠卷，裡面拍下了赫勒萬333工程計劃的設計圖。透過這些設計圖，以色列第一次瞭解到埃及人在設計導引系統時所遇到的具體困難。

現在，洛茲把他的馬匹安置在赫利奧波利斯的一個馬術中心，這裡與埃及軍隊最主要的坦克訓練場離得很近。他

總是在一個五米高的塔樓上觀看馬術訓練，而且一待就是幾個小時。在觀看馬駒訓練的同時，他也在觀察進出軍事基地的人員。因此，埃及坦克部隊向西奈半島有任何重要的調動，摩薩德都會很快得到準確情報。

不久，洛茲又添了一批純種馬，奧瑪爾‧哈達里上校十分真誠地建議他把這批馬安置在阿巴西亞軍工聯合企業的大型馬廄裡。不僅如此，他還主動地向洛茲夫婦提供了自由進出這個軍事基地的通行證。

為了擁有一個能夠始終吸引大批埃及軍官的理想所在，洛茲建立了一個屬於自己的馬術中心。該中心位於尼羅河三角洲，在開羅以南約15公里處，擁有馬廄、遛馬場、小型賽馬場和馴馬設備。

洛茲選擇這個位置也並非出於偶然，因為這裡毗鄰導彈試驗中心。此時，德國的導彈專家們正在那裡為埃及的導彈進行飛行控制試驗。埃及的軍官們常常躊躇滿志地向洛茲解釋他們是如何為一場志在必得的戰爭做準備的，這場戰爭足以將以色列從地圖上抹掉。

現在，洛茲可以預先得知埃及境內部隊的任何重要調動。他得到了一張由薩拉姆將軍簽發的許可證，可以到蘇伊士運河最祕密的地區進行參觀。因此，當他和妻子一同在運河區釣魚並拍攝照片時，這裡的埃及人並不感到奇怪。

洛茲的第一台收發報機已經不再使用了，摩薩德給了他一台功率更大的收發報機。這台新收發報機就藏在浴室的兩台測體重器裡。現在，他已經離開了之前租的那間房子，搬進了吉薩鎮郊區一所寬敞的別墅裡。

這所別墅四周有一道高高的柵欄，周邊還有一道濃密的

樹籬。洛茲經常在二樓的臥室裡發送密電，與此同時，他的妻子瓦爾特勞德則在一樓大廳與他們的埃及朋友周旋。

洛茲一面從事間諜工作，一面十分內行地管理著自己的企業。他養的馬遠銷國外，為埃及國庫帶來了豐厚的利潤。而他進口的某些商品，比如炸藥，也許並不受埃及當局歡迎，幸好當局對此一無所知。

他每次去歐洲「旅行」，總會把炸藥裝在一個法國乳酪箱的夾層裡，然後順利帶回埃及。

根據摩薩德的指示，洛茲用一部分炸藥製作了一些微型炸彈。他寫給在埃及工作的德國專家及其助手每人一封信，並在信封開啟處安上微型炸彈。如果他們拆信，炸彈就會爆炸，收信人非死即傷。此外，他還接到命令，用一塊藍色頭巾包裹另一部分炸藥，然後，在開羅的一家飯店裡把它交給摩薩德派來的另一名特工。

洛茲還寄了大量的警告信給那些德國導彈專家。這些信都是摩薩德同事用打字機打好後交給他的。其中有一封信是寄給一個名叫海因里希‧布勞恩的德國科學家，信中寫道：「我們謹向您指出，現在，您的名字已經被我們列入為埃及當局工作的德國人黑名單。我們認為，您的妻子伊莉莎白以及您的兩個孩子尼爾斯和特魯迪的生命對於您來說還是有一定價值。為了您的自身利益，最好還是儘快停止為埃及軍隊效力。」

信的署名是「熱代翁的信徒」。熱代翁是《舊約》中的英雄人物，他曾幫助古代以色列人打敗了他們的仇敵馬蒂安人。後來，事情果然如以色列人所希望的那樣——德國專家不再為埃及效力了。不過，這並非恐嚇戰術的功勞。

124

實際上，是波恩政府施加的間接壓力，才迫使那些為埃及製造導彈和飛機的德國專家離開埃及。另一個更為重要的原因是，為了讓本國在這些重要武器方面實現獨立，埃及政府耗資巨大而收效甚微，總統本人對此十分失望。

至於那些德國專家，則一直在責怪手下的工人無能，致使他們設計的先進導彈和飛機難以生產出來。最後，納賽爾總統對這些德國專家不再感興趣了。他決定接受蘇聯人的建議，從他們手中獲取現成的導彈和飛機。

間諜身分的意外暴露

　　洛茲本來可以憑藉自己巧妙的偽裝和精心打造的關係網隱藏得更久，但是，有時一些偶然因素足以改變一個人的命運。這個老謀深算的間諜竟然因為判斷失誤，一時沉不住氣，而讓自己的身分徹底暴露了。

　　這又是怎麼回事呢？

　　當時，由於埃及完全依賴於蘇聯的軍事和經濟援助，因此克里姆林宮便利用自己對開羅的控制，要求納賽爾總統邀請民主德國共產黨主席瓦爾特・烏布利希對埃及進行一次正式訪問，這就等於是讓埃及政府正式承認民主德國的存在。對於蘇聯而言，這可是一個不小的政治勝利。

　　對此，聯邦德國的波恩政府反應極其強烈。他們威脅說，如果烏布利希對埃及進行正式訪問，那麼聯邦德國將斷絕同埃及的外交關係。

　　然而，納賽爾別無選擇，在蘇聯當局的壓力下，他不得不邀請民主德國領導人對埃及進行訪問，時間就定在1965年2月24日。

　　結果，聯邦德國政府便威脅埃及當局，要立即取消對埃及的經濟援助。對此，納賽爾作了回應，他立刻下令逮捕了三十多名在開羅生活的德國人，理由是這些人或多或少跟葛蘭特工組織有瓜葛。

　　其實，納賽爾事先早有指示，不許對任何一名德國人嚴

刑逼供。因為這次逮捕只是象徵性，只為了表明埃及當局
是不會任人擺佈的，波恩政府自然不能隨意操縱它。

同時，納賽爾這樣做也是為了安撫蘇聯人。蘇聯的反間
諜部門常常抱怨美國中情局與聯邦德國特工部門合作。很
顯然，美國正在利用葛蘭特工組織，在前往埃及的蘇聯顧
問中間進行間諜活動。納賽爾總統決定藉此機會打擊一下
葛蘭組織在埃及的勢力，以表示他對波恩政府的不滿。不
過，他根本沒有想過要把這些德國人驅逐出埃及。

蘇聯方面要求埃及當局把來自聯邦德國的遊客也視為懷
疑對象，因為他們擔心波恩政府會派人暗殺烏布利希。

洛茲剛好符合蘇聯人的「要求」。人們經常看見他與葛
蘭組織駐埃及負責人傑拉德·博克在一起，而瓦爾特勞德
的父母又在這個時候來到開羅旅遊。就這樣，洛茲理所當
然地被開羅警方盯上了。

1965年3月21日，也就是烏布利希抵達埃及的前兩天，
四輛警車停在了洛茲夫婦的住宅前——洛茲一家全都被逮
捕了。

當時，洛茲跟瓦爾特勞德及她的父母剛剛從外地渡假歸
來，對開羅當局大規模搜捕西德人的情況一無所知。

被捕之後，洛茲進行了快速思考。但他萬萬沒有料到，
他的被捕僅僅是因為東德國家領導人的來訪；他也沒有料
到，就在同一時間，包括傑拉德·博克在內的其他德國人
同樣受到了埃及保安部隊的審問。

兩天後，當聯邦德國大使就他的同胞被捕一事向埃及當
局提出抗議時，埃及人當即表示了歉意，他們解釋說：這
完全是為烏布利希的來訪而採取的一種「預防手段」。

「在東德主席離開埃及以後，我們會立即將他們釋放。」埃及內務部長給出了十分明確的回答。

如果洛茲在幾天前不去遊山玩水的話，他的那些朋友一定會事先告訴他這場迫在眉睫的大搜捕。可是現在，「開羅之眼」對這些情況一無所知。他心中暗想，埃及人一定是發現了他的真實身分。

事實證明，當初摩薩德高層對洛茲帶著妻子前往開羅一事，所持的保留態度是正確的。因為洛茲被捕之後很快便做出決定：首先要救出瓦爾特勞德和她的父母。要想做到這一點，最好的辦法就是跟埃及當局合作。

當洛茲接受埃及安全部門的例行審問時，他竟然把自己的那些祕密和盤托出。

「你們想知道什麼？」洛茲直截了當地說，「我的妻子和岳父、岳母與這一切毫不相干。」

聽了這話，埃及安全人員個個都「丈二和尚摸不著頭腦」，不過，他們依然不動聲色，要求洛茲繼續說下去。

「我們想知道你把間諜工具藏在了什麼地方。」一名埃及特工這樣說。其實，他並不是真的希望問出什麼，只不過是詐一詐他而已。

「我們已經查明了一切。為了不浪費我們彼此的時間，你最好現在就承認一切。」

「你可以在我家浴室的體重測量器裡找到收發報機。」洛茲答道。

當這位埃及特工撫摸著當時世界上最先進的收發報機時，他簡直無法相信自己竟然會有這麼好的運氣。此外，他還找到了攝有蘇伊士運河沿岸各種祕密設施的微縮膠卷

和塞滿炸藥的雅得來牌英國香皂。

　　一開始，埃及人最多只是希望找到一些能夠證明洛茲與葛蘭組織之間關係的檔案，而這並不是十分嚴重的罪行。多年來，埃及政府對西德特工部門的活動總是睜一隻眼閉一隻眼，有時甚至還與他們合作。

　　可是，現在的情況卻出乎埃及人的預料，他們竟然在無意當中挖出了一個真正的間諜！

　　十天以後，開羅的《金字塔報》頭版刊登了這樣一條新聞：「高度警惕的埃及保安部門近日破獲了一個間諜組織。該組織由一批以色列豢養的德國公民組成，主要負責對另一些住在開羅、為埃及效力的德國公民進行恐怖活動。」

　　另外，該報還刊登了被逮捕的「恐怖分子」名單，其中包括沃爾夫岡・洛茲、瓦爾特勞德及其父母、佛朗茲・基索及妻子納迪亞，還有傑拉德・博克。其餘被捕的德國人則全部釋放。

　　對於遠在特拉維夫的摩薩德總部來說，這是一個非常困難的時期。現在，「開羅之眼」洛茲被關在埃及的監獄裡；與此同時，「間諜之王」伊萊・科恩正在敘利亞的牢房裡受刑。

　　與伊萊・科恩不同的是，科恩因供認自己是以色列間諜而被處以絞刑，洛茲則堅持說自己是一名非猶太血統的德國人，他幫以色列做事只是為了賺一點錢。

　　由於洛茲坦白交代，因此他與妻子被判處終身苦役。不過幸運的是，他只過了兩年囚徒生活。1967年「六日戰爭」結束後，埃以雙方交換戰俘，洛茲作為以色列俘虜被埃及當局釋放，他因此得以與家人一起回到以色列。

作為與伊萊‧科恩幾乎同時代的摩薩德著名間諜，沃爾夫岡‧洛茲無疑是幸運的，雖然最後身分暴露，卻僥倖逃過了死刑。圖為沃爾夫岡‧洛茲（右二）與妻子瓦爾特勞德（右一）一同參加電影節時的場景。在這屆電影節上，有一部以沃爾夫岡‧洛茲為原型的影片

　　就保全性命這一點而言，洛茲要比科恩幸運得多。

　　但是在以色列，科恩是一名烈士和英雄，而洛茲只是一個普通人。他漸漸厭倦了這個國家的生活，因此不久以後他便來到西德，後來移居加利福尼亞，以尋找經商的機會，但最終一無所獲。

鑽石行動——
伊拉克飛行員叛逃之謎

1966年8月15日上午，一架來自伊拉克的「米格－21」戰機向以色列飛去。以色列空軍立即命令一個中隊的「幻影」式飛機起飛，不過，他們的任務並不是去攔截這架來自敵國的戰機，而是要為飛機護航。個中緣由，也許只有摩薩德才能向我們解釋。

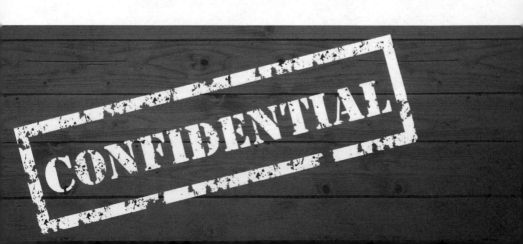

閱兵場上空的007

1968年5月，在以色列獨立日的閱兵儀式上，當法國提供的「幻影」式殲擊機從觀眾頭上「隆隆」飛過，最終消失在天際之時，一架塗有以色列國旗的超音速殲擊機出現在人們的視野之中。與眾不同的是，這架飛機的機身上漆有一組數字——007。

更令人疑惑不解的是，這不是一架「幻影」式飛機，而是一架蘇製「米格－21」。這是當時蘇聯最先進的祕密戰機，它怎麼會出現在以色列的閱兵儀式上呢？

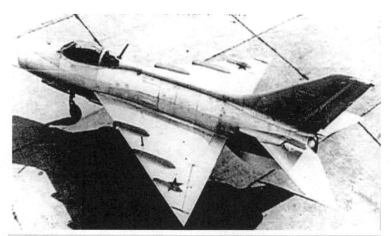

圖為蘇製「米格-21」殲擊機。為了弄到一架這樣的飛機，摩薩德使出渾身解數，終於讓以色列擁有了一架自己的「米格-21」

當時，即便是在蘇聯，也只有那些最優秀的空軍中隊才有資格使用這種飛機，而華沙條約國中的其他國家，都被認為沒有資格使用它。

事實上，擁有「米格－21」的國家，並非只蘇聯一家。為了擴大在阿拉伯世界的影響力，蘇聯把這種飛機提供給埃及、敘利亞、伊拉克等阿拉伯國家，並確保阿拉伯國家對以色列的空中優勢。

當這架「米格－21」從空中飛過時，穆尼爾‧雷德法向它默默致意。在觀看的人群中，只有他一人知道駕駛著這架蘇製戰機的是自己的好友丹尼‧夏皮納，名以色列的優秀飛行員。

在表演了一連串驚險的特技飛行動作之後，飛機擺了一下翅膀，向觀眾們告別，然後向內蓋夫沙漠的一個祕密空軍機場飛去。

正是穆尼爾教會了那名以色列飛行員駕駛這架戰機。他將蘇聯教官教給他有關「米格」的全部知識，以及訓練飛行員時所採用的方法，都毫無保留地傳授給了以色列人。此外，他還把「米格」的所有缺陷告訴給了夏皮納。

穆尼爾‧雷德法，就是在1966年8月，製造了轟動世界的「米格」飛機叛逃事件的那位阿拉伯飛行員。當初，就是他駕駛著這架「米格－21」飛出了伊拉克，降落在了以色列的機場上。事件發生後的幾個小時之內，美國、英國、法國及其他一些國家的政府紛紛暗中向以色列施加壓力，都想一睹「米格－21」的風采。

蘇聯安全部門的首腦曾拍著胸脯向克里姆林宮保證，向阿拉伯國家提供的任何一架「米格」戰機，都會時刻受到

克格勃特工的嚴密監視。然而，這次軍事上的慘敗大大挫傷了他們的士氣。蘇聯空軍的高級將領深知，在未來幾個月內，隨著西方飛行員對「米格－21」性能的逐步掌握，蘇聯空軍的威懾力將大大削弱。後來的情況也證明了這一點。正因為如此，以色列當局受到了來自蘇聯大使館的嚴厲恫嚇，蘇聯要求立刻收回這架飛機。

以色列人為了縮小事態，找出了種種藉口。他們說飛機和駕駛員都是突然從天而降的，就連當局也感到「無比驚訝」，左右為難。他們還告訴蘇聯大使，對於蘇聯的要求，以方正在「考慮」。有人甚至還閃爍其辭地放出風聲，說那名飛行員只不過是迷了路。接著，他們又精心導演了幾次「洩密」事件，說伊拉克飛行員事先曾寫信給以色列政府，表示他想離開自己的國家。

在事件發生後的幾個月裡，以色列人為了獨享這份「禮物」，同時也為了平息蘇聯人的憤怒，國外一切旨在研究「米格－21」的請求都被拒絕了，甚至連一向支持以色列的美國都吃了閉門羹。為此，以色列政府遭到了來自各個方面的抨擊。

伊拉克政府將穆尼爾・雷德法視為叛國者，這是可想而知的。穆尼爾是伊拉克空軍當中最優秀的飛行員之一。他是經過蘇聯和伊拉克兩國的安全部門精心選拔和嚴密考察之後，才進入伊拉克空軍特權階層的。

穆尼爾曾被選送到美國參加空軍訓練。後來，他又被派往蘇聯學習高超的駕駛技術。得到伊拉克高層的信任之後，他才去駕駛「米格－21」戰鬥機，並擔任了空軍大隊長這一項要職。

　　伊拉克軍事首腦和蘇聯顧問花了好幾個月的時間，想弄清楚穆尼爾究竟是如何策劃這次叛逃事件的。伊拉克當局清楚地認識到，這絕不是一個心懷不滿的飛行員一時衝動所為，而是一次組織嚴密、準備充分、執行準確的間諜行動，而且是間諜老手的傑作。

　　很快的，蘇聯人就把懷疑的目光落到了摩薩德身上。實際上，穆尼爾‧雷德法的這次叛逃正是摩薩德一手策劃的。將一架最先進的「米格」飛機如此完好無損地弄到手，這可說是摩薩德最漂亮的行動之一。

　　關於這次事件，蘇聯方面則用了很多年，才瞭解到足夠的細節，進而將這個複雜的謎案理出頭緒。

我需要一架「米格－21」！

　　1966年初，蘇聯向敘利亞、伊拉克、埃及提供了當時最先進的「米格－21」戰鬥機。此舉讓以色列當局深感不安，對於這種飛機的性能、速度、裝載武器以及防禦設備等等情況，以色列和其他西方國家可說是一無所知。因此，以色列空軍司令艾澤爾・魏茲曼直截了當地對摩薩德最高領導人梅厄・阿米特說：「我需要一架『米格－21』！」他還強調說，這是以色列迫切需要的，是日後對敵空戰中的制勝法寶。

　　為此，梅爾・阿米特成立了一個特別小組，專門研究如何才能弄到一架「米格－21」戰鬥機。阿米特還反復叮囑手下說，為了完成這項任務，摩薩德可以不惜任何代價，但行動必須萬無一失。

　　時間一天一天地過去了，特別小組經過初步調查之後，向阿米特彙報說：從現有的幾個裝備了「米格－21」的國家來看，伊拉克的弱點相對明顯一些。於是，阿米特立即派特遣行動小組前往伊拉克執行偵察任務，其中就有一位持有美國護照的猶太女子。

　　摩薩德計劃策反一位伊拉克「米格－21」的駕駛員，為此，特遣行動小組用了整整一年多的時間，來物色有可能「叛逃」成功的伊拉克飛行員。終於，他們把目光落在了某空軍大隊大隊長穆尼爾・雷德法少校身上。阿米特經過

深思熟慮後決定，從穆尼爾身上下手。他還為這次前所未有的行動取了一個代號──「首飾行動」。接著，這項行動就進入了實施階段。

在伊拉克首都巴格達舉行的一次上流社會的晚會上，摩薩德那個美麗動人的「美國」女子與穆尼爾邂逅了。女人那標緻的臉蛋，婀娜的身材，都讓穆尼爾心動，尤其是她主動而又真誠地表達了對這位空軍少校的敬慕，使得穆尼爾無法自拔地陷入了情網。

圖為穆尼爾‧雷德法，他曾是伊拉克某空軍大隊大隊長，後受以色列特工策反，駕駛「米格-21」逃往以色列

穆尼爾‧雷德法出生在一個信奉基督教的家庭。50年代初，居住在伊拉克的猶太人就曾遭到大規模屠殺。雖然穆尼爾的父母並未受到過迫害，而且像許多伊拉克公民一樣，他們對以色列懷有某種程度的憎恨，但他們總是覺得自己與那個國家有著千絲萬縷的聯繫。尤其是當時的伊拉克政府正在向國內的基督教徒施加壓力，他們的一些朋友就因為一些「莫須有」的罪名被抓進了監獄。因此，他們時常擔驚受怕，一直打算找個機會離開伊拉克。可是，他們的

大兒子穆尼爾卻沒有感到這些壓力。他從小就在阿拉伯學校裡接受教育，長大以後，他比伊拉克人還像伊拉克人；況且他正受到當局的重用，駕駛著世界上最先進的「米格－21」。不過，這位空軍大隊長也有一塊心病，他對自己奉命參與在伊拉克北部屠殺叛亂的庫爾德族居民的行動感到內疚，甚至有一絲厭惡；同時，他對蘇聯空軍顧問表現出來的傲慢與專橫也頗有反感。

有一次，「美國」女子單獨邀請穆尼爾共進晚餐。此時，兩人已經情意綿綿，無話不談，簡直到了如膠似漆的地步。穆尼爾十分坦誠地向她傾訴了家人的擔憂，同時也承認了自己良心上的不安。

時隔不久，兩人再度幽會。美麗的女子建議穆尼爾好好休息一下，如果他願意的話，她願意陪他去歐洲進行一次旅行，反正飛行員是可以請假的。儘管現在的穆尼爾已經是兩個孩子的爸爸了，但他仍舊深深墮入情網之中，完全成了她的俘虜，因此對她言聽計從。就這樣，兩人相伴來到了歐洲。

在浪漫之都巴黎，這位年輕的「美國」女子向穆尼爾表明了心跡：她深深地愛著他，並願意嫁給他。他們剛剛度過兩個良宵之後，「美國」女子又要穆尼爾隨她去一趟以色列，說那裡有她的一些朋友，也許可以幫助穆尼爾解決他父母的問題，並減輕他內心的不安。

聽到這個要求，穆尼爾猶豫了一下，因為這件事一旦被伊拉克政府知道，他必將受到極其嚴厲的懲罰。然而，「美國」女子向他保證說，這是一次祕密旅行，不會被任何人知道的。接著，她從提包裡拿出了兩份去以色列的假護照

和兩張往返機票。對此，穆尼爾也並不覺得突然，因為他從一開始就意識到她是一個支持以色列的猶太人，只是他未曾料到她會是摩薩德的一名特工。於是，他決定陪女子一起飛往以色列。

24小時之後，身著便裝的穆尼爾抵達了以色列南部的內蓋夫空軍基地，並受到以色列高級官員的熱烈歡迎。

稍事休息之後，摩薩德的一位高級負責人會見了他。這位負責人首先安慰他，要他放心，一切都會好起來的。接著，他就直截了當地問道：「你願意返回伊拉克駕駛你的戰鬥機來以色列嗎？如果你能做到，我們會給你一筆十分可觀的酬金，而且會保證你家人的絕對安全，以後將會給你以色列國籍、住宅以及終身職業。」但是，穆尼爾則對此事感到棘手，他一時猶豫不決。他在愛國主義和孝敬父母之間展開了激烈的思想爭鬥。

這時，摩薩德局長阿米特突然想到：美國中央情報局和五角大樓也非常想弄到這種飛機。於是，他在一個週末親自飛赴華盛頓，對中央情報局局長說，現在，摩薩德已經有一架「米格－21」唾手可得，只需要中情局伸出援手，它就能抓住這條「大魚」了。美國人自然表示贊同。

圖為摩薩德第三任局長梅厄・阿米特。這位出身軍旅的摩薩德領導人一手導演了這次事件

　　於是，美國政府專門派遣一位高級官員前來會見穆尼爾，向他說明得到這種飛機對於西方盟國與蘇聯鬥爭的重要性。聽了這番話，穆尼爾心中頓感寬慰，他將要做的事，不僅是為了過去曾經被他視為仇敵的以色列，而且也是為了他的家庭。於是，他決定按照以色列人說的去做。

　　不過，穆尼爾也提出了自己的要求：以色列應當加付100萬美元的酬金。這回輪到以色列人吃驚了，一些高級官員認為這樣的代價實在太大了，而阿米特卻認為：以色列花100萬美元換一架「米格－21」是值得的。最終，內閣被他說服了，於是很快就批准了這項行動計劃。

　　隨後，以色列空軍司令艾澤爾‧魏茲曼親自會見了穆尼爾，向他詳細介紹了這一行動的所有細節。為了確保穆尼爾順利逃出，他還提供了一張可以避開伊拉克和約旦雷達監視的航線圖。

　　令穆尼爾吃驚的是，以色列人竟然對伊拉克空軍基地的情況瞭若指掌。他們不僅對空軍基地的佈局、飛行員的訓練規則、每架飛機的起降時間、每次在空中停留的時間以及加油量等情況摸得一清二楚，就連對蘇聯和伊拉克工作人員之間的關係也瞭如指掌。

　　在確定叛逃時間時，以色列人對穆尼爾說：「蘇聯人是根據飛機在空中停留的時間為飛機供應燃料的，在空中訓練時間延長，起飛時就要裝上補充燃料，這些補充燃料足夠支撐他從伊拉克飛到以色列。所以，他必須在延長訓練時間的那幾天裡，挑選一個合適的機會發出聯絡信號，以色列方面將會派飛機前來接應。」

　　同時，「鑽石行動」的特遣行動小組組長還與穆尼爾商

討了對他家屬的安排問題。而穆尼爾所報出需要轉移到外國的家屬人數,又讓以色列人大吃一驚。他所說的人數,並不是以色列人原先設想的那幾個,在這些人裡,不僅包括他的父母、妻子和孩子,還包括他的祖父母以及叔父、伯父全家,另外還有兩位老僕人。然而,對於這種異乎尋常的要求,摩薩德就像接受其他條件一樣,全部接受了。

當一切問題商議已定,穆尼爾即將重返伊拉克時,以色列空軍司令艾澤爾‧魏茲曼親自前來送行,並預祝他成功。這時,一連數日沒有露面的「美國」女子從天而降般地出現在穆尼爾面前,陪同他一起飛往歐洲。過了一天,兩人又從歐洲回到伊拉克。

鑽石已經裝進珠寶盒

　　要設法將穆尼爾家祖孫三代二十幾口人全部轉移到國外，可不是一件輕而易舉的事。這不僅涉及轉移管道的問題，而且還要考慮到：如何保證這麼多人誰也不向朋友透露他們就要到國外去，而且這一去就永遠也不回來的事情？

　　熟諳心理學的摩薩德特工認為，這麼多人參與這樣的祕密活動，總免不了會有人心裡癢癢，想跟別人談談這件事。不管他們說得怎樣含糊，只要有一句話不當，就會引起無處不在的伊拉克保安人員注意，這樣一來，參加行動的全體人員就會遭到滅頂之災。因此，摩薩德規定，在動用直升機轉移這一家人之前，絕對不能讓他們當中的大部分人知道目的地在哪裡。鑑於他們每天都在祈禱，希望離開伊拉克，所以他們在直升機上得知實情後，是不會心慌意亂、手足無措的。

　　這個問題解決以後，接下來就要考慮轉移管道的問題。在伊拉克炎熱的夏季，富人到北方庫爾德斯坦山區避暑是再平常不過的事。儘管庫爾德人的反叛帶來了不少麻煩，但有些旅遊勝地是遠離鬧市區的，人們還是可以離開熱浪滾滾的巴格達，到那裡住上一段時間。

　　以色列政府從軍事上支援函式庫爾德叛亂分子，因此阿米特事先派遣一個特工小組前去和庫爾德部族領導人商談此次人員轉移問題。他們計劃將穆尼爾的家人從避暑的別

墅偷偷運過伊拉克防線，然後進入山區，再用直升機把他們送到伊朗的阿瓦士，那裡有摩薩德的另一個小組負責接應。一切準備就緒，此時的穆尼爾正在等待例行飛行的時機。幾週之後，機會終於來了。

1966年8月15日早上，天氣晴朗，只是氣溫很高。按照部隊的安排，穆尼爾將在這一天的黎明時分從伊拉克摩蘇爾空軍基地起飛進行飛行訓練。

圖為蘇製「米格-21」殲擊機，穆尼爾‧雷德法正是駕駛圖中這架飛機逃往以色列的

吃過早餐以後，穆尼爾像往常一樣來到機場，鎮定自若地走向自己那架「米格－21」超音速殲擊機。他要地勤人員把他的副油箱加滿油。地勤人員有些驚訝，因為蘇聯顧問曾多次告誡他們，一定要將燃料限定在執行任務所需的最低數量之內。

這項所謂的「安全措施」騙不了任何人，伊拉克人心裡

十分清楚，這是因為蘇聯人不信任他們。

多年來，穆尼爾單獨執行任務時總是「遵紀守法」，這一點幫了他的大忙。而且，此時蘇聯人正聚在一起吃早餐，無心去管伊拉克人的事。

地勤人員最終服從了穆尼爾的命令，畢竟他是一位高級軍官。而且，地勤人員也絕對無法想到，遙遠的特拉維夫已經制定了叛逃計劃。

穆尼爾沒有露出絲毫的匆忙，他照例檢查過飛機以後，便從容不迫地起飛了。

他先是沿著飛行小隊的例行路線，機頭直指巴格達方向。可是，當飛機飛出空軍基地的視野之外時，他立即向南轉向，接著又轉向西方，直飛以色列。

他極其準確地按照以色列人為他詳細佈置的900公里的航程飛行。為避開雷達的監視，他又降低了高度，作低空飛行。

突然，穆尼爾的無線電收發報機中傳來了一個憤怒的聲音，命令他馬上返回基地。穆尼爾沒有理睬，依然向前飛行。接著，又傳來一個警告聲：如果再不返航，他將機毀人亡。這下，穆尼爾乾脆關掉了收發報機。

以色列的雷達很快便確定了這架以事先約定的高度和速度飛行的單機身分。一中隊「幻影」式飛機立即起飛，為飛臨約旦河西岸的叛逃者護航，因為此時的約旦河西岸還處於侯賽因國王的掌控之下。

為了避免出現誤會，穆尼爾連忙做了一連串事先約定的動作。這時，他才被准許越過死海，降落在內蓋夫沙漠的一個空軍基地。

　　與此同時，在庫爾德執行任務的摩薩德特工在預定地點，見到了穆尼爾的家人，他們是藉口野炊來到這裡的。兩輛汽車迅速將他們送到伊拉克防線以南不遠的山區，一個庫爾德遊擊小組早已在此恭候多時。

　　穆尼爾的家人騎上了庫爾德人提供的騾子，走了整整一個通宵，才來到直升機接應他們的地點。幾乎就在穆尼爾駕機起飛的同一時間，直升機準時到達，僅僅用了30分鐘，就把穆尼爾全家人安全送到了預定地點。

　　至此，由阿米特親自策劃的「鑽石行動」大功告成。他當即打電話向古里安總理報告說：「鑽石已經裝進珠寶盒。」

知己知彼，百戰不殆

穆尼爾成功叛逃之後，很快便開始了自己新的工作。他把自己學到的所有飛行技術毫無保留地教給了以色列飛行員，並且向以色列軍方提供了有關蘇聯空中襲擊和防禦技術的重要情報。此外，他還把蘇聯人對阿拉伯飛行員進行戰略、戰術訓練的所有細節全部告訴了魏茲曼將軍。

以色列把這架「米格－21」重新裝飾了一番，除了噴上了以色列國旗圖案大衛星之外，還在機身上噴塗了「007」三個十分醒目的數字。在丹尼・夏皮納和穆尼爾的操縱下，它飛行了數萬公里，進行了幾百次空中模擬戰鬥。以色列人透過電子電腦處理了無數個資料，仔細分析了蘇製戰機的每一個優點和每一個缺點。

以色列人發現，儘管「米格－21」的外形並不十分美觀，但在技術方面的確堪稱一流。尤其是在高空作戰方面，具有其他殲擊機不可比擬的優勢。更令以色列人吃驚的是，這架飛機還配備了工藝水準十分先進、紅外線導引的環礁式空對空導彈。後來，當美國人獲取了這項資訊時，他們也深感不安。此外，這種殲擊轟炸機操作簡便，也不失為一大優點。

經過連續幾週的模擬戰鬥試驗，「米格－21」也暴露出了兩個致命的弱點。「幻影」飛機的水準視野為60°，而「米格－21」卻有相當多的視覺死角。在後來的「六日戰爭」中，以色列人就是利用「米格－21」的這項弱點來對付阿

拉伯空軍的。此外，為了讓發動機獲得更大的動力，「米格－21」使用的是普通汽油。可是，補充燃料的高度易燃性讓飛機油箱變得極度脆弱。這點在「六日戰爭」中也得到了驗證，以色列飛行員總是在空戰進行之初就把炮口對準敵機油箱所在的部位，只要命中一炮，就足以讓敵機變成一團火球，那些阿拉伯飛行員根本來不及使用彈射座椅。

就這樣，在「六日戰爭」爆發之前，以色列的「幻影」飛機駕駛員已經完全掌握了蘇製飛機的特點，以及那些在蘇聯受訓的阿拉伯飛行員在戰鬥中可能會採用的戰術。而這一切，自然要歸功於摩薩德的這次「鑽石行動」。

以色列透過穆尼爾・雷德法得到了一架「米格-21」殲擊機，重新噴漆後，除了以色列國旗圖案大衛星外，還噴上了醒目的「007」字樣

新增的擁核國家——
以色列——「高鉛酸鹽」行動

1969年3月的一天，以色列國防部長摩西・達揚得到報告：以色列的原子彈已經處於可以隨時引爆的狀態。這意味著，從此世界上又增加了一個擁核國家——以色列。不過，當時的人們並不知道，正是四個月前摩薩德「高鉛酸鹽」行動的圓滿落幕，才使得以色列獲得了製造原子彈必不可少的原料——鈾。

一場險些發生的核戰爭

1973年10月，第四次中東戰爭爆發。在戰爭最初的幾天時間裡，埃及和敘利亞軍隊快速突破了巴列夫防線和戈蘭高地，讓以色列陷入腹背受敵、四面楚歌的危險境地。以色列朝野上下一片恐慌，總理果爾達·梅厄甚至在電視講話中向美國發出哀求：「請你們救救以色列吧！」

在這種情況下，以色列高層幾個態度強硬的「鷹派」人物想到了最後的殺手鐧，那就是存放在內蓋夫沙漠腹地的13枚原子彈。

「快下命令吧！我們不能敗，哪怕為此毀掉中東！」梅厄總理的一位心腹絕望地哀求道。

10月8日晚上10點鐘，梅厄總理終於做出了決定：準備隨時投擲原子彈。

圖為以色列第四任總理果爾達·梅厄。她是以色列的建國元老，早在英國首相柴契爾夫人之前，這位以色列女總理就以「不妥協」、風格強硬而被稱為世界上第一「鐵娘子」，首任以色列總理大衛·本·古里安更是稱她為「內閣中唯一的男士」

以色列特種部隊迅速將13枚原子彈全部從內蓋夫沙漠的地下隧道內搬出來，裝到了數架經過改裝的「鬼怪」式戰鬥轟炸機上，飛行員也做好了隨時起飛的準備。

就在阿拉伯軍隊群情激奮，沉浸在首戰告捷的喜悅中時，他們哪裡想到，以色列的原子彈已經瞄向了開羅、巴格達、大馬士革……

一場足以毀滅中東地區的核戰爭一觸即發！

然而，前線的戰局很快就發生了逆轉：以色列軍隊擊退了阿拉伯聯盟，戰況趨於穩定。這樣一來，以色列的原子彈就被運回了老地方，核戰爭的危險頓時煙消雲散了。

那麼，以色列這個只有數百萬人口的彈丸之國，是什麼時候成為擁核國家，它又是如何製造出原子彈的呢？這話還得從頭說起。

核計劃的誕生

在1953年，當時世界上只有三個擁核國家，即美國、蘇聯和英國。就在這年晚秋的一天，以色列總統哈依姆・魏茲曼走進總理大衛・本・古里安的辦公室，提出了這樣一個問題：「你知道嗎？以色列人占全世界總人口的百分之幾？」

古里安感到有些莫名其妙，但他想了一會兒，然後聳了聳肩，答不上來。

魏茲曼告訴他說：「不到0.5％。」隨即又問：「那麼你再猜一猜，在自然科學領域的諾貝爾獎獲得者當中，猶太人占百分之幾？」古里安還是答不上來。魏茲曼又給出了答案：「讓我來告訴你吧，是20％。」說到這兒，他頓了一下，然後提高嗓門繼續說道：「在當今世界上三個擁核大國當中，都有猶太科學家從事核研究，而且他們的主要工作是參與原子彈的研製。」.

古里安仍然不解總統之意：「你為什麼要對我說這些呢？」

魏茲曼微微一笑，回答道：「好好發揮自己的想像力，這個問題還是由你來回答吧。」說完，他便揚長而去。

就這樣，以色列的總統給總理上了一堂有關原子彈「基礎課」。

1956年，第二次中東戰爭結束之後，以色列人意識到，

面對阿拉伯世界的包圍，如果沒有核武器這張王牌，那麼，佔有巨大優勢的阿拉伯聯盟遲早會像洪水一樣將以色列這塊彈丸之地徹底吞沒。於是，以色列當局做出了一個大膽的決定：製造原子彈。

1957年，以色列與法國開始了歷時一年的祕密談判，經過不斷討價還價，雙方終於達成協議，法國承諾將幫助以色列「和平」利用核能。具體計劃是法國在以色列南部城市迪莫納附近的內蓋夫沙漠裡建造一座核反應爐。事實上，法國人自然明白以色列人將用這座核反應爐幹什麼，但是，金錢的巨大誘惑實在令人難以抗拒。

隨後，數十名法國專家來到了以色列的軍事重鎮——貝爾謝巴。過了沒多久的時間，一個碩大無比、外形與足球相似的圓形拱頂建築就出現在迪莫納的沙丘深處。在它的不遠處，以色列建立了自己的核研究中心。

在當時，核武器的製造技術絕對是世界級的尖端機密，以色列製造核武器的祕密一旦暴露，那麼，它的全部核設施就必須在聯合國的監督下被銷毀，同時還要承受巨大的政治壓力。因此，以色列人從一開始就對核研究中心進行嚴格保密，在它周圍幾公里外架起了鐵絲網，全副武裝的警衛日夜不停地巡邏，甚至連該地區上空也被列為絕對禁區。

有一次，一名以色列空軍飛行員在訓練時迷航，誤入迪莫納上空，結果，他所駕駛的「幻影」式戰鬥機立刻被四周佈防的導彈擊毀。此處防範之嚴，由此可見一斑。

Declassified KH-4 CORONA November 11 1968

圖為以色列迪莫納核研究中心。因為戰爭的需要，促使以色列領導人下定決心，要研製核武器

1960年，美國的「U－2」無人偵察機發現了這個核子試驗場。消息一經傳開，立刻引起了國際輿論的強烈譴責。因為在此之前，以色列當局一直謊稱該核子試驗場是一家紡織廠。

迫於輿論壓力，總理古里安只得答應美國，讓美國的核裝置專家親自前去視察。經過數月的準備，當以美國專家為首的聯合國檢查團抵達迪莫納時，展現在他們面前的只是一個功率僅為26兆瓦的小型核反應爐。

首席檢查官最後做出的結論是：這的確是一個和平利用

原子能的試驗站。即便以色列想利用這裡生產的鈽作為核武器的原料，但是從目前的生產能力來看，造出原子彈也是100年以後的事。

　　稍微有一點物理常識的人都知道，製造原子彈的原料是鈽，儘管它在地球上儲量極少，卻可以透過另一種在自然界廣泛存在的核物質——鈾來製取。

　　當鈾在核反應爐中燃燒時，會因為發生核裂變而釋放熱能，進而為人類的生產活動提供能量。當鈾發生核裂變時，鈽就會作為副產品而產生。

　　可見，核反應爐的軍事用途與和平用途之間緊密相關已經不再是什麼祕密。

　　以色列官方為了掩蓋事實真相，乾脆將計就計，公開宣佈迪莫納核子試驗場是以色列為和平使用原子能而設立的試驗機構，接受以色列核能局的領導。

　　這次風波結束以後，以色列的核軍備計劃進行得很順利，專家們樂觀地估計，按照目前的試驗速度，以色列很快就能製造出用於實戰的原子彈了。

　　1960年7月13日，法國在撒哈拉大沙漠中成功引爆了第一枚原子彈，進而成為世界擁核俱樂部的第四名成員。與此同時，以色列的核工程也已經接近尾聲，他們預計，最多再過兩年，製造原子彈的準備工作就可以全部完成。

　　出乎以色列人意料的是，法國在成功爆炸原子彈以後，突然宣佈取消與以方的合作。一時間，以色列的核工程陷入困境。

初次偷鈾

1962年10月，在摩薩德局長的辦公室裡籠罩著一種極度緊張的氣氛。

此前，以色列內閣召開了一次祕密會議，鑑於阿拉伯和以色列之間的緊張關係，全體內閣成員一致認為，不應該放棄核武器的研製。

「到目前為止，我們的鈾都是從哪裡弄到的？」時任農業部長的摩西·達揚向核專家發問。

一名核專家回答道：「我們主要是從法國、加蓬和查德弄到鈾的。可是現在，法國人不跟我們合作了。自從美國進一步限制了國際規定以後，從第三世界國家弄到鈾也越來越困難了。」

正在屋子裡踱步的達揚聽完，臉色一沉，說：「這麼說來，我們的核計劃就要因為沒有鈾而終止了？」

那位專家皺著眉頭，壓低聲音說：「迪莫納每年需要25噸鈾，而且首先需要的是濃縮鈾，如果我們拿不到，那麼之前的計劃只能停止。」

達揚剛坐下，又像彈簧一樣突然站起身，然後以一種堅定的口氣說：「如果我們透過常規手段弄不到這東西，就必須去偷！」

奉內閣之命，摩薩德馬上成立了一個小組，專門研究竊取濃縮鈾的問題。三個月後，三種偷鈾方案送到了新上任的摩薩德領導人梅厄‧阿米特的辦公桌上。

圖為時任以色列農業部長的摩西‧達揚。摩西‧達揚出身軍旅，先後任以色列農業部長、國防部長和外交部長，在第二次世界大戰中一隻眼睛受傷，因此被人稱為「獨眼將軍」

第一方案：闖進美國某個生產濃縮鈾的試驗室進行偷盜行動。

第二方案：襲擊負責運送濃縮鈾的卡車。

協力廠商案：對某位核子試驗室主任進行「策反」，使其為以色列「挪用」部分濃縮鈾。

梅厄‧阿米特仔細研究了上述方案之後，揮筆做出了批示：「擬採用協力廠商案，集中全力尋找策反對象。」

經過一番調查，摩薩德終於物色到了一個合適的策反對象──美國「核原料和核裝備公司」（簡稱「NUMEC」公司）的創始人紫爾曼‧莫德凱‧夏皮羅。

早在40年代初，夏皮羅就是一個狂熱的猶太復國主義者。1949年，他就職於美國的「威斯汀豪斯電氣公司」，在研製一座安裝在美國「鸚鵡螺」號核動力潛艇上的反應堆工作中，因成績顯著，得到了老闆的重賞。

　　1957年年底，雄心勃勃的夏皮羅離開了「威斯汀豪斯電氣公司」，成立了自己的「NUMEC」公司，專門為當時日益增多的核反應爐提供原料——濃縮鈾。

　　1963年，夏皮羅將公司的貿易範圍拓展至以色列。在這一項有利條件下，摩薩德和他達成了一筆交易：將「威斯汀豪斯電氣公司」向「NUMEC」公司提供的用於「阿波羅」太空計劃的濃縮鈾，偷運一部分到以色列。

　　這項工作進展得十分順利。負責此事的摩薩德頭目之一，後來的局長茲維・紮米爾自然十分得意。在一次特工部門領導人的例行碰頭會上，有人問他一共拿到了多少濃縮鈾。他回答說：「據我估計，這些濃縮鈾足夠製造18枚原子彈。」

　　「可是，我們怎樣才能把這東西從美國運出來呢？」

　　「這沒什麼大不了的，」核計劃特別行動組的一名特工答道，「我們已經說服了埃勒・賽勒航空公司的一名工作人員，後天就將能運來第一批樣品。」

　　過了不久，他們就把這批濃縮鈾全部偷運到了以色列。

策反「納粹飛行員」

1964年6月，以色列迪莫納核反應爐正式開始運營。可是到了1967年夏末，當以色列當局正式做出製造原子彈的決定時，技術部門還有一個難題極待解決，就是他們需要優質的氧化鈾。然而，這種氧化鈾卻無法從國際市場上買到。

圖為以色列迪莫納核研究中心的核反應爐。為了使以色列擁有核武器，躋身於核大國行列，以色列向法國購進了核反應爐

　　跟1962年一樣，這一次，以色列內閣又給無所不能的摩薩德新的任務：盡快弄到200噸氧化鈾。

　　摩薩德局長梅厄‧阿米特接受任務以後，經過了一番緊急籌畫，最終決定依舊用「偷」的方式解決這個問題。他向以色列內閣提交了「高鉛酸鹽」計劃，這項計劃的目標是弄到足夠製造20枚原子彈的優質氧化鈾。

　　摩薩德立即向世界各地派出了大批特工人員。不久，他們透過國際原子能委員會的「內線」得知，比利時布魯塞爾「礦業總公司」下屬的一家設在薩伊子公司，曾在當地買過一批氧化鈾礦石。這批鈾礦石經過濃縮加工，存放在比利時最大的海港——安特衛普港附近的一個村莊裡。

　　「高鉛酸鹽」行動計劃的核心內容，就是尋找一個得到國際原子能管理組織認可的「交易夥伴」，由它出面，透過「正規途徑」買下這批濃縮鈾，然後在運輸途中採用武力手段將其劫走，運回以色列。

　　時年27歲的特工亞伯特是局長阿米特手下的一名愛將。為了實施「高鉛酸鹽」行動計劃的第一步，他從特拉維夫緊急飛往西德，拜見了威斯巴登州一家化工企業的老闆舒爾岑。

　　早在1964年，當年輕的亞伯特在西德的美軍基地參觀時，美國中央情報局駐聯邦德國的情報人員就向他介紹了舒爾岑。現在，舒爾岑與人合資經營著「亞斯瑪拉」化學有限公司，專門從事消除化學及核污染的化學品的買賣。這家公司的客戶除了美國軍人以外，還有聯邦德國的軍人。

西德是對1949年5月至1990年10月之間的德意志聯邦共和國之俗稱。圖為美國的坦克兵們正在西德美軍基地中進行射擊訓練

　　按照摩薩德的打算，如果舒爾岑在他們的策動下，同意由他的公司出面，順理成章地從布魯塞爾礦業總公司那裡購買200噸氧化鈾，那麼「高鉛酸鹽」計劃就完成了一大半。

　　經過試探性接觸，亞伯特認為，酷愛金錢和美女的舒爾岑完全有可能與以色列合作。根據他的彙報，摩薩德當局決定將舒爾岑作為整個行動的關鍵。為了儘快把舒爾岑拉入夥，摩薩德加緊了策反工作。

　　不久，一個名叫薩哈羅夫的以色列商人從特拉維夫來到了威斯巴登州，經過亞伯特介紹，他結識了舒爾岑。他表示，願意跟舒爾岑的公司合作，開展業務。薩哈羅夫的公

開身分是特拉維夫塔爾火柴廠的老闆，但實際上，他是摩薩德的一名上校，他此行的任務就是用金錢和女色將舒爾岑拉下水。

「二戰」期間，舒爾岑曾是納粹德國的一名空軍飛行員。1945年，他駕駛的飛機在丹麥上空被英國的「噴火」式戰鬥機擊落。在跳傘逃生時，他的頭部受傷，留下了陣發性頭痛病。

有一次，薩哈羅夫在與舒爾岑談成了一樁可以讓舒爾岑「大賺一筆」的生意之後，趁機建議他去以色列療養。薩哈羅夫向他描述了地中海溫和的氣候、宜人的陽光，還說那些嬌艷迷人的歐亞混血女子是多麼令人心醉，在那種令人心曠神怡的濱海環境下，他一定會很快康復的。

最後，薩哈羅夫還慷慨地表示，為了雙方日後的合作，舒爾岑在以色列的一切費用全部由他來買單。被他這麼一說，舒爾岑自然心動，於是欣然接受了他的建議。

在薩哈羅夫的安排下，舒爾岑住進了海法港外的一幢豪華別墅。一名以色列腦神經專家每週會為他治療兩次。舒爾岑在女人身上揮金如土，引得當地幾名頗有姿色的妖艷女郎像蛇一樣緊緊纏住他不放。

沉醉於女色之中的舒爾岑根本不會想到，自己已經落入了摩薩德的陷阱。他也並不知道，就在他與妓女們縱欲交歡時，隱蔽在暗處的攝像機早已將他的一切醜態都記錄了下來，一旦他想反悔不幹，摩薩德就可以用這些東西來要脅他。

舒爾岑對薩哈羅夫的周到安排十分滿意，因此兩個人的「友誼」也不斷加深。與此同時，薩哈羅夫也加緊了與舒

爾岑公司的業務往來。

　　一開始，他只是表示對「亞斯瑪拉」化學有限公司的燃料感興趣，等到他逐漸把舒爾岑控制住以後，他便直截了當地對舒爾岑說，他所效力的以色列政府，最感興趣的是當今世界上最重要，同時也是管制最為嚴格的戰略物資——濃縮氧化鈾。

　　此時的舒爾岑已經深陷其中，不能自拔。經過反復考慮，他終於決定答應薩哈羅夫的要求。一方面，他十分清楚，自己的把柄在摩薩德手中；另一方面，以色列方面許下的巨額金錢以及女色的誘惑力實在太大。因此，他決定在以色列人的幫助下鋌而走險，放手一搏。

　　從此，在摩薩德總部的雇傭人員檔案當中，便多了「納粹飛行員」這個代號。

機關算盡的鈾交易

　　經過緊鑼密鼓的籌備，到了1968年3月21日這天，總部設在聯邦德國威斯巴登的「亞斯瑪拉」化學有限公司，正式向比利時布魯塞爾「礦業總公司」發出了訂購200噸濃縮鈾的申請。

　　公司總裁舒爾岑在訂單上申述道，他的公司經營一種石化產品，而這種產品的生產，必須用濃縮鈾作為催化劑。他還致函布魯塞爾「礦業總公司」說：由於作為催化劑的鈾在使用之前必須經過一系列的加工，因此，他的公司已經在摩洛哥的卡薩布蘭卡聯繫到了一家鈾加工廠。等這樁生意談妥之後，他將把鈾從比利時的安特衛普運往卡薩布蘭卡進行加工，然後再運回自己的公司。

　　與此同時，舒爾岑將以色列提供的850萬西德馬克，以「亞斯瑪拉」化學有限公司的名義存入瑞士一家口碑良好的銀行，這家銀行收到錢以後，在舒爾岑發出的訂單上出具了該銀行的信譽擔保證明。

　　當時，布魯塞爾「礦業總公司」正陷入經營不善、資金周轉不靈的艱難境地。負責經營的副總裁怎麼也不明白，為什麼一連好幾個月，幾乎所有的生意在談判的最後階段都失敗了。他做夢也不會想到，這完全是因為摩薩德從中作梗。摩薩德這麼做的目的，就是為了讓該公司貨物積壓，當它因資金緊張而急於出貨時，「亞斯瑪拉」公司的訂單

便可以趕來「解圍」了。

鈾是一種存在於自然界中的化學元素，濃縮鈾是指經過同位素提煉後，鈾235含量超過90%的鈾金屬，是製造核武器的必要原料。為了得到濃縮鈾，摩薩德煞費苦心制定了「高鉛酸鹽」計畫

　　「亞斯瑪拉」公司這份及時雨般的訂單引起了布魯塞爾「礦業總公司」的高度重視。按照商業慣例，他們對買家「亞斯瑪拉」公司的信譽進行了一番調查，發現該公司的業務範圍和資金情況都沒有問題。於是，副總裁德維決定親自出馬與「亞斯瑪拉」公司簽約。

　　舒爾岑得知德維即將飛赴威斯巴登與他會面，心裡先是一陣欣喜，但很快又擔心了。原來，訂單上提到的那種化學產品根本就是子虛烏有，而德維又是化學博士，如果對方談起有關的技術細節，並提出要去工廠參觀，那麼這位

行家只要在工廠裡轉上一圈，就會發現這樁買鈾的生意不過是一場騙局。

他馬上把自己的想法告訴了摩薩德。兩天以後，以色列方面就派一名精通核化學的專家前來「輔導」舒爾岑了。在一天之內，這位以色列專家就把核原料在化學反應中的催化原理向舒爾岑講解了三遍，一知半解的舒爾岑頓時信心大增。為了迴避參觀工廠這個要命的難題，舒爾岑按照薩哈羅夫的建議，在發給德維的回電中，邀請對方光臨他在赫頓海姆的住所，並在那裡洽談生意。

這次商務會談進行得十分順利。德維對舒爾岑開出的價錢也非常滿意。兩天後，雙方在買賣200噸濃縮鈾的合約上簽字了。可是就在最後關頭，一件令人意想不到的事將摩薩德的計劃全盤打亂。

原來，在歐洲共同體國家範圍內，凡是與戰略物資──鈾有關的貿易，必須報請歐洲原子能委員會審批，並且隨時準備接受檢查。

舒爾岑深知，鈾貿易在經濟一體化的歐共體內部尚且如此嚴格，而他還要讓對方將這批鈾運往非歐共體成員國的摩洛哥加工，那麼，這筆買賣必定難以通過歐洲原子能委員會的審查，而摩薩德之前擬定的在公海上打劫的計劃也必然泡湯。

所以，當德維將簽好字的合約裝進公事包，告訴舒爾岑如果不能獲得歐洲原子能委員會的審批，那麼就只能將這批鈾透過鐵路運往德國，至於加工的事，也只能由舒爾岑的公司自行負責了。心中有鬼的舒爾岑嚇得目瞪口呆，不知如何是好。

看來，原定方案顯然行不通了。阿米特為此暴跳如雷，怒斥部下考慮不周，竟然將如此重要的細節遺漏了。情急之下，亞伯特靈機一動，獻出了一條妙計。

合約簽訂之後不久，舒爾岑便通知德維，由於加工技術的原因，原定由摩洛哥那家工廠加工鈾的計劃，現改由義大利米蘭的一家公司承擔，因此，合約需要作相應的修改。德維接到通知後，並沒有覺得有什麼異常，於是在合約書上進行了修改。這樣一來，參與這筆生意的各方，全都是歐共體國家，審批手續自然簡單多了。

根據這一情況，摩薩德迅速做出了新的安排。在舒爾岑的協助下，他們在義大利的米蘭找到了一家名義上的鈾加工廠──「塞卡」公司。該公司的老闆佛蘭西斯哥‧塞托里奧和舒爾岑因為業務上的關係很早就相識了，於是，舒爾岑極力鼓動塞托里奧攬下這筆「加工鈾」的生意。

一開始，塞托里奧對這樁帶有風險的「生意」感到害怕，不敢承諾。可是，「見錢眼開」向來是商人們的通病，當摩薩德透過舒爾岑匯了4萬西德馬克的「風險金」給他以後，塞托里奧終於動心了，並愉快地接下了這筆生意。

摩薩德接下來需要做的就是解決運輸這批鈾所需的船隻。這個任務又落到了亞伯特身上。

為了避免出現破綻，亞伯特只花了1500西德馬克，就在世界頭號「輪船王國」賴比瑞亞註冊成立了一家「比斯坎貿易海運公司」。

這家新成立的公司所擁有的唯一不動產，就是亞伯特委託一個土耳其籍船舶經紀人亞里薩爾幫他弄到的一艘長78米，載重1062噸的貨船。這艘貨船是前不久亞里薩爾以120

萬西德馬克的價格，從漢堡波爾頓輪船公司的老闆奧古斯特手中買來的。

1968年10月，這艘經過改頭換面之後的「謝爾斯貝格號」貨船終於出海試航了。船上的全體成員，不論是船長還是水手，都清一色是摩薩德的特工。他們身上包括護照、海員證在內的所有證件，都是摩薩德技術中心精心偽造的。

10月9日，這艘「比斯坎貿易海運公司」名下的貨船，從漢堡出發，駛抵義大利那不勒斯港。

圖為摩薩德偽造的護照。正是靠著這些偽造的證件，摩薩德的特工們才以各種身分面貌，出現在世界的各個角落，執行不同的任務

　　至此，摩薩德方面已是萬事俱備，只欠東風。這「東風」就是歐洲原子能委員會關於這筆生意的批覆。

　　歐洲原子能委員會負責審批鈾貿易的官員名叫奧蔔西爾，是一位德國法學專家，他本人對於原子能和鈾的化學用途一概不知。為了慎重起見，他特地請來了布魯塞爾「礦業總公司」副總裁德維，問他鈾是否可以作為催化劑使用，德維給予了肯定回答，並且告訴他說，此前荷蘭政府就曾為了同樣的目的購買過鈾。做事一向嚴謹的奧蔔西爾這下才終於放心了。

　　10月31日，歐洲原子能委員會正式批准了這筆交易。「高鉛酸鹽」行動由此進入了決定性階段。

濃縮鈾去哪了？

11月15日，「亞斯瑪拉」公司總裁舒爾岑乘飛機抵達比利時的安特衛普，親自驗收並監督這批鈾的裝運。在他的指揮下，200噸濃縮鈾被裝入560個大圓桶內，每個桶外面都貼上了「高鉛酸鹽」的劇毒標誌。裝船工作從當天下午2點鐘開始，一直到晚上9點才結束。

一個小時以後，在夜色的掩護下，「謝爾斯貝格號」載著200噸濃縮鈾啟航了。11月24日，按照「謝爾斯貝格號」此前向港務航行部門申報的航向與航線，它本應該駛向地中海的巴利阿里群島，然後轉向東北方向的熱那亞。然而，這艘貨船並沒有按申報的航線航行，而是徑直朝正東方向駛去。

11月29日深夜，一切都像摩薩德當初設計的那樣，「謝爾斯貝格號」在距離賽普勒斯不遠的公海上，靠近了一艘早已在此恭候多時的以色列油船。4個小時以後，560桶「高鉛酸鹽」全部被轉移到了以色列油船上，油船立即朝以色列的海法港駛去。兩天以後，560桶優質氧化鈾全部運抵以色列的迪莫納核研究中心。

1968年12月4日，土耳其南部海港的港務監督人員在巡邏時發現，港外海面上飄浮著一艘「謝爾斯貝格號」貨船，看樣子上面空無一人。工作人員登船檢查後發現，船上不僅空空如也，而且連航海日誌最後一個星期的航行記錄也不翼而飛了。

圖為以色列海法港。海法港位於以色列西部沿海北端海法
灣南岸進口處，瀕臨地中海，是以色列最大的港口。摩薩
德成功偷竊200噸濃縮鈾，由海路運回以色列，就是在海法
港登陸的

　　最後，又是亞伯特出面處理「善後事宜」。他以85萬西
德馬克的價格，把這艘船低價賣給了巴拿馬「格列加爾輪
船公司」，同時解散了曇花一現的「比斯坎貿易海運公
司」，然後就到斯堪的那維亞半島開始了新的工作。

　　鑑於亞伯特在這次「高鉛酸鹽」行動中立下的汗馬功勞，他的上司決定，提拔他為摩薩德駐這一地區的最高代表。

　　義大利米蘭的「塞卡」公司老闆塞托里奧，由於在名義上承擔了「加工鈾」的任務，事成之後，又從舒爾岑那裡得到了1.4萬西德馬克的賞金。在這次行動中，「亞斯瑪拉」化學有限公司總裁舒爾岑是一個非常關鍵的人物，摩薩德自然少不了給他好處。

　　倒楣的只有歐洲原子能委員會。

　　這件事過去7個月以後，該組織才發現自己受騙了，因為他們一直沒有得到「塞卡」公司收到並「加工」鈾的業務報告，於是，他們立刻著手追查這批鈾的下落。然而一切都太晚了，足夠製造數十顆原子彈的200噸濃縮鈾竟然神祕失蹤了。

　　濃縮鈾去哪兒了？一想到這個問題，歐洲原子能委員會頓時驚恐萬狀。他們當即撤換了在批准書上簽字的奧伯西爾，並派遣安全處主任恩里科‧耶契亞親自前往威斯巴登，向舒爾岑詢問此事。

　　誰知，這位買主竟然回答說，自己是受某位「客戶」委託代購這批鈾的，原本說好要將鈾運交米蘭的「塞卡」公司，但是後來，這位「客戶」臨時決定不與「塞卡」公司合作了。

　　至於負責運輸這批鈾的貨船出發以後發生了什麼事，按照合約的約定，與他無關。而這批鈾究竟運往何處，他更是一無所知。

　　耶契亞要求他說出這位「客戶」的身分，舒爾岑表示，

這完全屬於商業機密,歐洲原子能委員會無權強迫他人公開自己的祕密。他還理直氣壯地說,他在這樁生意中的所有手續都是完備的。

從「高鉛酸鹽」行動開始設計到圓滿成功,歷時14個月。摩薩德可謂機關算盡,最後終於如願以償,為以色列核工業的發展準備了充足的原料。

1969年3月的一天,以色列新任國防部長摩西‧達揚得到捷報:以色列的原子彈已經處於可以隨時引爆的狀態。聽到這一消息,他迫不及待地把親信召集在一起,打開蘇格蘭威士卡,欣喜若狂地向眾人宣佈:「我想通知各位,從今天起,世界上又多了一個擁核國家,那就是以色列!」

「獅式」的誕生——
「幻影」飛機設計圖被盜事件

兩噸多重的飛機設計圖，從防守嚴密的瑞士軍方眼皮底下轉移到以色列，最終促成了以色列「獅式」戰機的誕生。能夠做到這一點的，並不是魔術大師大衛・考柏菲，而是以色列的摩薩德。要想探知事件背後的故事，這還得從1967年說起。

「幻影」告急

從20世紀50年代起，以色列就不斷地從法國購買新式武器，尤其是法國的「幻影」戰機，更是成為以色列空軍的制勝法寶。在1967年6月的那場「六日戰爭」中，以色列空軍就是憑藉這項王牌擊敗了阿拉伯空軍。然而，也正是這場戰爭，給以色列帶來了麻煩。

法國總統戴高樂對於以軍不聽他的一再警告，向被包圍的阿拉伯部隊發動圍殲性攻擊的行為感到憤怒。為此，他下達了命令：法國今後將不再向以色列提供任何武器。

兩天後，法國軍事航空局告知以色列，以方早在「六日戰爭」前訂購的50架「幻影」式戰鬥機，儘管已經付清貨款，但由於總統的禁運令，此合約將被取消。

法國這次釜底抽薪的做法，讓以色列空軍高層心急如焚。在當時，以色列空軍一共擁有150架作戰飛機，其中約有50架為法國的「幻影」式飛機。在不久之前的戰鬥中，有10架被敘利亞軍隊擊落，另外20餘架也受到不同程度的損傷。當時，為了確保以色列空軍能在一觸即發的大戰中保持足夠的打擊力量，以色列急需補充新型「幻影」飛機，最起碼也要得到一些該型飛機的零配件，以備維修使用。

為了說服戴高樂總統收回成命，以方軍政要員穿梭般地飛往巴黎。但是，由於以色列的行為已經激怒了整個阿拉伯世界，法國政府出於對阿拉伯國家民族感情的考慮，同

時也為了維護法國在這些國家的既得利益，仍然決定堅持實施對以武器禁運。

圖為法國「幻影Ⅲ」戰鬥機。「幻影」系列戰鬥機是應法國政府在1952年提出的要求研製的。在「六日戰爭」中，以色列正是依靠這種從法國購進的「幻影」戰鬥機，才擊敗了阿拉伯空軍

所有的法國企業和軍火商都得到了命令，停止與以色列的任何武器貿易談判，並且立即停止執行已經簽約的所有軍火合約。為了防止一些商人見利忘義，總統還命令有「法蘭西壁壘」之稱的法國軍事情報局進行偵控。

面對法國的銅牆鐵壁，以色列軍方想盡了辦法，但卻無法弄到飛機及其配件，而來自摩薩德的情報更是增添了以色列人的憂慮。這些情報顯示，蘇聯為了增加在阿拉伯世

界的發言權，正以驚人的速度向埃及、敘利亞等國運輸武器，大批新型的「米格」戰機正從蘇聯西部各機場大編隊轉場至中東地區，進行整建制的移交。此外，由蘇聯軍官駕駛的漆有埃及軍徽的「米格」戰機正在蘇伊士運河一線巡邏，並與以軍發生了空戰；而那些在「六日戰爭」中倖存的阿拉伯飛行員，則被成批送往蘇聯受訓。

所有跡象都顯示：大戰在即。在蘇聯的支持下，阿拉伯人正臥薪嘗膽，準備復仇。

以色列的政治家、外交官、軍人乃至所有與巴黎上層有接觸的普通公民都被發動起來，試圖改變法國政府的決策。然而，戴高樂總統以其敏銳的戰略眼光看到，西方國家的能源危機即將顯露。為了讓法國能夠繼續從中東獲得石油，他必須改變過去同情以色列人的政策，進而緩和與阿拉伯世界的關係。

在一次公開舉行的記者招待會上，戴高樂總統用一種不容置疑的語氣宣佈：只要由他領導法國，以色列就休想從法國得到一架最先進的「幻影」式飛機。

聽到這個消息，以色列的政治家們徹底絕望了。跟以往每一次遇到重大危機時一樣，這一次，沮喪的以色列政治家們又想到了摩薩德。

來自瑞士的意外驚喜

摩薩德對此早有準備，很快就成立了由摩薩德頭目梅厄・阿米特領導的「『幻影』式戰鬥機行動常務委員會」。以色列政府已經不再有什麼奢望，只希望它能拿到一些「幻影」式飛機零組件，以解空軍的燃眉之急。此時，摩薩德已經根據一些線索，悄悄地靠近了瑞士這個舉世公認的中立國。

曾經有一位著名的國際政治學家說過：「在這個缺乏安寧的世界上，如果做不到守土自保，就不會有真正意義上的中立。」

瑞士是一個中歐小國，陡峭的阿爾卑斯山脈貫穿其境，使其成為名副其實的「歐洲屋脊」。重要的戰略位置和小國寡民的客觀條件，促使瑞士政治家確立了一種適合本國國情的「釘子」型本土防衛戰略，其核心特徵就是全民皆兵，居險扼守，打持久戰，讓侵略者一旦踏上瑞士領土便如芒在背，如鯁在喉。

作為瑞士的鄰國，法國為了防備外來侵略，對瑞士的這一國防戰略十分欣賞。在法國人看來，從古至今，在任何一場戰爭中，只要瑞士不敗，法瑞相鄰的300公里邊境線就平安無事。對於法國來說，瑞士的防禦體系簡直就像一道修築在境外的「馬奇諾防線」。

為了鞏固這道「天然屏障」，法國不僅向瑞士的「袖

珍」軍隊提供各式輕重武器，還應瑞士政府的要求，用法國人自己研製的飛機和導彈為瑞士建立了強大的防空體系。

為進一步加強瑞士的空軍力量，法國政府甚至向瑞士核發了許可證，允許他們按照法國提供的設計圖，在瑞士境內製造100架最先進的「幻影5」超音速殲擊轟炸機。這正是以色列夢寐以求卻只能望洋興歎的美事。

圖為「幻影5」戰鬥機。法國對以色實施武器禁運，使以色列將目光放到了瑞士。在瑞士境內製造的「幻影5」戰鬥機，正是以色列夢寐以求的

　　一向以節儉著稱的瑞士人，在利用法國的設計圖製造、裝配了53架這種戰機之後，發現這種飛機的製造成本實在太高了，幾乎要花掉他們空軍全部的年度經費。為和平而付出的代價是不是太高了？瑞士政界人士為是否有必要裝配這批飛機展開了激烈的爭論。

　　喜歡精打細算的瑞士人向來把帳算得分毫不差，就如同他們製造的鐘錶一樣精準無誤。不久，辯論就有了結果。瑞士政府認為，有限的資金應該更多地用於國家經濟建設。尤其是當瑞士的傳統商品──精緻準確的機械鐘錶已經面臨日本電子鐘錶的強烈衝擊，出口急劇萎縮，已經嚴重影響國內鐘錶製造業時，政府在軍備方面一擲千金，顯然是不合時宜的。因此，瑞士政府決定按照「適量」原則，削減原定的飛機裝配數量，剩餘47架已經裝配一半的「幻影5」將中止裝配，予以封存。

　　堅持要求繼續裝配剩餘47架「幻影5」的只有瑞士空軍。跟世界上其他國家的軍隊一樣，瑞士軍方的要求跟受政府控制的軍備預算之間永遠是有差距的。

　　很快的，瑞士政府的這項祕密決定就傳到了無孔不入的摩薩德的耳朵裡。在這個世界上，沒有什麼事情能夠瞞過他們的眼睛和耳朵。

　　「到瑞士去，看看我們能不能做點什麼！」梅厄‧阿米特決定由瑞士入手，拉開「幻影」行動的序幕。

　　然而，最初傳回來的消息卻令阿米特倍感失望。瑞士政府已經把剩餘的47架飛機送進了阿爾卑斯山中的地下祕密機庫，要想從戒備森嚴的軍事禁區弄出整架飛機，其難度之大，絲毫不亞於去天上摘下月亮！不過，天無絕人之路。

就在這時，摩薩德的運氣來了。

這個為以色列人帶來好運的，是一個名叫阿爾佛雷德・佛勞恩克內希特的43歲的瑞士人。他是瑞士得到特許製造「幻影5」的蘇澤爾公司的總工程師。此人年富力強，精通業務，為人正直，敢於承擔責任。作為一名瞭解世界軍用飛機發展動態的專家，他心裡十分清楚，法國拒絕向以色列提供這種飛機，這對於以色列空軍將意味著什麼。

和許多瑞士人一樣，這位出身名門的航空專家受過嚴格的正統教育。儘管他不是猶太人，但是他對於以色列是抱有同情的。在他看來，歷史上猶太人曾飽受屈辱與磨難，今天依然為生存而戰，這是多麼可貴的精神！而法國人在以色列陷於危難之際拒不履行對方已經付款的商業合約，這是一種極其卑劣的行為，法國政府這種「對以色列背後插一刀」的做法是不可原諒的。

這位瑞士工程師認為，僅在道義上表示憤慨，根本不能解決以色列的實際困難。他打算「做點什麼事來幫助猶太人」，這是他有生以來最重要的一個決定。

這天傍晚，以色列駐巴黎大使館接到一個電話，打電話的人固執地要求和以色列使館的最高官員通話。

「您明天早上再打電話來行嗎？」女接線員回答道。

「哦，不，請您現在就幫我接通澤維・阿隆上校家裡的電話。」

從對方急迫的聲音中，女接線員感覺到有什麼緊急的事。於是，她把電話接到了以色列駐巴黎使館武官澤維・阿隆上校家中。

對方的話十分簡短：「我是阿爾佛雷德・佛勞恩克內希

特，我要立刻與您見面。」說完，就把電話掛斷了。

使館方面立即透過密電將這個情況傳到了特拉維夫的摩薩德總部。很快的，以色列人就從電腦中檢索出了阿爾佛雷德・佛勞恩克內希特這個名字。他們深知，瑞士蘇澤爾公司負責制造「幻影5」的總工程師，絕對不會無緣無故地打電話給他們。難道他說服了瑞士政府，要把他們中止裝配的那47架「幻影5」戰鬥機賣給以色列？

過了不到一個小時，澤維・阿隆上校就登上了飛往瑞士的飛機。在義大利的羅馬，受命於摩薩德的卡因上校也上了飛機，趕往瑞士。

在蘇黎世紅燈區一家表演脫衣舞的酒吧裡，兩位以色列來客與佛勞恩克內希特見面了。

雙方剛一落座，佛勞恩克內希特便單刀直入地說起了他的計劃。

「你們想得到法國的『幻影5』是枉費心機的！即便是尋求零組件也只是白費時間，因為戴高樂總統已經下了禁運令。」

「這已經是公開的祕密了，但不知閣下是否能夠幫助我們。」以色列人懇求道。

「當然可以，我能幫你們得到完整的『幻影5』式飛機。」

「這怎麼可能？」阿隆上校說，「我們怎麼能盜走瑞士的『幻影5』式飛機呢？據我們掌握的情報，那些飛機被保存在阿爾卑斯山的地道中，外面有一重重厚厚的大門，就連原子彈也傷不了它們。再說，即使這是可能的，我們也不能做這種海盜式的勾當。我們和瑞士政府並沒有什麼衝

突。」

佛勞恩克內希特揮了揮手，打斷了阿隆上校的講話：
「我並不是一個叛徒，把我們的飛機給你們，這是一種叛
國行為，我永遠都不會背叛自己的祖國。」

這下子，兩個以色列人完全迷惑了：這位工程師葫蘆裡
究竟賣的什麼藥呢？

佛勞恩克內希特見以色列人不解，接著說道：「我是想
跟你們談談這種飛機的設計圖問題。我認識以色列航空工
業公司的總經理施韋默爾先生。作為同行，我知道他完全
有能力造出不遜於『幻影』的先進戰機。但是憑藉以色列
國內的技術力量，研製這樣一架飛機要花費好幾年的時間，
而且，還要花費大量的時間和財力建造一座製造飛機的工
廠。不過，假如你們有了包括製造必須的機床設備的全套
設計圖，你們就走上了製造先進戰機的捷徑。至少，你們
可以用這些設備，在短短幾個月的時間裡，仿造出現在以
色列空軍急需的飛機零配件。」

聽完了佛勞恩克內希特的這番話，兩個以色列人驚異的
目光中露出了些許希望的神色，很快的，這種希望的神色
又被貪婪所取代。

「我們可以談談條件嗎？」

「20萬美元。但是我希望你們能夠理解，我這樣做並不
是為了錢，我只是發自內心地想幫猶太民族一個忙。我需
要這筆錢，是因為我一旦被捕入獄，這些錢可以保證我的
妻兒衣食無憂。」

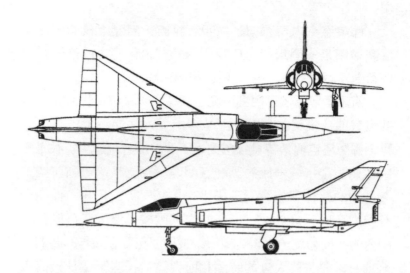

「幻影5」戰鬥機的資料多達兩噸重，想要把這些資料從瑞士轉移到以色列，並且不驚動瑞士政府，幾乎是異想天開，但摩薩德偏偏就這樣想了，而且還做到了

　　阿隆和卡因的心裡頓時湧上一股暖流。他們非常清楚，為他們提供這些絕密的設計圖，眼前的這個瑞士人完全可以開價2000萬美元以上，但他沒有這樣做。

　　當佛勞恩克內希特用平靜的口吻說完自己的計劃，並要求以色列方面給予適當的配合之後，便匆匆離去，消失在茫茫夜色之中。

　　來自瑞士的這項意外收穫令摩薩德最高當局欣喜萬分，因此他們立即做出指示：第一，即刻匯款20萬美元給佛勞恩克內希特；第二，按照佛勞恩克內希特的要求做好一切

配合工作。

就這樣,二十世紀最大膽離奇而又獲得成功的竊密活動拉開了序幕。要知道,有關「幻影－1000」的設計圖和文件總重量超過兩噸,這足夠裝滿一節車廂!

很顯然佛勞恩克內希特是一個從事間諜活動的天才。他既沒有得到任何外界幫助,也沒有受過任何職業訓練,但他正在譜寫世界間諜史上極為精采的一頁。

掉包計

　　與以色列方面碰過頭以後，佛勞恩克內希特就開始著手實施自己的計劃了。

　　1968年初夏的一個早晨，在公司的食堂裡，佛勞恩克內希特與總經理一邊吃著早餐，一邊閒談。他對總經理說：「我已經想好了一個主意，能為我們每年至少節約10萬法郎。」總經理頓時睜大了眼睛。還有什麼能比節約資金這種事，更能讓一位瑞士商人的腎上腺素升高的呢！

　　「你知道，存放『幻影5』式飛機設計圖的保險櫃占地面積實在太大。現在，飛機製造工程已經停止。除非有緊急情況發生，否則，這些設計圖對於我們來說一點用處也沒有。」佛勞恩克內希特接著說道。

　　「那麼，你打算怎麼辦？」

　　「我建議把這些設計圖拍在微縮膠卷上。至於原檔案，可以在嚴密的監督下全部銷毀。這樣，就可以騰出地方做別的事了。我估算了一下，這可以為我們每年節約至少10萬法郎。」

圖為微縮膠捲，也叫微縮膠片，是把書籍或文字類出版物彙集製作為一個小膠片

　　蘇澤爾公司的總經理認為這是一個不錯的主意，於是接受了他的建議，並委派他主持這項工作。

　　蘇澤爾公司承擔著瑞士政府最祕密的工程項目，因此，這裡早已被瑞士特工部門有效地控制著。有關人員仔細地研究了在溫特圖爾市焚化場裡銷毀飛機設計圖的具體方案，而佛勞恩克內希特這邊，也開始有條不紊進行將設計圖拍在微縮膠卷上的工作。

　　特工部門同意這項計劃，但是規定，拍攝膠卷的全過程要在軍事安全部門代表在場的情況下進行，而且，每份檔案只能拍一張照片。他們還特別指定了拍攝時所用儀器的型號，以及進行拍攝工作的大廳。這個大廳應當盡可能遠離普通人能去的地方。

　　正如佛勞恩克內希特預料的那樣，用於拍攝的儀器以及這些儀器的使用都受到了特工部門的嚴密監視。他們還批准購買一部不惹人注意的飛亞特小型卡車，專門用來運送已經拍攝過的檔案。這些檔案必須在每個星期四凌晨1點鐘準時運到該市的焚化場。

　　佛勞恩克內希特為了打消他人可能產生的疑慮，主動提出在卸檔的時候，必須要有兩名軍人在場。這位工程師十分嚴謹，他把汽車從工廠至焚化場這段並不太長的路途中可能遇到的風險也考慮到了，為了安全起見，他親自挑選了一名心腹——也就是他的表弟駕駛汽車。他的表弟具備一切執行這項任務的條件。他是市政府的公車司機，他每週將抽出休息日做這項工作，由蘇澤爾公司支付報酬。

　　這項工作按照瑞士人特有的方式，像時鐘一樣準確地向前推進。專門用來運送待毀文件的120公分高、80公分長、

50公分寬的箱子很快就準備好了。接下來將要進行的，就是曠日持久的拍攝、銷毀工作。

重達兩噸以上的文件包括飛機各個部位的設計圖、說明書以及有關安裝工序的詳細資料。此外，製造飛機機體和馬達還要有一套專門的機床，蘇澤爾公司同樣掌握著這些機床設備的設計圖和資料。就拿一台機床來說，它的設計圖就多達45000份。

軍事安全部門選定的工作人員日復一日地進行著拍攝工作。他總是要費力地打開好幾平方米的說明書和圖表，然後仔細拍攝每一份文件。他每次離開工作室，都要接受搜身檢查。

每個星期，他大約要處理重達50公斤的文件。到了晚上，被拍攝過的文件被非常小心地裝進紙板箱裡。每到星期四早上，這些紙板箱都要集中裝進專門準備的大木箱裡，由全副武裝的衛兵裝上飛亞特小型卡車。

為了確保萬無一失，佛勞恩克內希特每次都要監督裝貨，然後坐在副駕駛的位置上。在他的監督之下，由他的表弟開車前往焚化場。

到達焚化場之後，一位檢查員會對紙板箱進行清點，檢查裡面裝的是否真的是設計圖。只有在看到每一個紙板箱都被扔進熊熊燃燒的焚化爐之後，檢查員才會在一式兩份的收據上簽字——這是佛勞恩克內希特遵照瑞士軍方的意見要求這樣做的。

佛勞恩克內希特的上司對他的工作很滿意，並且許諾將要發給他一筆可觀的年終獎金。

圖為阿爾卑斯山脈中的少女峰，位於瑞士境內伯恩高地。
剩餘的47架「幻影」飛機，正是被瑞士政府送到了位於阿
爾卑斯山脈的祕密機庫中

　　從表面上看，這項工作是這樣進行的，那麼實際情況又
是怎樣的呢？

　　佛勞恩克內希特從一開始就對他的職員和軍事安全部門
隱瞞了情況，他事先用化名在溫圖特爾市租了一間車庫，
該車庫在飛亞特小型卡車要經過的公路邊上有一個特設入
口。每逢星期四，載著檔案的汽車都要通過這個入口開到
車庫。

　　在車庫緊閉的大門後面，裝著「幻影5」式飛機設計圖
的紙板箱被迅速卸下，換上完全相同的另一套紙板箱。這
些紙板箱是佛勞恩克內希特從紙板廠老闆那裡訂購的，很
早以前就被送到了他的私人住所。

　　在行動開始以前，佛勞恩克內希特和他的表弟進行了長達數週的嚴格訓練。最後，他倆終於能夠在5分鐘之內完成調換紙板箱的工作。

　　佛勞恩克內希特之所以敢鋌而走險，是因為他非常熟悉瑞士官員的心理，所以有十足的把握。早在幾年前，他也曾經做過類似的工作。他知道，負責監督汽車卸貨並把文件送進焚化爐裡的督察員不會去閱讀那些檔案，況且這是絕對禁止的，因為這些檔案上面都標有「絕密」字樣。督察員的作用只是驗證裝滿文件的紙箱是否扔進了焚化爐裡，其餘一概不管。

　　也許是以色列人走運，蒙在鼓裡的督察員果真沒有注意蘇澤爾公司運來的究竟是什麼檔案。他們做夢也不會想到，被拍攝過的飛機設計圖壓根兒就沒有送到他們這裡來。他們親眼看著被扔進焚化爐裡的東西，其實是佛勞恩克內希特在幾個星期前從別處弄到的廢舊檔。

　　在瑞士聯邦專利局，可以低價買到半個多世紀以前就存放在那裡的文件。在很早以前的某一天，註冊官員高興地向一個開著飛亞特小型卡車的來客出售了大批檔案。

　　買到這些舊檔以後，每到星期六的早晨，佛勞恩克內希特和他的表弟便來到他們的私人車庫。他們在車庫裡高效地、一聲不響地工作著，將買來的舊文件、設計圖裝進紙板箱，預先為下個星期的調包做好準備。然後，他們便把上個星期四弄到手的真檔案裝上卡車，送到50公里外的邊境城市凱澤高斯特。

　　作為古羅馬帝國時期的著名城堡，凱澤高斯特吸引了世界各地的遊客前來參觀，因此，就算佛勞恩克內希特和他

的表弟每星期都會來這裡一次，也完全不為人們所注意。

汽車向凱澤高斯特城郊的一座倉庫駛去。這座倉庫的所有者是瑞士羅茲英治運輸公司，此處工廠雲集，因此不會有人留意這輛小卡車的到來、異常迅速地卸貨以及離去。

卡因上校的一個「朋友」把倉庫鑰匙交到了佛勞恩克內希特手中。這位朋友名叫漢斯・施特雷克爾，是柏林人。他為這家運輸公司工作僅僅一年，卻深受雇主們的賞識，並得到他們的高度信任。

施特雷克爾早就跟守衛瑞士和德國的海關人員混熟了，並且深得他們的讚賞。他的主要工作就是在海關為羅茲英治公司的車輛辦理過境手續。

羅茲英治公司的這名雇員十分「勤快」，總是竭力為海關人員的工作提供方便，有時甚至替他們做一些繁重的活計。閒暇之時，他還經常與海關人員在邊境附近的酒吧裡喝幾杯啤酒，在結帳的時候他總是十分慷慨，從不讓海關人員破費。每當遇到麻煩或者是行政方面的拖延時，他總是和顏悅色，從來沒有因不耐煩而生氣過。他經常利用到瑞士、德國出差的機會幫助別人辦理一些瑣碎的雜事。如果說，真有某個特工曾以積極認真的態度為自己的工作鋪平道路的話，此人當屬漢斯・施特雷克爾。

佛勞恩克內希特和他的表弟，會在每個星期六中午12點之前將50公斤重的檔案卸在倉庫裡。然後，他們便去附近的一家小酒吧喝德國大麥啤酒。在這裡，佛勞恩克內希特向早已等候多時的施特雷克爾發出一個暗號──微微點一下頭。幾秒鐘以後，施特雷克爾便起身離開，開車直奔倉庫，把佛勞恩克內希特送來的檔案從倉庫的地下室取出，

裝上他那輛黑色的賓士轎車，然後徑直開往瑞德邊界。

　　海關人員和負責查驗護照的員警對他的座駕和SAK·W702的牌照熟悉得不能再熟悉，他們一個個笑容滿面，愉快地和他打著招呼。他們知道，施特雷克爾過一兩天必定返回，回來後會照例請一次客。

　　一進入德國境內，施特雷克爾立刻猛踩油門，直奔斯圖加特。到了離斯圖加特不遠的地方，他離開了高速公路，向一個開展航空運動的小型機場駛去，一架在義大利註冊的雙引擎「塞斯納」飛機正在那裡恭候著他。施特雷克爾把自己車上的設計圖轉移到這架飛機上，然後，由以色列飛行員把它們運到亞平寧半島南部的布林迪西。

　　到了布林迪西，設計圖又被轉到以色列航空公司的一架飛機上，然後，這架飛機直飛以色列利達機場。

　　以色列的航空專家們焦急地等待著這些設計圖。每當飛機降落之前，總會有一輛汽車在機場跑道邊上等候，連發動機都不熄火，以便儘快將這些珍貴的資料送到技術人員手中。

　　佛勞恩克內希特的第一批貨於1968年10月5日運抵以色列，按照這樣的流程，「幻影5」的設計圖被一點一點轉移出來，事情的進展就像瑞士鐘錶一樣準確。

　　這項行動從開始到結束，用了整整一年的時間。

最後關頭的重大失誤

　　1969年9月20日這天，已經送出了最後一批設計圖的佛勞恩克內希特如釋重負地呼出了一口氣。為了慶賀這一計劃圓滿完成，這次他沒有去酒吧喝啤酒，而是帶著表弟去一家豪華的大酒店喝白蘭地。

　　可是他並不知道，就在整個行動的收網之際，施特雷克爾那邊出事了。原來，施特雷克爾效力的這家運輸公司的兩位老闆卡爾・羅茲英治和漢斯・羅茲英治被一位好心的過路人告知：每到星期六，當這位過路人帶著愛犬散步時，總會看見一輛私人汽車停在倉庫旁邊，一個外國人將一些紙板箱裝上汽車，這件事讓他感到非常奇怪。

　　兩位老闆決定親自調查這個可疑情況。於是，星期六這天，他們按時來到倉庫，正看到施特雷克爾往車上裝最後一批設計圖。施特雷克爾看見自己的上司前來查看，頓時驚慌失措，急忙駕車逃走。更糟糕的是，他在慌亂之中竟然忘了將最後一包重約20公斤的設計圖帶走。

　　兩位老闆本來就心存疑慮，現在見自己的雇員連招呼都不打就倉皇離去，十分惱怒。於是，他們走進沒來得及上鎖的倉庫，仔細地檢查起來。在倉庫地下室裡，他們發現了施特雷克爾沒來得及裝上車的最後一個紙板箱。他們把紙板箱打開一看，頓時呆若木雞：箱子裡裝的所有檔案都標有「絕密」、「瑞士軍事部製」的字樣。兄弟二人連忙

跑到附近的員警署報了案。

短短幾個小時之內，瑞士境內就實行了總戒嚴，通緝捉拿在逃的漢斯‧施特雷克爾。可是，就在這個時候，一架小小的「塞斯納」式飛機已經越過了阿爾卑斯山脈，向南飛去。在萊茵河的邊界上，再也見不到這位羅茲英治公司的雇員了。

過了不久，瑞士警方便已查明，施特雷克爾是摩薩德的一名間諜，想要再見他一面，根本不可能了。

那麼，這些絕密的飛機設計圖怎麼會飛出焚化爐，跑到運輸公司的倉庫裡來的呢？瑞士警方為了解開這一謎團，進行了72小時的偵察，最後把目光集中到了佛勞恩克內希特身上。而這位工程師也已經得知了此次間諜活動的不幸結局。就在當天晚間，他接到一個電話，被告知「漢斯‧施特雷克爾已經與萊茵河上的海關人員永別了」。但是，他依然鎮定自若，毫不慌亂。

第二天，他甚至堂而皇之地去蘇黎世附近的杜邦多夫軍用機場，會見了高級官員，共同探討未來空軍需要解決的問題。佛勞恩克內希特的意見還得到了國防部長的高度重視。

就在這個時候，也是在這個機場上，包括一名瑞士反間諜軍官在內的五人小組正準備將他緝拿歸案。

在接受審訊時，佛勞恩克內希特語氣異常平靜地對瑞士國家情報局官員說，為以色列人提供這些設計圖，完全是他個人內心的道德要求。他還說，如果瑞士當局大肆聲張地逮捕他，那麼必然會引起法國的警覺，甚至會導致法瑞兩國關係惡化。在審訊過程中，他堅持認為，儘管他的行為觸犯了法律，但這對瑞士的利益並沒有任何侵害，因為

設計圖的微縮膠卷保存在瑞士人手裡，況且瑞士政府以後也不可能再生產這種飛機。

他承認，在這件事情上，唯一受到侵害的是法國政府，但是，法國政府完全是自食其果，因為是他們撕毀了向以色列出口「幻影」飛機的商業合約。

審問者們原本以為，佛勞恩克內希特一定會竭力為自己辯護的，然而恰恰相反，他竟然語氣平靜地提出：「如果你們答應我對這一切情況保守祕密，並且將我釋放，那麼我這邊可以保證對法國人守口如瓶。」

不過，瑞士當局還是拒絕了這筆交易，因為法律畢竟是法律，容不得半點私情。他們先是把佛勞恩克內希特在祕密監獄裡關押了一年零四個月。到了1971年4月23日，法庭又以工業間諜罪和洩漏國家軍事機密罪判處他服勞役四年六個月。

站在被告席上的佛勞恩克內希特表情沉穩地聽完了檢察官的指控和法官的裁決。當他與坐在聽眾席上的以色列駐法使館武官阿隆上校目光相遇時，阿隆上校的眼中流露出一種無可奈何的神色；而佛勞恩克內希特的眼中，卻是一種為了信念雖死猶榮的神情。

五年以後，佛勞恩克內希特刑滿出獄了。前來迎接他的除了家人以外，還有一個自稱是他「朋友」的陌生人。這位「朋友」告訴佛勞恩克內希特，鑑於他當年為以色列所做的巨大貢獻，一個有身分的以色列人已經以「私人」名義邀請他攜妻子來以色列訪問並休假。

佛勞恩克內希特接過對方遞上的請柬，心中蕩起了一陣波瀾。這個性格剛毅的瑞士人再也抑制不住內心的激動，

兩行熱淚順著臉頰淌下，無聲地滴落在請柬上。

或許是出於某種「巧合」，就在以色列人根據那批設計圖製造的「獅式」飛機，也就是被聯邦德國外交官輕蔑地稱為「幻影之子」的那種飛機公開表演的前一天，佛勞恩克內希特來到了特拉維夫。

圖為「獅式」C2式戰鬥機。以色列根據「幻影5」戰鬥機的資料，研製出「獅式」戰鬥機

在利達機場，他並沒有受到以色列人感恩戴德的熱烈歡迎。相反的，以色列的官員們根本沒有理會他的到來，更談不上向他表示任何謝意。

以色列政府連他前往以色列的機票都沒有幫他買。有人私下向他解釋說，不論是摩薩德還是其他任何一個情報局，都不可能公開承認佛勞恩克內希特在這款飛機的研製過程中所起到的作用。只有特拉維夫一家旅館的老闆出於感激，為他付了旅費。

在此後的日子裡，阿爾佛雷德·佛勞恩克內希特在瑞士的一個小村莊裡過著平淡的日子。他的住所十分簡陋，生活非常艱難，甚至連工作也找不到。

他正在忍受一個犯了致命錯誤的特工人員所遭受的折磨，這個錯誤就是在最後關頭暴露了自己。

「諾亞方舟」行動——
法國導彈快艇失竊案的真相

1969年12月24日晚，正當法國古城瑟堡沉浸在平安夜的喜慶氣氛中時，原本停靠在附近海灣裡的五艘導彈快艇突然同時開啓了引擎，轟鳴聲不絕於耳。誰也沒有想到，次日清晨，這五艘導彈快艇竟然一起「失蹤」。直到很多年以後，這起導彈快艇失竊案的真相才被披露出來。原來，這是以色列情報機構摩薩德的又一得意之作。

被困的「美洲虎級」導彈快艇

　　早在60年代初，摩薩德局長哈雷爾就從駐埃及的諜報人員那裡得知，為了加強納賽爾控制下的埃及海軍力量，蘇聯準備向埃及提供一批「科瑪律」級和「奧薩」級導彈快艇。這些快艇配有射程為40公里的導彈。

　　時任以色列總理的本·古里安深知，埃及海軍一旦裝備了這種威力巨大的武器，不但以色列現有的艦艇無法與之抗衡，就連特拉維夫和海法這樣的大城市，也將置於埃及海軍的打擊範圍之內。來自海上的威脅令他坐臥不安，他開始四處尋找能夠與埃及海軍對抗的防衛手段。

於是，以色列派出特使前往西德，懇請總理阿登納給予幫助。幾經周折，德方終於和以色列簽署了一項向以色列提供武器的祕密協議。

圖為德意志聯邦共和國第一任總理康拉德·阿登納。他是德國公認的最傑出的總理，人們把他當政的時期稱為「阿登納時代」

　　以色列軍事專家經過深思熟慮後認為，巨型戰艦稱霸海洋的時代已經成為過去，現在，抵禦海上進攻最有效的武器就是小型導彈快艇，它的突然襲擊會令那些海上巨無霸無從躲閃，進而造成損傷。

　　聯邦德國基於同樣的考慮，建造了當時世界上最先進的「美洲虎級」導彈快艇，最大時速為70海里。以色列向德國訂購了幾艘這樣的快艇，德國的基爾造船廠計劃將於1965年將快艇造好。這些快艇配備上以色列自己研製的「加布里埃爾」式導彈，就足以幫助以色列對抗蘇聯艦艇的威脅。

　　與蘇聯快艇上裝備的蘇製導彈相比，「加布里埃爾」式導彈具有明顯的優勢，而且它可以超低空飛行，讓雷達無從探測，可謂神出鬼沒。

　　聯邦德國和以色列的協議簽署兩年之後，一位德國官員在《紐約時報》上披露了這份協定的詳情。1964年12月的一天，這項頭版消息在所有阿拉伯國家的首都都引起了強烈抗議，一些激進的阿拉伯國家甚至揚言要採取必要行動，抵制西德商品。

　　為了避免與阿拉伯世界結怨，聯邦德國政府公開示弱，並下令基爾造船廠終止造船計劃。以色列當局渴盼已久的導彈快艇眼看就要胎死腹中了。

　　為了不過分刺激以色列，聯邦德國又與其私下達成了協議：德方將提供建造「美洲虎級」的全部設計圖，在法國瑟堡造船廠建造這批快艇。

　　很快的，設計圖就從西德的基爾造船廠轉移到了法國北部的瑟堡造船廠，以色列方面派出大批專家參與建造，並準備在快艇建好以後將它們開回國。

　　為確保萬無一失，摩薩德派出大批特工，他們被安插在前來配合工作的船員當中。摩薩德將其命名為「諾亞方舟」行動。

　　駐法國執行此次行動的總指揮是莫迪凱·利蒙，其公開身分是歐洲工業品採購團團長。不過，一向以消息靈通著稱的法國新聞界早就得知，這個人的真實身分是以色列海軍負責採購軍火的一位將軍。

　　利蒙的職責是檢查以色列採購的所有軍火，因此，他經常搭車前往瑟堡。久而久之，他便與瑟堡造船廠的總經理佛利克斯·阿米奧結下了深厚的友誼。

　　1967年4月5日，對於利蒙將軍來說，這可是一個重要的日子。就在這一天，以色列訂購的第一艘導彈快艇「米夫塔斯號」下水了。利蒙將軍特地在索菲泰爾飯店邀請了眾多朋友慶賀此事。利蒙把這艘快艇的艇長埃茲拉·克登中校介紹給了佛利克斯·阿米奧。埃茲拉·克登是個標準的軍人形象，長有一頭亂蓬蓬的金髮。法國人都戲稱他為「鯊魚埃茲拉」。

　　一個月以後，第二艘快艇也下水了，並順利開到了海法。不過，由於這兩艘快艇還來不及裝備武器，因此，它們沒能參加1967年6月的那場「六日戰爭」。正是在這個時候，利蒙將軍開始遇上了麻煩。

　　「六日戰爭」結束後，法國總統戴高樂大發雷霆：「我曾經告誡過以色列，不要率先發起進攻，可是他們居然拒絕接受我的意見！」戴高樂一怒之下，下令對以色列實施了武器禁運。但在瑟堡，人們好像並不知曉武器禁運的事。到了這一年的秋天，又有兩艘完工的快艇開往以色列。

以色列的專家和海員們一如既往，與法國人精誠合作，共同建造其餘的艦艇。然而，到了1968年12月28日，以色列空軍悍然轟炸了黎巴嫩貝魯特國際機場，停放在機場上的13架阿拉伯國家民航飛機被炸毀。以色列的這項行為招來了國際社會的強烈指責。戴高樂更是義憤填膺，當即下令禁止任何法國製造的武器從陸、海、空運往以色列。

圖為法國總統夏爾·戴高樂。他是法蘭西第五共和國的創建者、法國軍人、作家和政治家。他在政治上的一系列思想政策，被稱為「戴高樂主義」。「六日戰爭」結束後，戴高樂下令對以色列實施武器禁運

　　法國當局的這個決定並沒有讓以色列人感到意外，因為他們早已做好了準備。總統的命令還沒有正式傳達下來，身在巴黎的利蒙將軍就得知了這個消息。

　　幾個小時以後，以色列內閣全體成員和軍隊的高級將領聚集在特拉維夫城外的查哈拉公寓內，召開了緊急聯席會議。

　　會上，國防部長達揚將軍一臉嚴肅地宣讀了利蒙發來的特急密電，並向全體與會人員傳達了總理關於「要求各方緊密配合，務必將已經造好的八艘『美洲虎級』導彈快艇全部運回以色列」的命令。

　　此時，在遙遠的瑟堡港，正停泊著三艘剛剛竣工的快艇。

　　快艇甲板上堆滿了各式各樣的工具、氧氣瓶以及法國工人使用的保溫咖啡瓶和酒瓶。油漆已經全部準備好，只等過幾天最後一次上漆了。

　　1969年1月4日，這天是星期六。下午5時許，以色列船員像平時一樣陸陸續續地來到略顯寥落的造船廠。此時，法國工人正在享受他們的週末。

　　以色列人從容不迫地開動了引擎。為了給即將開始的長途旅行做好準備，他們緊張地工作了三個小時。一切準備就緒之後，他們大膽地升起了以色列的國旗，然後就啟航了。在此過程中，他們沒有受到任何阻撓。

　　以色列人在法國人眼皮底下把三艘快艇開走，這在法國政壇引起了軒然大波。法國政府各部門互相指責，亂成一片。戴高樂總統立即下令展開調查。

　　當調查人員來到瑟堡，質問責任人為什麼沒有按照總統下達的命令阻止快艇離開時，每一個被調查的人都帶著一絲不屑聳聳肩膀。不只是造船廠總經理佛利克斯‧阿米奧，

就連地方當局和海關人員也表示，他們並不知道1月2日發佈的禁令。看樣子，他們似乎都沒有看過前幾天的報紙，甚至連廣播也沒聽過，電視也沒看過。

被調查的官員一口咬定，關於禁運武器的消息是透過1月6日收到的指示信得知的，而當時距離快艇駛離港口已經有兩天了。海港當局出示了一份郵局的證明資料，證實來自巴黎的信件直到1月6日才到達瑟堡。官員們抱怨說，這裡太偏僻了，以至於消息經常來得太遲。

就在這段時間裡，負責建造最後的那五艘導彈快艇的工作人員，就像什麼事都沒發生一樣，以極快的速度進行著收尾工作。

利蒙剛從瑟堡趕回巴黎就來到了位於馬賴爾布大街的辦公室，這裡有成堆的信件等著他處理。在這些信件當中，他看到有幾封信，強調以色列對於現代化軍艦的迫切需要。

身為海軍高級將領的利蒙深知以色列當局的憂慮。1967年10月21日，在塞得港附近的海面上，埃及海軍用蘇聯提供的導彈擊沉了以色列的「埃特拉號」驅逐艦，艦上的60名官兵全部葬身海底，無一生還；1968年1月25日，以色列的「達卡號」潛艇在英國大修完畢之後，在返航途中離奇失蹤，艇上的60名官兵至今下落不明。

這一幕幕慘劇，使得以色列人對於本國海軍力量的薄弱深感不安。為了保衛自己的海岸線，設法運回最後的五艘導彈快艇已經成為以色列政府的當務之急。

然而，自從對瑟堡海關和港務局進行嚴厲譴責之後，法國當局在瑟堡佈置了大批警衛力量嚴密監視以色列人的一舉一動。這意味著，以色列人再也無法用相同的手段開走

剩下的五艘快艇了。

1969年11月，常駐巴黎的利蒙將軍回國述職，國防部長達揚與他見了面，並讓他與摩薩德的頭頭們好好研究一下，如何才能突破法國當局的嚴密防範，將那五艘快艇弄回來。

經過一番周密策劃，幾天以後，一個偷梁換柱的妙計終於出籠了。

挪威的來客

利蒙將軍與摩薩德方面謀劃妥當之後，便返回了巴黎。他急匆匆地來到瑟堡造船廠總經理佛利克斯・阿米奧的辦公室，而此時，阿米奧也正想找他呢。

利蒙直截了當地說，由於法國當局已經下達了武器禁運令，以色列已經不可能得到剩下的五艘導彈快艇了，因此他希望阿米奧能夠為這五艘尚未配備任何武器的快艇找一個買主，這樣也好讓以色列收回當初付出的幾千萬美元預付款。

阿米奧聽了利蒙的話，覺得正合自己的心意。自從接到禁運令以後，廠方便對是否繼續建造快艇感到十分為難。如今，買家竟然主動提出撤銷合約，這實在是求之不得的事。

不過，對於利蒙提出的退還貨款的要求，阿米奧感到有些為難。因為依照商業慣例，當合約因為賣方的原因而無法執行時，買方的預付款應該在短期內予以退還。可是，眼下廠裡資金緊張，所有的預付款都已經投入了生產當中。儘管利蒙提出可以將五艘快艇轉手賣出，可是現在又有誰會來買呢？

令阿米奧沒有想到的是，僅僅過了幾天，就有一樁生意找上門來了。

一家挪威造船廠的經理對阿米奧說，他的公司正在阿拉斯加沿海地區，為海上石油鑽井平台製造輔助船隻，瑟堡

造船廠的這五艘快艇在石油平台之間進行海上快速運輸再合適不過了。他還慷慨地提出，只要價格合適，他願意以現款的方式一次性買下全部五艘快艇。

阿米奧聽了這位來客的話，幾乎不敢相信自己的耳朵：這簡直是天上掉下來的美事！他連忙派人向法國國防部打報告，希望上面將造船廠同意做這筆生意的意向書提交給「戰爭物資出口委員會」審批。

過沒多久，這件事就有了回饋意見。這個由法國財政部、國防部、外交部等多個部門聯合組成的委員會認為，既然以色列已經不要這批快艇，而且快艇上面也沒有配備武器，那麼這批快艇就不應該被視為「戰爭物資」，而應當作為民用裝備，更何況挪威遠在北歐，與中東國家並沒有瓜葛，因此這批艦艇完全可以轉賣給挪威的造船廠。

委員會的官員們做夢也不會想到，這一次，他們又上了以色列人的當。利蒙將軍對阿米奧說的那一番話不過是個煙霧彈，是摩薩德為了迷惑法國當局而精心設下的一個圈套。

儘管那家挪威造船廠是貨真價實的，但是如果深入調查一下就會發現，它不過是一家在巴拿馬註冊的挪威公司的子公司，而且是不久前成立的。

令以色列人感到慶幸的是，法國方面對此一無所知，而且根本就沒有往其他方面想。

過了不久，一批年輕的「挪威」海員便堂而皇之地來到瑟堡，與原先在這裡工作的以色列人辦好了艦艇和技術檔案的移交手續。接著，他們就把船身上用希伯來文寫成的艇名刮掉。這群金髮碧眼的北歐小夥子儼然一副新主人的架勢。

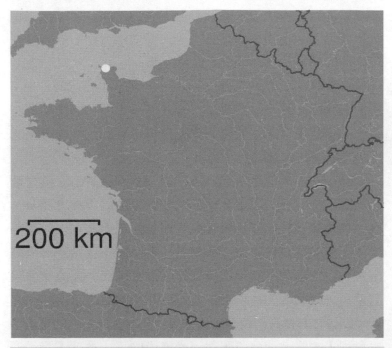

瑟堡是法國西北部的重要軍港和商港，位於科唐坦半島北端，臨拉芒什海（英吉利海峽）。圖中圓點處所示正是瑟堡

　　隨後，他們在當地一家裁縫鋪匆匆訂製了一面挪威國旗，並把它懸掛在第一艘快艇的旗杆上。這樣一來，凡是從港口經過的人都知道，這五艘即將完工的快艇是屬於挪威的。

聖誕之夜，暗度陳倉

　　從1969年12月18日這天開始，每到晚上，瑟堡造船廠總會響起一陣引擎的轟鳴聲。「挪威」的船員們對剛剛完工的「快艇」反復試車，每天都要忙碌到後半夜。一開始，過慣了安靜生活的瑟堡居民煩得要命，每天都無法按時入睡。可是時間一長，大家也就習慣了。

　　不過，駐瑟堡的法國保安部門一直沒有放鬆警惕，他們透過觀察與這幾艘快艇有關的諸多跡象，隱約感覺到將要發生什麼事情，但又無法得出確定的結論。因為他們曾經聽到有人報告說，在那些挪威海員中，有人偶然間使用希伯來語對話，而原先那些以色列工作人員及其家屬，已經開始收拾東西，準備回國了。

　　為了安全起見，瑟堡的保安部門將他們所發現的種種可疑情況，向法國情報安全總部作了詳細的書面彙報。可是，已經提前踏上耶誕節奏的巴黎方面，對這份缺乏可靠證據的報告並沒有予以足夠重視，而是將它置於一旁。

　　到了耶誕節的前一天下午，利蒙將軍精心化裝之後，駕駛「雪鐵龍」轎車飛一般地離開巴黎，前往瑟堡。4點鐘左右，利蒙抵達了瑟堡港。此時，「挪威」船員們早已聚集在一間屋子裡，等候他的到來。

　　原來，這些船員並不是那個挪威造船廠的工作人員，而是以色列方面從北歐籍猶太移民當中精心挑選出來的海軍

官兵。

利蒙將軍對大家說，法國很快就會啟用一套新型的海岸雷達系統，而且，現在瑟堡的保安部門也發現了一些疑點，如果這五艘快艇不能在這個耶誕節的午夜——法國人最鬆懈的時刻開出港口，那麼，它們也許就再也沒有出頭之日了，以色列人之前的所有努力也將毀於一旦。

「諾亞方舟」行動已經到了最後階段，以色列人沒有其他選擇，現在只能破釜沉舟，背水一戰！

儘管天氣預報說近日將有逆風，儘管快艇上既沒有精密導航儀器，也沒有配備自衛武器，但利蒙將軍和親自帶隊的以色列海軍中校「鯊魚埃茲拉」經過研究之後，仍然決定在當晚冒險出海，駛離港口。

圖為140型「美洲虎級」導彈快艇。由於法國下達了武器禁運政策，使得本屬於以色列的美洲虎級導彈快艇被困瑟堡，對此情況，摩薩德實施了一個大膽的偷天換日計畫

平安夜晚上10點鐘，五艘導彈快艇同時發動了引擎，不過，巨大的轟鳴聲並沒有讓瑟堡人感到驚訝，因為近半個月以來，他們每天晚上都要受這群「挪威人」的折磨。

在瑟堡的濱海大道上，有一家「戲劇咖啡館」，嬌艷迷人的女服務員們早已在一樓的餐廳準備了幾桌豐盛的聖誕晚餐，這是那些「挪威」船員在幾天前預定的。他們當時還說，既然今年不能回家與親人們團聚，那就要在這兒好好聚一聚。

女服務員們熱切地盼望著船員們的到來，因為她們知道，這些來自北歐的小夥子向來出手大方，從不吝嗇小費。可是，她們左等右等，卻不見船員們的身影。難道他們忙到了連預訂的聖誕晚餐都忘記要吃的程度了嗎？

在這些女服務員當中，只有一位名叫莎娜的女子有著與別人不同的看法。她是巴黎艾菲爾大學文學院的學生，來這兒只是臨時打工。在她來到這家餐館以前，在巴黎的一次週末舞會上，她認識了一個名叫菲力浦斯的「挪威」水手長。

那天，菲力浦斯剛剛奉命將一些機密文件送到了利蒙將軍那裡。完成任務以後，他無事可做，於是信步走進了艾菲爾大學附近一家由大學生操辦的「魅力酒吧」。三杯酒下肚，菲力浦斯變得有些亢奮。他注意到，就在他對面不遠處，在彩燈的照射下，一位妙齡美女正端坐在那裡。雖然她一身學生裝束，卻顯得風姿綽約，攝人魂魄。

菲力浦斯和一般的男人一樣，非常喜歡漂亮女人。在酒精的作用下，他的目光一直沒有離開女孩的臉龐。那女孩的面前擺著半杯雞尾酒，看那樣子她似乎在等什麼人。

「如果她不是在等熱戀中的情人，那麼她大概就是在尋覓一個可以談心的男士。」菲力浦斯一邊想著，一邊繼續打量著這個女孩。突然，他與女孩的目光接觸到了一起，儘管只是短短的一瞬間，但也足夠使兩人交換內心的資訊。菲力浦斯立即站起身，朝女孩走去。

女孩示意他可以坐下。就這樣，兩個陌生人便無話找話地閒聊起來。談話中，菲力浦斯得知這個女孩名叫莎娜。當舞曲結束時，菲力浦斯邀請莎娜去他下榻的旅館「喝點兒什麼」，此時，莎娜已經被眼前這位風流倜儻的小夥子迷倒了，因此欣然前往。

在菲力浦斯所住客房的牆上，掛著一幅油畫「羅德島的維納斯」，在柔和而又幽暗的光線照射下，維納斯那裸露的肌膚和豐腴的肉體顯得格外誘人。在這樣一個充斥著誘惑與慾望的環境下，這對青年男女相擁而臥，飄飄欲仙。

為了繼續與菲力浦斯交往，莎娜剛放寒假便趕到了戀人工作的瑟堡港，希望與他共度聖誕。菲力浦斯告訴莎娜，不論走到天涯海角，他都會帶著她。

然而，這位可憐的女子，竟然不明白菲力浦斯的這句話意味著什麼。

「噹、噹……」海關的鐘聲響起，把莎娜從回憶中喚了回來。她抬頭一看，才知道時間已經過了午夜12點。

這時，瑟堡港的所有船隻都拉響了汽笛，成千上萬的瑟堡人走出家門，去教堂做最後一次聖誕彌撒。

也恰好是在這個時候，早就整裝待發的五艘導彈快艇輕輕地解開了纜繩，向海港出口緩緩滑去。

無垠的大海籠罩在濃濃的夜色之下，迎著呼嘯的海風，

埃茲拉艇長開始了這次從英吉利海峽出發，繞過伊比利亞半島，直奔東地中海的歸國之旅。

當夜，只有兩個人為他們送行。一個是利蒙將軍，另一個就是佛利克斯・阿米奧。

「戲劇咖啡館」的老闆見那群「挪威」客人遲遲不來，便給「挪威」海員居住的所有旅館撥打電話，但每一家旅館都說海員們不在。聰明的老闆很快就明白了個中奧妙，但他決定保持緘默。半個月以後，他收到了一張支付這次晚宴的支票，他高興地笑了。他很清楚，這些「挪威」客人是不會讓他吃虧的……

東歸之路

次日清晨，當瑟堡造船廠的工人上班時，他們驚奇地發現，就在幾個小時以前，那些「正在試用」的快艇還在碼頭轟鳴，可是現在，那裡已經空空蕩蕩了——挪威人沒有發出任何通知，便在一夜之間將全部快艇都開走了。

一開始，他們面面相覷，呆若木雞，隨後，他們便達成默契，把剛剛發現的異常現象「忘掉」。

在港口的一間酒吧裡，一個夥計對著酒吧間裡的客人大聲叫道：「聽著，我親眼看見那些挪威人出發去阿拉斯加了。」話音未落，便引來了一陣哄堂大笑。

在這種情況下，負責調查此事的法國官員只得做出如下結論：瑟堡全體居民似乎都對這件事保持緘默。

返回巴黎以後，利蒙將軍經歷了他一生當中最困難的時刻。快艇出發的最終決定是他做出的，他心神不安地聽著收音機，不僅是為了收聽電台可能宣佈的關於這次快艇失蹤事件的消息，更是為了收聽英吉利海峽和比斯開灣的天氣預報。

利蒙將軍焦急地等待著，在屋子裡來回踱步，他知道，他自己的頭上就要刮起另一場完全不同的暴風雨了……

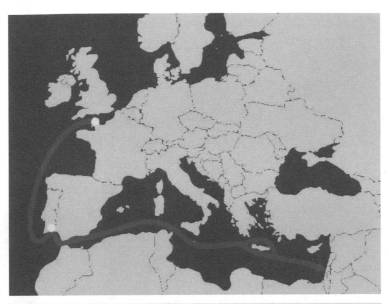

以色列特工趁法國人沉浸在聖誕的節日氣氛中，帶著導彈快艇逃之夭夭。圖中所畫曲線就是摩薩德特工人員在這一次活動中的逃走路線

　　就在利蒙將軍備受煎熬的時候，那一百多名年輕的以色列海員，正在那些當初在設計時並未考慮到要承受大西洋惡劣氣候的嚴峻考驗的艦艇上緊張地工作著。一般來說，每艘快艇上應該配有45名水兵，可現在由於人手有限，只能增加每一個人的工作量。

　　12月26日，也就是事件發生24小時之後，《法蘭西西部報》的一位記者獲悉此事，於是，這家地方小報就這件怪事發了一則簡訊。28日，這則簡訊被世界各大通訊社、電台引用，迅速傳遍了全世界。

　　就在這天夜裡，法國國防部長家的電話和利蒙將軍家的

電話通宵未停。

凌晨2時許，正在睡夢中的法國國防部發言人被召到了辦公室。記者們連珠炮一般地向他提出了一連串的問題。

「法國政府已經決定解除武器禁運了嗎？」

「這批導彈快艇現在在何處？」

「你們所說的那些『挪威人』究竟是什麼樣的挪威人？」

「他們為什麼要用導彈快艇去尋找石油？」

「你能否斷定這些快艇正在向阿拉斯加方向駛去？」

這位發言人被問得不耐煩，開始發怒了。與他形成鮮明對比的是，利蒙將軍則以最溫和的態度回答記者們的提問。

「我很希望能夠幫助你們，」他說道，「法國當局早已通知我，這些快艇已經賣給挪威的一家造船公司了。請你們原諒，我一時想不起這家公司的名字。現在，我正在自己家中，而不是在辦公室。你們為什麼不去向法國政府打聽這件事的始末呢？」

接著，更加引人注目的新聞出現了，有人看見這些快艇朝直布羅陀海峽方向駛去。可以斷定，它們所走的路線與通往挪威或阿拉斯加的那條最短路線不符。

導彈快艇被盜的消息很快傳到了剛剛上任的法國總統龐畢度那裡。當時，他正在鄉間別墅與全家人一起歡度耶誕節。

就在幾天前，法國外交部長舒曼剛剛從埃及和阿爾及利亞訪問歸來。他已經答應做阿拉伯人忠實的朋友，可是轉眼之間，五艘威力巨大的導彈快艇就被以色列人弄走了，這下阿拉伯人將會如何看待法國呢？

想到此處，怒不可遏的總統把海軍司令叫到自己面前，詢問能否動用魚雷快艇將這些沒有武器的艦艇擊沉或俘獲。

海軍司令不無遺憾地告訴他說，在法國現役海軍當中，沒有任何一艘軍艦的航速能趕得上那些導彈快艇。

圖為法國總統喬治・讓・龐畢度。他是第一位訪問中國的法國總統，也是西方國家元首訪華的第一人

龐畢度總統當即責令外交部長召見以色列駐法國大使。可是，以色列人卻讓這個倒楣的外交部長碰了個「軟釘子」，他被告知，大使先生已經去瑞士歡度耶誕節了，至於他的地址，則沒人知道。

29日，以色列外交部發表了一份聲明，說法國政府既然已經同意將導彈快艇賣給一家「挪威」公司，那麼該公司如何使用這些導彈快艇，法國政府無權干涉。

在此之前，利蒙將軍已經預料到這一事件將在國際上掀起怎樣的風波，事態的發展也的確如他所料。

在開羅，埃及總統納賽爾與利比亞國家元首卡紮菲舉行了會晤。當時，導彈快艇正在地中海航行，他們打算攔截它們，並將其擊沉。為此，他們制定了一項武裝阿拉伯潛艇的計劃。不過，技高一籌的以色列人早就料到了這一點，他們派出了軍艦迎接即將歸來的快艇。

當埃茲拉艇長透過望遠鏡看到前方水面上出現了一艘以色列潛艇的炮塔時，立即命令船員們把那些標著挪威公司名字的牌子全部扔進大海，換上了他們為這些快艇起的希伯萊文的名字：「加斯」、「哈尼特」、「赫里夫」、「蘇法」和「赫茲」。

水手長菲力浦斯小心翼翼地疊起了先前那面挪威國旗，把它放到壁櫥裡留作紀念。這的確是一個難以被忘卻的紀念。

按照先前的安排，埃茲拉與軍需船取得了聯繫，軍需船為他們帶來了極待補充的燃料和其他物資。

一路之上，以色列船隊可謂險象環生。幾架法國飛機從快艇上空飛過，來自土倫和馬賽的幾艘軍艦也緊盯著他們。美國第六艦隊的一艘航空母艦也派出了偵察機，拍了一些照片。蘇聯人也來湊熱鬧了，跟以色列軍艦玩起了貓捉老鼠的遊戲，有時甚至極度危險地靠近以色列船隊，想以此來恐嚇以色列船員。有一次，在賽普勒斯海面上，一艘蘇聯軍艦差點就撞上其中一艘導彈快艇。

就在龐畢度總統主持會議，商討結束這次風波，並對有關人員予以處分的時候，五艘「美洲虎級」導彈快艇已經巧妙地擺脫了法國、埃及、蘇聯以及美國的海空監視與跟蹤，順利地駛進了海法港，回到以色列的懷抱。

至此，「諾亞方舟」行動計劃完全按照摩薩德的意圖實

現了。

這一事件結束之後，法國國防部有兩位四星將軍被解職，利蒙將軍則被「請」出法國。對此，利蒙拒絕發表任何談話。但是，馬上就要離開住了七年之久的巴黎，他還是流露出了一絲憂傷。

就在他即將登機的時候，一位法國記者來到他的面前，問他是否指揮過諸如瑟堡導彈快艇一類的艦艇。

利蒙將軍看了看他，回答說：「沒有，對於我來說，這種快艇太小了。而且，我對石油勘探也不感興趣。」

以色列人得手以後，欣喜若狂地為這些快艇裝上了早已研製好的「加布里埃爾」式導彈，並迅速將它們編入海防的前沿陣地。

過了不久，第四次中東戰爭爆發，「美洲虎級」導彈快艇大顯神威，重創敵軍，取得了輝煌戰果。

「上帝之怒」──
追殺「黑九月」

1981年8月1日，在波蘭一家旅館的大廳裡，一位摩薩德特工開槍打死了一個名叫阿布·達烏德的旅客。現場的目擊者全都嚇傻了，而當他們回過神來的時候，兇手早已不知去向。只有摩薩德知道，一場歷時九載的「上帝之怒」行動，至此終於落下了帷幕。

震驚世界的慕尼黑慘案

1948年，以色列宣告獨立。而後，原本居住於此的60萬巴勒斯坦人被趕出家園，散居在阿拉伯國家。

1964年，逃亡到黎巴嫩首都貝魯特的巴勒斯坦人不堪忍受以色列人帶給他們的屈辱，成立了以亞西爾‧阿拉法特為首的巴勒斯坦解放組織。不久以後，「巴解」組織的兩個負責人喬治‧哈巴什和瓦迪埃‧哈達德另起爐灶，成立了激進的巴勒斯坦人民解放陣線，簡稱「人陣」。

1968年7月23日，「人陣」劫持了以色列航空公司一架波音707飛機，脅迫以色列當局釋放20名巴勒斯坦戰俘。這一次，以色列政府被迫做出了讓步。

劫機的成功讓巴勒斯坦激進派欣喜若狂，很多大學生爭先恐後地加入了「人陣」，希望跟以色列「決一生死」。

面對這種局面，「巴解」組織專門建立了一支祕密特別行動隊。一批年輕的巴勒斯坦人被送到埃及的一個訓練基地，專門接受間諜、破壞行動的訓練。工科大學畢業生阿里‧哈桑‧薩拉馬就是其中一員。

1970年，在約旦國王侯賽因的努力下，約旦幾乎與以色列握手言和。當時，約旦境內超過半數的居民都是來自巴勒斯坦的難民。難民營裡日益擴張的各激進組織，在以色列人占領的約旦河西岸開展恐怖活動，以色列人則不斷回擊，鬧得約旦不得安寧。侯賽因國王決定「整頓」一下

那些越來越「囂張」的巴勒斯坦人——他們竟然在安曼全城持槍巡邏。

就在這一年的9月上旬，「人陣」連續劫持國際民航客機，使其迫降於約旦紮爾卡附近一個廢棄的機場。當人員離機後，他們便炸毀飛機。這個事件讓約旦在國際上名聲掃地，侯賽因國王的忍耐終於達到了極限。於是，他命令軍隊向街頭的巴勒斯坦人開槍射擊，致使成千上萬的巴勒斯坦人死於1970年的「黑九月」。

圖為約旦國王侯塞因。在他執政時期，約旦和以色列建交，結束了長達46年的戰爭和敵對狀態

為了牢記這一事件，「黑九月」便成了巴勒斯坦祕密部隊的別名。阿里·哈桑·薩拉馬和穆罕默德·優素福·阿爾·納賈爾擔任該組織的頭目。他們派遣一個暗殺小組，於1971年11月28日刺殺了約旦首相瓦斯菲·塔勒。

「黑九月」公開宣佈：所有以色列人都是他們絕對的仇敵，所有前往以色列的遊客都是他們的敵人，所有搭乘以色列和美國客機的人，都是他們予以打擊的目標。一時間，由「黑九月」導演的恐怖事件接連不斷。

1972年，薩拉馬與同在開羅受過訓練的法赫里·烏馬里和阿布·達烏德共同策劃了震驚世界的恐怖行動——在

慕尼黑奧運會上劫持以色列運動員。

1972年9月5日，凌晨4時許，八名攜帶武器的「黑九月」恐怖分子爬過慕尼黑奧運村東面的鐵絲網。前來參加第20屆奧運會的各國體育代表團都駐紮在這裡。4時25分，恐怖分子將萬能鑰匙插進了康諾里大街31號1號房間的門鎖裡，這個房間內住著七名以色列代表團成員。

圖為慕尼黑慘案發生時，一名進入奧運村以色列選手下榻房間的黑九月成員正在監視周圍

摔跤裁判約瑟夫・古特佛羅英德最先聽到了動靜。一開始，他還不能確定這聲音是不是摔跤教練摩西・溫伯格發出的——這傢伙出去玩樂這麼長時間也該回來了，但是，門後那模糊不清的阿拉伯語談話聲讓他馬上感到了危險的來臨。於是，這位124公斤重的壯漢迅速跳下床，一面用身體頂住漸漸被恐怖分子推開的房門，一面用希伯來語大喊：「有危險！」

在接下來的幾秒鐘內，雙方都在用力推門，以致扭彎了

金屬門框和鉸鍊。同室的一位舉重教練趁機破窗逃走。但是，室內的另外四名教練卻沒有這麼好的運氣，他們還沒來得及下床，就被闖進屋內的恐怖分子用槍抵住了。

這時，摔跤教練溫伯格剛好回來，他一走進房間，便揮拳打倒了一名恐怖分子，另一名恐怖分子連忙朝他開槍，子彈打穿了他的面頰。溫伯格用手捂住臉，鮮血汩汩地從指縫流出。

接著，恐怖分子又撞開了隔壁的3號房間的門，抓住了六名以色列運動員。恐怖分子準備將他們押到1號房間，就在這時，羽量級摔跤運動員賈德·祖巴里拔腿就跑，恐怖分子連忙朝他背後開槍，可是，這位身材矮小的摔跤運動員十分靈活，他左躲右閃，越過了高低不平的庭院，得以安全逃脫。這時，身負重傷的溫伯格趁機猛擊另一名恐怖分子的頭部，那人的上頜骨被打碎，當即昏倒在地。另一名恐怖分子朝他舉槍便射，溫伯格胸部連中數彈，像一堵牆一樣倒了下去。

就在一名恐怖分子準備捆綁舉重運動員約瑟夫·魯馬努時，魯馬努拿起桌上的一把菜刀，向恐怖分子頭部砍去，劇烈的疼痛讓這名恐怖分子無法開槍，只好躲避。從他身後跑來的另一名恐怖分子，拿起衝鋒槍對準魯馬努一陣掃射，魯馬努不幸身亡。

此時，已經身負重傷的溫伯格摸索著站了起來，打算與恐怖分子拼個你死我活。當恐怖分子看到一個血淋淋的高大身軀朝他們撲來時，竟然嚇得忘了開槍。溫伯格打倒了一名恐怖分子，然後拿起菜刀砍傷了另一個人的臂膀，最後因頭部中彈而亡。

圖為以色列舉重教練被射殺的案發現場

　　到了凌晨5點左右，這群恐怖分子沒能找到住在其他房間的以色列人，於是押著抓到的九名人質匆匆離開了奧運村。

　　在將近半個小時的搏鬥當中，負責奧運村安全工作的員警只接到了有關康諾里大街31號附近「有人打鬧」這類含糊不清的報告。其實這並不奇怪，因為在這個時間段，大部分人還在睡夢之中，而且整個劫持人質行動進行得斷斷續續：一陣喊叫聲和槍聲過後，便是一陣沉寂。當時，奧運村裡夜夜都有狂歡活動，有時還伴隨著鞭炮聲和喧嚷聲。對於許多睡在事發房間隔壁的人來說，這次綁架行動所發出的聲響與平日的喧鬧聲似乎沒有什麼差別。

　　那兩名死裡逃生的以色列代表團成員，分別跑到韓國和義大利代表團的住處打電話報警。

　　5點30分，慕尼黑警方收到了恐怖分子用英文寫成的一封信，他們要求以色列當局在9點以前，釋放被關押的234

名巴勒斯坦人以及被聯邦德國囚禁的「巴德爾——邁因霍夫幫」成員，然後派三架飛機將他們送到一個安全的地方。到了那裡，他們自然會釋放以色列運動員，否則，他們將會殺掉人質。

在奧運會期間發生這樣的事，不僅慕尼黑呆了，就連全世界都感到震驚。

事件發生後，聯邦德國政府的兩名部長、奧運村的負責人、慕尼黑的前任市長和現任警察局長都以無所畏懼的姿態表示，願意用自己去換回以色列人質。可是，恐怖分子拒絕接受這一要求，他們只是把截止時間延長至中午12點。

聯邦德國總理維利·勃蘭特透過電話與以色列女總理果爾達·梅厄磋商了10分鐘，以色列的這位「鐵娘子」，重申了以色列政府應對恐怖主義盡人皆知的立場：絕無妥協可言，在任何情況下都不會做出讓步。

儘管梅厄總理態度十分強硬，但她一放下電話就召來了

摩薩德領導人茲維·紮米爾，要他立刻飛往聯邦德國處理這樁人命關天的事件。

圖為摩薩德第四任局長茲維·紮米爾。慕尼黑慘案發生後，以色列總理果爾達·梅厄命令紮米爾親自前往德國，營救人質

當天上午10點，51歲的紮米爾剛抵達慕尼黑，便匆匆忙忙地要求看一下聯邦德國方面解救人質的具體方案。

聯邦德國警方已經決定佯裝答應為恐怖分子提供飛機，因為此時恐怖分子已經把截止時間又延長到了午夜24點，並且降低了要求，只要求當局派一架飛機將他們送到開羅。如果到那時以色列仍然不肯釋放被關押的巴勒斯坦人，他們就要在開羅處死人質。聯邦德國的邊防員警部隊計劃在恐怖分子到達機場之後，在飛機起飛之前發起突襲。

紮米爾看過聯邦德國的方案以後，心裡很不滿意，他認為聯邦德國的準備工作十分草率，神槍手太少，武器也不夠先進，因此，對於行動能否成功，他實在沒有什麼把握。不過，紮米爾並沒有立刻發表異議，因為他也拿不出什麼好主意。到了晚上10點，在德方軍官的陪同下，紮米爾登上了慕尼黑市郊菲爾斯騰費爾德布魯克機場的控制塔台。

10點20分左右，兩架直升機從奧運村附近起飛，朝菲爾斯騰費爾德布魯克機場飛來，機上載著八名恐怖分子和九名以色列人質。他們是乘坐一輛汽車來到直升機旁登機的。

紮米爾後來回想起事件的全部經過，覺得應該在恐怖分子下汽車之後，朝直升機走去的時候實施突襲。然而在當時，他們並沒有抓住這個最佳的行動機會。

十幾分鐘之後，兩架直升機在距離一架波音727飛機約100米處降落。恐怖分子脅迫直升機駕駛員站在前面，然後四名恐怖分子走出直升機去檢查客機。在機場燈光的照射下，現場出現許多陰影，讓人難以辨認誰是人質誰是恐怖分子，這無疑讓狙擊手的行動造成了困難。

然而，過了不到5分鐘，五名狙擊手便在遠處開火了，

他們慌張開槍之後並沒有擊中目標，反而打草驚蛇，進而讓這次狙擊失去了奇襲的威力。

狙擊手那邊槍聲一響，恐怖分子立即舉槍還擊。直升機駕駛員見勢不妙，拔腿就跑，其中兩人順利脫險，另外兩人負了重傷。而那九名以色列人質還坐在直升機內，他們被蒙住眼睛，捆住手腳，根本無法動彈。

雙方的對射足足持續了一個多小時，其間，恐怖分子拒絕了警方的幾次勸降，儘管他們知道這是免於一死的唯一出路。聯邦德國方面考慮到直升機內還有人質，火力受到極大的限制，因此臨時決定在六輛裝甲車的掩護下，讓突擊隊員直接衝上去。

然而，就在裝甲車開動的同時，一名恐怖分子向一架載有五名以色列人質的直升機內投擲了一枚手榴彈，直升機瞬間化為一團烈火。緊接著，另外兩名恐怖分子開槍射殺了第二架直升機內的四名人質。

令人惋惜的是，倘若裝甲車延遲幾分鐘進攻，第二架直升機上的四個人質便有可能倖免於難。因為事後人們發現，捆綁他們的繩結上留有牙痕。這說明，這四名以色列人過不了多久就能夠掙脫繩索從背後偷襲守在直升機外的兩名恐怖分子，這樣，他們就很有可能得救。

至於第一架直升機上的五名人質，因為他們的軀體已經被燒為灰燼，因此無法判斷他們採取了什麼措施。

直到9月6日凌晨1點30分，最後一名負隅頑抗的恐怖分子才被警方擊斃。至此，共有五名恐怖分子被擊斃，三名恐怖分子被捕，九名以色列人質全部遇難，另外還有兩名聯邦德國員警在槍戰中身亡。

圖為在慕尼黑慘案中遇害的11名以色列運動員

那一屆奧運會,蘇聯獲得了50塊金牌,高居榜首;美國獲得33塊金牌,名列第二。而以色列帶回國的,則是11具屍體。

死亡名單出爐

　　慕尼黑慘案發生之後，以色列舉國哀悼。摩薩德領導人紮米爾受到瞭解內情的高級官員的批評。原來在此之前，「黑九月」恐怖分子曾在以色列利達機場向候車室扔手榴彈，並用自動衝鋒槍向無辜乘客掃射，導致傷亡一百多人。

　　而在以色列體育代表團前往聯邦德國之前，摩薩德總部就不斷得到關於「黑九月」將在奧運會期間顯示其威力的情報，但是，當時沒有人知道這將是什麼性質的行動。顯然，紮米爾大意了，他沒有想到恐怖分子竟敢闖進奧運村劫持人質。

　　不過，紮米爾還是在奧運會開幕前一個月派了兩名特工前往聯邦德國，仔細檢查那裡的安全機構保衛以色列代表團的計劃。他們對聯邦德國做出的嚴肅保證感到十分滿意，於是就撤回去了。

　　參加奧運會的以色列代表團既沒有攜帶武器，也沒有任何應對恐怖襲擊的思想準備。最令人感到不可理解的是，以色列代表團中負責與當地保安機構聯繫的竟然是一名隨隊醫生。

　　面對種種非議，紮米爾簡直無地自容。儘管總理梅厄夫人安慰他說：「伐樹的時候，難免會有木屑飛出來」，但事實上，她已經任命阿哈隆亞里夫將軍為「恐怖主義事務特別助理」，分攤了紮米爾的部分權力。

不過，這次事件也給摩薩德帶來了一個契機：一夜之間，它的預算增加了將近一倍。同時，紮米爾也得到了政府的批准，允許他的摩薩德使用「暗殺」這項殘忍的終極手段，以恐怖主義的方式對付恐怖主義分子。梅厄夫人正式宣佈：「從現在開始，以色列將發動一場消滅殺人成性的恐怖分子的戰爭。不論這些人身在何處，以色列都將無情地幹掉他們！」紮米爾為這一報復性的暗殺行動取代號為「上帝之怒」，並開始確認復仇的對象。

這一次，紮米爾決定採取「擒賊擒王」的策略，消滅與「巴解」組織有關的「黑九月」、「法塔赫」的關鍵人物，而不是對難民營進行狂轟濫炸。紮米爾經過冷靜分析之後，制定了他的「死亡名單」。

在慕尼黑慘案發生之後，以色列總理果爾達‧梅厄發表了談話，同時下令對恐怖份子實施報復行動

　　名列「死亡名單」首位的不是別人，正是「黑九月」頭目、慕尼黑慘案的主謀者阿里‧哈桑‧薩拉馬。

　　第二位是薩拉馬的老同學，「黑九月」爆破專家阿布‧達烏德，他是慕尼黑慘案的同謀者。

　　第三位是馬赫穆德‧哈姆沙里，是「黑九月」駐法國巴黎的外交官，同時也是「巴解」組織的發言人。

　　第四位是瓦埃勒‧澤維特爾，他是「黑九月」駐義大利的負責人，同時也是一位詩人。

　　第五位是法學教授巴西爾‧庫拜西博士，紮米爾認為他參與了向「黑九月」提供武器的活動。

　　第六位是卡邁勒‧納賽爾，是「法塔赫」對外聯絡負責人，同時擔任「巴解」組織發言人。與哈姆沙里、澤維特爾、庫拜西三人不同的是，他從不隱瞞自己與「黑九月」有來往。

　　第七位是卡邁勒‧阿德萬，「法塔赫」頭目，專門負責在以色列占領區搞破壞活動。

　　第八位是穆罕默德‧優素福‧阿爾‧納賈爾，此人又名阿布‧尤素福，是「巴解」組織的一名高級官員，專門負責「黑九月」和「法塔赫」之間的聯絡工作。

　　第九位是穆罕默德‧布迪亞，他的公開身分是一名演員兼戲劇導演，也是一位經常出入於交際場所的巴黎知名人士。不過，一般人只知道他是一名藝術家，卻不知道他是「黑九月」的外交部長。

　　第十位是侯賽因‧阿巴德‧希爾，他是「巴解」組織與蘇聯特工組織克格勃之間的聯絡員。

　　「死亡名單」上最後一位是瓦迪埃‧哈達德博士，紮米

爾認定他是「黑九月」的高級謀士，只是摸不清他到底是一條「大魚」，還是一隻無足輕重的「小蝦米」。不過，為了表示以色列人「以血還血，以牙還牙」的決心，為了給不幸遇難的11名以色列運動員抵命，這份「死亡名單」也要湊足11人，這樣，紮米爾最終也把他列入了名單。

暗殺目標確定以後，接下來的工作就是選擇殺手。紮米爾曾經明確地說過，他最需要那種對殺人深惡痛疾，卻經過專門的訓練學會了殺人的人。

很快的，一支訓練有素的「死神突擊隊」成立了。

按照紮米爾的要求，「死神突擊隊」分成若干小組，每暗殺一個目標就動用一個小組。在執行暗殺任務之前，應設法建立安全的藏身之處，觀察暗殺目標的生活習慣及其採取的保衛措施，研究行動的每一個細節，然後將制定出的行動方案上報到摩薩德總部審核。

「死神突擊隊」的頭目要親自檢查行動計劃，紮米爾至少要親自去一趟，視察現場，聽取報告，對行動計劃做出適當的修改，然後才能最後批准。當暗殺小組開始行動時，紮米爾則總是遠離現場。

為了向恐怖份子實施報復，以色列成立了「死亡突擊隊」，專門負責在全球各地暗殺「黑九月」成員

　　紮米爾還用了另外一種方法劃分暗殺對象。

　　他把對外公開宣稱自己是「法塔赫」或「黑九月」頭目的，帶有武器和保鏢的人稱為「硬目標」，如薩拉馬、納塞爾等；把不公開其真實身分，而是利用其他職業作掩護，在西方國家有固定住所的人稱為「軟目標」，如哈姆沙里、澤維特爾等。

　　紮米爾指示暗殺小組最好先挑「軟目標」下手，因為「硬目標」戒備森嚴，行蹤不定，備有極其隱蔽的安全點，有的人甚至從來不在同一間屋裡連續住兩夜；而「軟目標」則不然，他們在西方國家參加教育、文化或外交活動，自以為沒人知道他們的真實身分，因此可以高枕無憂，其中幾名暗殺對象的現住址，居然可以在有關的情報資料中找到。

　　他們從不喬裝打扮，甚至在自家房門上掛著姓名牌。如果有人問起他們的姓名，他們就會很有禮貌地自報家門。當然，這並不意味著暗殺「軟目標」就像揉死一隻螞蟻那樣容易。

　　事實上，不管追殺的對象有多「軟」，暗殺小組都必須進行周密的策劃。

　　對於摩薩德特工而言，問題的關鍵不在於把目標殺死，而在於殺人以後如何安全脫身。萬一被警方抓到，不管以色列人有多麼充足的理由，他們犯下的都將是謀殺罪。這不僅關乎特工個人的命運和摩薩德的聲譽，還關係到整個以色列的國際聲望！

　　紮米爾之所以要求暗殺小組先對付「軟目標」，還有一個非常重要的原因，這就是時間問題。

　　慕尼黑慘案發生於9月上旬，案發之後，「硬目標」在

短時期內必定不會露面，想幹掉他們簡直比登天還難。而時間一長，這次慘案就會漸漸被人們遺忘。

到那時，摩薩德如果再搞暗殺，那麼公眾輿論，甚至連「黑九月」本身，可能都不會將這些暗殺與之前的慘案聯繫起來。這樣一來，「上帝之怒」行動就會被視為無故殺人。

為此，紮米爾需要儘快將暗殺計劃付諸行動，所以他只能先拿「軟目標」開刀。

陌生人的詢問——
槍擊瓦埃勒・澤維特爾

「死神突擊隊」的第一個暗殺目標確定下來，他就是「死亡名單」上排在第四位的瓦埃勒・澤維特爾。這是一位在羅馬居住了16年之久的巴勒斯坦知識份子。他的正式工作是在利比亞駐羅馬大使館當翻譯員，毫無疑問的，這是他從事活動的好地方。

在外人眼中，澤維特爾是一個對別人無害的知識份子，一個不名一文的詩人，一個流落異鄉的翻譯。此外，他非常討人喜歡，一位義大利寡婦對他青睞有加。但是，摩薩德經過調查後認定，他是「黑九月」在義大利活動的負責人。就是他策劃了1968年劫持以色列航空公司從羅馬飛往阿爾及利亞的客機的行動，進而拉開了國際恐怖活動的序幕。他最值得炫耀的「業績」，就是他與來羅馬旅遊的兩位英國女子交上了朋友，主動充當她們的導遊，臨別時還贈送給她們收音機。其實，收音機裡面已經裝上了定時炸彈。兩位女子對此並不知情，結果把收音機帶上了以色列航空公司的客機，險些造成機毀人亡的嚴重後果。

1972年10月16日，晚上10點30分左右，澤維特爾像往常一樣，從他的義大利女友家裡出來，手裡拎著一只雜貨袋，快步朝自己家走去。他住的公寓門廳和走道總是一團漆黑，為了省電，電燈打開幾分鐘之後便自動熄滅。澤維

特爾邁步走進公寓大門，在黑暗中朝電梯走去。

　　就在這時，電燈突然打開了，暗殺小組的兩名特工出現在澤維特爾面前。澤維特爾並沒有感到恐懼，只是有些迷惑。

　　「請問您是瓦埃勒·澤維特爾嗎？」一名特工用英語問道。

　　他問這個問題不過是為了走一下形式。在燈亮的那一瞬間，兩名特工已經立刻認出了這位在羅馬當了多年「巴解」組織代表的文人。他們曾無數次仔細研究他那身形瘦長的照片，熟記他的個人履歷及其他有關情況。

　　「您是瓦埃勒·澤維特爾嗎？」彬彬有禮的特工又問了一遍。此時的澤維特爾並沒有產生懷疑，因為兩名特工手中並沒有武器。在此之前，絮米爾曾經對他們說過：「要盡量和目標套關係，好像他就是你的親兄弟一樣，這樣就可以讓他自己暴露身分，然後你再拔出槍，迅速射擊。」

　　澤維特爾的眼睛和頭開始動了，準備點一下，表示肯定。但是某種預感和警覺制止了他，他並沒有把頭點到底，而是說：「我不是。」

　　可是，兩名特工已經決定動手了，他們右腳後退半步，雙膝微屈，緊貼在體側的右手迅速撩起上衣，抓住槍柄，左手心向下，呈半圓形扣在「貝瑞塔」手槍的套筒上，就勢一拉，隨著一陣「唭嚓」聲，擊錘處於待發位置，一顆子彈被送入彈膛，整個過程不超過一秒鐘。單是這個動作，特工們練習了不下百萬次。

　　此時，手無寸鐵的澤維特爾已經意識到了危險，他口中叫著「不」，臉上露出了極度的恐慌。兩名特工幾乎同時扣動了扳機，伴隨著裝有消音器手槍發出的些微聲響，澤

維特爾倒地身亡，身中11顆子彈。

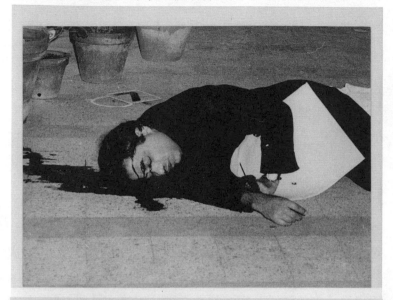

圖為被摩薩德特工人員暗殺的瓦埃勒·澤維特爾。他身中
11槍，當場死亡

　　據大街上的目擊者說，他們看到一對好像是在談情說愛
的男女，坐在一輛停放在公寓門前的綠色飛亞特125型汽車
裡。突然，有兩個男人從公寓前門衝了出來，跳進這輛車
的後排座位，緊接著，汽車疾馳而去，很快地就消失在漆
黑的夜幕之中。

　　兩天以後，羅馬警方在一個廢棄的舊車庫裡，找到了那
輛被人拋棄的飛亞特汽車。經過檢查，車上沒有留下任何
痕跡，甚至連指紋也沒有。

　　為殺死澤維特爾，摩薩德共花費35萬美元，但在紮米爾
看來，首戰告捷的價值遠不止這個數字。

電話裡的蜂鳴聲──
暗殺馬赫穆德·哈姆沙里

第二個暗殺對象是馬赫穆德·哈姆沙里博士，他是「死亡名單」上的第三個目標。

哈姆沙里在阿爾及利亞大學獲得了經濟學博士學位，擔任「巴解」組織駐巴黎的正式代表，地位遠遠高於澤維特爾。他在阿拉伯聯盟的辦事處出版一份叫作《法赫特新聞》的時事通訊，且與設在巴黎的聯合國教科文組織中的一些阿拉伯國家代表過從甚密，他的朋友們都認為他溫文爾雅，紳士十足，衣著打扮和言行舉止，不遜於任何一位外交官。哈姆沙里娶了一個法國人為妻，並有了一個女兒。一家人住在一間中產階級的公寓裡，日子過得比法國人還富有法國味。

但是，摩薩德所掌握的資料顯示，此人利用外交官和巴勒斯坦解放事業對外關係合法代表的身分作掩護，策劃了多起著名的恐怖行動，例如發生在哥本哈根的暗殺以色列總理古里安未遂事件，瑞士航空公司一架客機在飛往以色列途中爆炸事件，再有，就是這次慕尼黑慘案。

絮米爾透過摩薩德無孔不入的情報網得知，哈姆沙里並不想就此罷手，他已經與「黑九月」組織的外交部長穆罕默德·布迪亞共同籌建了一個新的恐怖組織，取名為「東方巴黎人」，網羅了法國本地和其他非阿拉伯國家的無政

府主義者開展恐怖活動。

哥本哈根是丹麥的首都，也是丹麥最大的城市及最大的港口。坐落於丹麥西蘭島東部，與瑞典的馬爾默厄勒海峽相望。大衛‧本‧古里安曾在這裡遭到過刺殺，但「巴解」恐怖組織並沒有成功

　　雖然哈姆沙里是一個「軟目標」，但摩薩德特工對他進行的初步偵察顯示，要幹掉他並不那麼容易。哈姆沙里無論走到何處，都有警衛跟隨，並事先為他「清掃」道路。他的公寓門口以及四周的街道上都設有崗哨。並且，由於澤維特爾被殺，哈姆沙里和他的上司布迪亞也都提高了警惕。

　　摩薩德特別行動處處長「麥克」十分清楚，用暗殺澤維特爾的辦法對付哈姆沙里要擔很大的風險，弄不好就會失敗。此外，在幹掉哈姆沙里的同時，又不得傷及他身邊的其他人。因此，「麥克」決定避免直接交火，他和手下商定了一個十分巧妙的辦法，這件事要借助摩薩德的軍械師和爆炸專家來完成。

　　1972年12月5日，一名管道工人在哈姆沙里寓所附近的一棟樓房裡修理水管。誰也沒有注意到，他正在不慌不忙地進入哈姆沙里的公寓。其實，這名管道工的真實身分是一位訓練有素，並且技術嫻熟的摩薩德軍械師。他真正感興趣的並不是管道，而是沿著管道鋪設的電話線。

　　沒過多久，哈姆沙里家的電話機就出毛病了，一直持續到第二天晚上，也沒有恢復正常。哈姆沙里怒氣衝衝地要求電話局派人來檢修，那時他並不知道，此時就有一個「私人電話局」，已經設在他家附近的一輛工具車上。那位軍械師在工具車上一會兒接通、一會兒切斷他的電話，直到他提出檢修的要求為止。

　　哈姆沙里被告知，電話維修工馬上就到。不一會兒，果然有一位維修工開著一輛像是電話局的車趕來了。在檢修電話的時候，大部分時間都是哈姆沙里在場，其餘的時間則是警衛在場。然而，他們都沒有注意到，維修工將一顆新式炸彈偷偷地放到了電話機底部。只要不拿起話筒，炸彈就沒有任何危險，然而一旦有人拿起話筒，炸彈就會解除保險，但若想將其引爆，還必須有無線電信號遙控。當然，世界上沒有絕對保險的事，因此摩薩德特工都在暗暗地祈禱哈姆沙里的夫人今晚千萬不要和朋友打電話長談，而且也千萬不要有無線電愛好者在夫人打電話期間用與炸彈接收器相同的頻率發報。

　　12月8日上午9點25分，哈姆沙里夫人和往常一樣，送女兒去幼稚園。

　　就在兩天前，哈姆沙里曾經接到一位「義大利記者」請求採訪他的電話。作為「巴解」組織的發言人，哈姆沙里

早已對這樣的請求習以為常。他答應了那位記者的請求，同意兩天之後在附近的一家咖啡館見面。那位記者說，他一到咖啡館，就往他家裡打電話。

哈姆沙里的妻女出門後不久，那位「義大利記者」的電話便打進來了。哈姆沙里拿起話筒，對方說自己是「義大利記者」，然後又問他是不是哈姆沙里本人。

哈姆沙里不假思索地答道：「對，是我。」話音未落，他就聽到一陣尖厲的蜂鳴聲，緊接著，他的電話機就爆炸了。其實，這蜂鳴聲就是無線電遙控信號。

圖為被摩薩德暗殺的第二位「黑九月」成員馬赫穆德·哈姆沙裡博士

暗殺小組成員躲在附近的工具車內，發現整座大樓微微地抖動了一下，哈姆沙里家的大玻璃窗出現了縱橫交錯的裂紋。可是，出乎特工們意料的是，哈姆沙里竟然沒有當場斃命，他在醫院裡被救治了整整一個月，才終於在1973年1月9日死去。

床下陷阱──
暗殺侯賽因·阿巴德·希爾

接下來，摩薩德「死神突擊隊」的目光落在「死亡名單」上的第十位人物──侯賽因·阿巴德·希爾身上。暗殺小組對他的「處決」，是在賽普勒斯的尼古西亞進行的。

對於中東地區交戰雙方而言，這個地中海島國可謂是一個中途站，它不但是以色列人的活動區域，同時也是巴勒斯坦激進組織的一個新據點，此外，還是蘇聯克格勃在這一地區的活動中心。蘇聯在以色列境內並沒有外交使團，然而在賽普勒斯，他們與以色列之間的距離近到可以監聽到那裡的無線電通訊。作為「巴解」組織的聯絡員，希爾的工作就是負責與在賽普勒斯的克格勃進行聯繫。

希爾多數時間都住在以色列人不太可能去的敘利亞首都大馬士革，這正是紮米爾把他劃歸為「硬目標」的主要原因。如果不考慮這一點，這個人其實很好對付，因為有情報證明，希爾的公開身分是一名東方語言教師，他不隨身攜帶武器，更沒有保鏢伴隨左右。

1972年12月27日，紮米爾得到情報，希爾在賽普勒斯露面了。他當即派遣暗殺小組前往。可是，當殺手抵達尼古西亞時，希爾已經前往機場，不知飛到什麼地方去了，他們只得敗興而歸。

1973年1月22日，紮米爾再次得到情報，希爾將於日內

抵達賽普勒斯，而且他已經在經常下榻的奧林匹亞酒店預定了房間。

當天夜間，暗殺小組來到了尼古西亞，並搶先一步住進了奧林匹亞酒店。他們這樣安排有三個好處：第一，有助於識別目標；第二，有利於觀察飯店的佈局；第三，雖然希爾一住進飯店，他們就要撤出，但是他們以後在飯店裡露面，這裡的服務員和保安就會把他們當成以前見過的客人，而不加懷疑。

圖為如今的尼古西亞希爾頓酒店，在1973年時，這家酒店名字為奧林匹亞酒店，侯賽因·阿巴德·希爾正是在這裡被摩薩德特工暗殺的

1月23日晚，化名侯賽因·巴沙里的希爾持敘利亞旅遊護照，住進了奧林匹亞酒店。

　　暗殺小組的爆破專家吸取了上次沒把哈姆沙里當場炸死的教訓，打算這次在希爾的床下多放些炸彈。可是，希爾隔壁的房間裡住著一對正在度蜜月的以色列新婚夫婦。紮米爾得知這一情況，一時有些猶豫，因此沒有立即批准這一行動方案。然而，那位爆破專家拍著胸脯向他保證說：「絕對不會危及隔壁房間的。」

　　這一次，爆破專家使用的是一種壓力炸彈，共有6個小型炸藥包，分別連在兩個彈體上。兩個彈體由四只力量很強的彈簧隔開，每只彈簧中間都有一顆螺絲。當炸彈放置在床墊底下時，由於彈簧的支撐，上部彈體的四顆螺絲不會碰到下部彈體的四個接觸點。但是，當有人躺在床墊上時，其體重足以壓低彈簧，讓螺絲碰到接觸點，這樣壓力炸彈的保險就打開了。然後，特工再透過無線電信號引爆炸彈。這種炸彈的可靠度極高，只有當暗殺小組確定床上躺著的是希爾本人，他們才會按下遙控器的按鈕將床墊下的炸彈引爆。

　　1月24日，早上8點鐘剛過，希爾被潛伏在當地的克格勃人員和另外一個外形很像蘇聯人的男子開車接走了。暗殺小組連忙派人搭車尾隨其後，監督其行蹤。一旦希爾返回飯店，他們要立即撤走在房間內安放炸彈的特工。結果，希爾這一整天都待在蘇聯人租下的房子裡。

　　午後，清潔工人例行清理房間之後，暗殺小組的兩名特工便偷偷溜進希爾的房間，把壓力炸彈固定在床墊下麵的金屬彈簧床棚上，並破壞了床頭罩燈的開關線路。這樣，在遠處瞭望的特工看到房間的燈熄滅時，就知道希爾一定上床就寢了。

當天晚上10點鐘，蘇聯人開車把希爾送回了飯店。在飯店門口，他們與希爾握手告別，其中一個人還遞給希爾一個信封。事後警方搜查發現，信封裡面裝的是克格勃為希爾籌集的資金。隨後，暗殺小組的一名特工尾隨希爾上了電梯，他的任務是搞清楚有沒有別人和希爾一起進入房間。

希爾不慌不忙地打開房門，走了進去。此時的他，完全不知道死神已經來臨。過了一會兒，他進了臥室，打開燈，坐在床邊看起書來。過了20分鐘，負責瞭望的特工看到希爾房間內的燈光熄滅了，暗殺小組的頭目擔心希爾熄燈後沒有立刻上床，因此等了足足兩分鐘才發出「動手」的命令。可是，他的命令還是下早了，當爆破專家按動遙控器的按鈕時，對面的房間裡什麼也沒有發生。特工們猜測，希爾也許正坐在床邊脫襪子，他壓在床墊上的重量還不足以讓炸彈的保險打開。

爆破專家在心裡默默數著數，當他數到10的時候，咬著牙再次按了下去，力量之大，險些把那個不太結實的遙控器弄碎。其實，他完全沒有必要費這麼大的力氣，因為要是希爾還沒有上床，費再大的力氣也是白搭。但是令特工們欣慰的是，此時希爾已經上床了。

隨著一陣驚天動地的爆炸聲，一道火舌裹挾著玻璃碎片和破碎的磚石噴向街面。

隨後，負責善後的特工進入飯店，發現希爾房間周圍的其他人，包括那對以色列夫婦，全都安然無恙。

那對新婚夫婦的房間與希爾的房間只隔了一堵薄薄的牆壁。而牆的另一邊，希爾和他的床榻都已經化為灰燼。

街頭追殲——槍殺巴西爾・庫拜西

就在摩薩德接二連三地按照「死亡名單」清除「黑九月」頭目的時候，「黑九月」的恐怖活動也愈演愈烈。

1973年3月1日，「黑九月」分子襲擊了沙烏地阿拉伯駐蘇丹首都喀土穆的大使館。在賽普勒斯，巴勒斯坦人為了替希爾報仇，槍殺了一位以色列商人，並在以色列大使家中安放了炸彈。與此同時，「黑九月」的一個小組分乘兩輛汽車，闖過賽普勒斯機場關卡，向停在機場的一架以色列飛機開火。

摩薩德也不甘示弱，馬上從「死亡名單」上勾出了第四個目標，他就是名單上的第五號人物巴西爾・庫拜西博士。

庫拜西博士是一個「軟目標」，伊拉克人，目前在貝魯特美洲大學擔任法學教授。他曾經是「死亡名單」上的頭號目標薩拉馬就讀於美洲大學時的任課教授。他經常前往歐洲，確保「黑九月」在歐洲的武器保持良好的備戰狀態，同時還負責籌備新的武器，保障通訊系統以及管理安全據點等事項。

縈米爾得知，庫拜西將於3月底前往巴黎渡假，於是立即命令暗殺小組開始行動。暗殺小組來到巴黎以後，不費吹灰之力就找到了庫拜西。這是因為庫拜西做了一件糊塗事。3月29日，庫拜西剛剛抵達巴黎機場，就對機場的一位

地勤女服務員說：「我不是一個十分富有的阿拉伯人，我只想做一次廉價的旅遊，所以麻煩小姐為我介紹一下。」庫拜西萬萬沒有想到，這個漂亮的女服務員是當地一個地下組織的眼線，而這個組織又與摩薩德有聯繫。

女服務員熱情地為庫拜西介紹了巴黎市中心的幾家普通旅館。雖然她當時並不知道這個人就是庫拜西，但還是就此事向組織上遞交了報告，以換取酬金。

這樣，摩薩德很快就在巴黎第八街區的阿卡得大街找到了庫拜西下榻的旅館。

庫拜西生活很有規律，這為暗殺小組的監視工作提供了便利條件。庫拜西將他的時間分為兩部分：白天，他經常在聖日爾曼林蔭大道一帶的酒吧裡與人接頭；晚上，他喜歡在住所附近散步。他的路線是從旅館出來以後，先到香榭麗舍大街，然後沿加布里埃爾大街前行，經過美國駐巴黎使館和豪華的克里榮飯店，到達協和廣場，最後走到皇家大街離馬克沁餐廳不遠的地方。之後，他再走大約5分鐘，經過馬德萊娜教堂，回到旅館。

4月6日晚上，庫拜西照例出門散步了。他一邊走一邊四下張望，好像是要看是否被人監視。或許是他感到了危險，或許是他一向謹慎，習慣這樣做。不過，他也可能什麼都沒有發現。其實，在他沿著香榭麗舍大街慢慢前行的時候，就有兩輛型號不同的轎車從他身邊駛過。

不一會兒，庫拜西就走到了冷清的加布里埃爾大街。這條街靜悄悄的，除了守衛美國大使館的法國員警以外，大概沒有人會多看他一眼。

庫拜西之所以要選擇這條鮮有人跡的街道散步，也許就

是出於這個原因：在員警的注視之下，任何人也不可能在這裡襲擊他。而在這條街的兩端，行人熙熙攘攘，也讓他頗有安全感。只是從皇家大街路口到他下榻的旅館這段不是很長的路上，他才會孤身一人行走。

庫拜西剛走近皇家大街，暗殺小組的兩名特工就緊緊地尾隨其後。此外，還有一名特工開著車在他們身後50米處靜悄悄地跟著。這時，庫拜西加快了腳步，在他前面約100米處，就是瑪利什伯林蔭大道。

兩名特工既要縮短他們之間的距離，同時又不暴露他們追趕庫拜西的意圖，的確很難。可是如果不追上去，再過兩個街區，庫拜西就要回到旅館了。

此時，寬闊的林蔭大道上沒有幾個人走動。庫拜西過了馬路之後，回頭看了一眼，看來他的警惕性很高。如果他此時撒腿就跑，兩名特工無論如何也追不上他，因為再過一個較短的街區，就到了阿卡得大街。從那裡右拐，穿過一個更短的街區，就到了馬德萊娜大街，而後再穿過夏沃拉加得街，就回到了他住的那家旅館。

兩名特工開始加快了步伐。顯然，庫拜西已經察覺到自己被人跟蹤，他向兩名特工瞄了幾眼，也加快了速度，可是他並沒有跑。兩名特工正好希望看到他們的目標是個堅定而大膽的人。

然而，這種大膽卻給這位軍官帶來了災難。拐到阿卡得大街以後，他沒有跑；經過一家花店和一家煙店，拐到馬德萊娜大街時，他依然沒有跑，只是腳步越來越快，並再一次回頭望了一眼。

此時，兩名特工已經完全放棄偽裝，開始奔跑起來，他

們與庫拜西之間的距離很快就縮短到30米以內，那輛負責
接應的小汽車以稍慢一點的速度跟在兩人後面。

　　沒有快跑，已經讓庫拜西陷入了危險之中；而在夏沃拉
加得街十字路口的紅燈下停住，則讓庫拜西徹底失去了脫
險的可能。摩薩德的兩名殺手原本來不及追上他，可他竟
然主動在紅燈下停住了腳步。對於一個知道自己已經被人
追趕的人來說，這種舉動實在奇怪，況且當時沒有一輛車
通過十字路口，他為什麼要如此「遵守交通規則」呢？難
道他在「思考人生」不成？

　　兩名殺手可不管這麼多，他們很快便趕了上來，從庫拜
西身體兩側衝了過去，然後猛然轉過身來直面庫拜西。他
們這樣做的目的是為了從正面看看庫拜西，以免殺錯了人。

　　「嗨，庫拜西！」其中一名特工用阿拉伯語喊了一聲。

　　話音未落，兩人幾乎同時用右手撩開上衣，拔出了手
槍。見此情景，庫拜西睜大了眼睛，聲音顫抖地喊著：
「不！不！」並向後退去。可是他的腳碰到了人行道邊緣，
身體頓時失去了平衡，向後傾倒。就在庫拜西的身體倒地
之前，兩名特工已經向他射出了子彈。

　　此時的庫拜西躺在人行道上，腳依然垂在路邊，鮮血從
他身體的幾個部分往外湧出，他的肩膀還在抽搐。庫拜西
掙扎了一會兒，身體便軟了下來。這個被巴黎新聞界稱為
「喬治·哈巴什博士的巡迴大使」的人就這樣死了。

　　兩名特工一言不發，迅速拐到旁邊的一條大街上，鑽進
了那輛負責接應的小汽車，直奔機場而去……

法國巴黎是世界著名的旅遊勝地，被稱為「浪漫之都」。圖中所示為傍晚時分的巴黎埃菲爾鐵塔。1973年，就是在這樣美麗浪漫的城市，摩薩德特工槍殺了曾經參與策劃「慕尼黑慘案」的「黑九月」成員巴西爾・庫拜西

連中「三元」——
突襲「巴解」總部

「死亡名單」上已經勾掉了四個人的名字，不過，這只是「上帝之怒」行動在第一階段搞的小動作。接下來，紮米爾將要進行更為大膽的行動：派遣突擊隊去襲擊遠在黎巴嫩首都貝魯特的「巴解」組織總部，在這個「黑九月」認為最安全的庇護所將他們連根剷除。

1973年，黎巴嫩國內還沒有發生內戰，有「東方巴黎」美譽的貝魯特還是個令人神往的城市。這裡有高聳入雲的現代化大樓，在繁華的商業區裡，夜總會、賭場比比皆是。在城邊，還有一片令人心曠神怡的海灘，身穿比基尼的女郎令不少男性遊客大飽眼福。

4月7日，摩薩德的六名特工分別乘坐從羅馬、倫敦、巴黎起飛的班機抵達貝魯特機場，其中包括一名女特工。這幾個人過去都曾到過這裡，臨行前，紮米爾叮囑他們，一言一行都要像普通遊客一樣。此外，他們還要像當地的計程車司機那樣，熟悉這裡的街道和海灘，並在外部觀察「巴解」組織總部的一座八層的辦公樓和一座四層的公寓樓，以及幾處軍火庫。

紮米爾之所以沒有讓潛伏在當地的特工執行這次任務，就是為了避免暴露他們的身分。不過，這些人已經提前做好了工作，查明了大樓的內部情況，並詳細標出了「死亡

名單」上第六號目標卡邁勒‧納塞爾、第七號目標卡邁勒‧阿德萬和第八號目標穆罕默德‧優素福‧阿爾‧納賈爾所在的房間以及相關情況。

剛剛抵達貝魯特的六名特工，用美國捷運公司的信用卡租了六輛大轎車，並對有關現場進行了勘察。接著，他們通過貝魯特郵政總局向巴黎發出一封商用電報，用暗號通知上司：一切準備就緒。

4月9日黃昏時分，摩薩德的30名突擊隊員分乘兩艘快艇從海法啟航，向貝魯特駛去。

當晚沒有月光，海上一片漆黑。凌晨1點左右，快艇抵達貝魯特近海。岸上，裝扮成戀人的一男一女拿著手電筒，向快艇發出了一明一暗的光：三短一長，是摩薩德預定的靠岸信號。很快，突擊隊員換乘六艘橡皮登陸艇，在人跡罕至的道夫灘頭登岸。隨後，他們分乘那六位特工租來的、每隔三分鐘就開來一輛的大轎車，朝市中心的目標疾馳而去。

半個小時以後，汽車停在68號大街和哈雷德‧本‧瓦利德大街的交匯口附近。30名突擊隊員迅速跳下車，撲向對面的那座四層的公寓樓。幾秒鐘後，站在門口的三名手持武器卻毫無戒備的哨兵就被幹掉了。

隊員們衝上二樓，對著穆罕默德‧優素福‧阿爾‧納賈爾房間的門鎖一頓掃射，然後踢開房門，衝進臥室。「黑九月」的領導人之一、「巴解」組織的第三號人物納賈爾睡眼蒙矓，根本來不及做出反應，他的妻子想用自己的身體保護丈夫。結果，在突擊隊員的掃射之下，夫婦二人一起喪命。納賈爾15歲的兒子從夢中驚醒，也被亂槍擊斃。

住在納賈爾隔壁的一名婦女也在這次突襲行動中喪生。

聽到槍聲之後，她驚叫著跑出自己的房間，結果被突擊隊員當場擊斃。事實上，這名婦女完全是個無辜的局外人，沒有任何跡象顯示她與「黑九月」的恐怖分子有任何關係。

在三樓，另一個突擊小組找到了卡邁勒・納塞爾。他時年44歲，是一個單身漢，曾在貝魯特美洲大學獲得政治學博士學位。1969年，他成為「法塔赫」組織的公共關係負責人，一年以後又擔任了「巴解」組織的官方發言人。儘管「巴解」組織最高領導人阿拉法特認為他過於激進，曾與他發生爭執，但他依舊保住了這個職位。當突擊隊員闖進他的房間時，他正在伏案工作。一串磷彈把他打得血肉模糊，他身後的一張沙發也被磷彈引燃了。

四樓住著工程師卡邁勒・阿德萬，此人精於搞破壞，「法塔赫」在以色列占領區的所有破壞活動都是在他的領導下進行的。他被外面的嘈雜聲驚醒之後，迅速拿起一支自動衝鋒槍，對衝進來的突擊隊員開火，但連開三槍都沒打中，而他自己則在一陣短促的掃射過後倒地身亡。

接著，四名摩薩德專家開始搜尋、整理剛剛被打死的三個目標的辦公桌抽屜和保險櫃裡的文件，按計劃，他們將在裡面工作整整半個小時。

與此同時，大街上的「巴解」戰士已經開始對以色列的突擊隊員進行還擊，突擊隊則在門口堅守陣地。戰鬥剛剛打響，潛伏在此地的摩薩德特工就透過各處的公共電話，向黎巴嫩當局報告：巴勒斯坦的對立派發生了槍戰。果然不出紮米爾所料，黎巴嫩警方得知這一情況之後就小心翼翼地避開了，不再插手。既然是巴勒斯坦人之間自相殘殺，黎巴嫩人為什麼要捲進去呢？

此時，那座八層樓裡的「巴解」戰士為了戰鬥，特意用升降機把人吊到街上。然而，當吊斗接近地面時，突擊隊員就在夜幕的掩護下，把吊斗裡的士兵全部打死，然後把死屍拉出來，再把空吊斗送上去，等待著消滅下一批敵人。

最終，「巴解」總部大樓被以色列人占領了。他們迅速整理了保險櫃裡的檔案，然後又在樓內安放了大量炸藥。突擊隊員點燃了導火線，隨即迅速撤退。過沒多久，伴隨著一陣震耳欲聾的爆炸聲，「巴解」總部大樓被夷為平地。

圖為1973年4月9日黃昏時分，被炸的貝魯特巴解總部大樓此時正冒著滾滾濃煙

　　突擊隊員在「巴解」組織存放武器的倉庫前也發生了激烈槍戰。之後，這幾座倉庫也被炸掉。

　　此次突襲進行了大約一個小時，突擊隊第一次使用無線電台，向停在海邊的直升機發出呼叫，請求他們接運傷患。與此同時，貝魯特海岸警備司令部和貝魯特警察局都接到好像是對方打來的電話，說他們已經命令幾架直升機起飛，一時還無法確定事件發生的中心位置。這樣一來，誰也沒有想到去找對方核實一下，一切都顯得混亂不堪。

　　就在貝特魯當局還沒搞清楚這到底是怎麼一回事的時候，突擊隊員和那六名特工已經按照原路回到海邊，乘坐橡皮艇迅速離開了。此時，距離他們剛才登陸僅僅90分鐘。

「編外」目標——暗殺紮伊德‧穆查西

　　突襲「巴解」總部這一事件震動了全世界，摩薩德頓時成為眾矢之的，遭到世界輿論的譴責。可是，紮米爾並沒有因此而收斂。

　　不久，紮米爾接到了部下的報告：希爾的繼任者、「黑九月」與克格勃之間新的聯絡人出現了，他是紮伊德‧穆查西，是個巴勒斯坦人。摩薩德對此人的情況瞭解得並不多，況且他又不在「死亡名單」上。因此，部下向紮米爾請示要不要除掉他。紮米爾說：「你們好好想想，希爾為什麼會被列入『死亡名單』呢？難道是因為我討厭他的長相嗎？理由只有一個，那就是他擔任了『黑九月』與克格勃之間的聯絡員。現在，穆查西當上了新的聯絡員，難道希爾襲擊以色列人，我們就消滅他，而穆查西這麼做我們就置之不理嗎？不行，我們應該把他也幹掉！」

圖為巴勒斯坦人紮伊德‧穆查西，是「黑九月」與克格勃之間的聯絡員，於1973年4月死於摩薩德特工之手

　　與前任聯絡人希爾不同的是，穆查西把接頭地點從賽普勒斯改到了雅典。摩薩德暗殺小組於4月11日抵達雅典。第二天晚上6點多，摩薩德設在索克拉多斯大街阿里斯迪茲飯店的監視哨打來電話說，克格勃人員開著一輛賓士轎車把穆查西從飯店接走了。

　　到了晚上8點，暗殺小組的三名特工來到飯店，其中一個留在大門外作掩護，另外兩個跟隨他們的內線──一個希臘人進了飯店大廳。

　　那名內線已經用金錢買通了客房服務員，讓他用送酒菜的手推車把一個手提箱送到五樓。

　　這只手提箱上了鎖，裡面有八枚燃燒彈。燃燒彈裡裝填的是易燃的鎂類物質，爆炸時不會產生太大的衝擊波，也就是說不會影響到其他房間。這種燃燒彈原本是讓人投擲用的，而摩薩德的軍械師對其稍加改裝之後，則只需要由無線電信號來遙控引爆。一旦引爆，這些炸彈就會像放禮花一樣發出「嗖嗖」的聲音，並快速消耗掉室內的氧氣。儘管這八枚燃燒彈足以炸死房間裡的任何人，但它卻不會讓房間燃燒起來，燃燒彈在一、兩秒鐘之內就會熄滅。

　　服務員把這只手提箱送到了五樓，那個希臘人又請他用鑰匙打開了穆查西的房門，讓兩名外國人（暗殺小組的特工）進入房間。然後，那個希臘人就領著服務員離開了。

　　接著，兩名特工就開始忙碌起來。這種燃燒彈體積很大，要想隱蔽安裝確實很費時間。不過，這兩名特工卻並沒有驚慌，反倒是不慌不忙地將燃燒彈安裝在房間裡，因為經過幾天來的跟蹤監視，他們知道克格勃和穆查西都喜歡熬夜，穆查西從來不會在午夜以前回到飯店。

　　直到晚上9點，兩名特工才終於把炸彈安放妥當。然後，他們立刻離開飯店，鑽進停在飯店外面陰影處的汽車裡，靜靜地等著。停放在飯店門口的車輛多得很，因此他們不會引起注意。

　　幾個小時過去了，特工們一直沒有見到穆查西的身影。此時已經快到凌晨3點了，再過一、兩個小時天就要亮了，暗殺小組的特工們不免有些著急。組長也開始猶豫起來，要不要放棄此次行動？如果放棄，那麼穆查西房間裡的炸彈怎麼辦？把它們留在那裡，很有可能炸死無辜的人；如果炸彈被完好無損地發現，那麼當局就可以輕而易舉地追根尋源，暗殺小組以及內線都有很大的危險；如果回去拆除，也相當危險，一來穆查西可能會突然闖進房間，二來特工在拆除過程中也有可能把自己炸死。

　　唯一保險的辦法就是將炸彈引爆，但這樣做毫無意義，而且為下次行動增加了難度。

　　組長決定再等一個小時。到了凌晨4點，穆查西還是沒有回來。他們又決定再等半個小時，如果到時候穆查西還不回來，他們只能另想辦法了。

　　4點25分，那輛賓士小轎車終於朝飯店這邊開過來，但奇怪的是，車子沒有停在飯店門前，而是放慢速度，在距離大門約30米處停了下來。

　　大約一分鐘過去了，車子裡並沒有人出來。由於當時天色太暗，暗殺小組的特工們無法看清坐在車裡的人，甚至連車裡有幾個人都不能確定。

　　終於，車門打開了，車內的燈亮了幾秒鐘。這下特工們看清楚了，下車的人正是穆查西，車裡還坐著另外兩個人。

穆查西關上車門，車內的燈隨之熄滅，但車前燈一直沒有打開。

穆查西已經進入飯店大廳，車前燈還是沒有打開。很顯然，克格勃在等他。

特工們猜測，穆查西可能是回自己的房間取什麼東西交給克格勃；甚至可能是回去打點行裝，準備離開此地。

再過幾分鐘，飯店裡的那個內線就會出來發信號，告訴等在外面的特工，穆查西是否已經獨自進入房間。可是，現在情況有變，到底該不該馬上動手？

正在這時，那個內線朝門外走來，他伸伸懶腰，打了個哈欠，把帽子摘下抓了抓頭，然後便轉身走了回去。

克格勃是1954年3月13日至1991年11月6日期間蘇聯的情報機構。圖為克格勃的劍與盾徽標

軍械師毫不猶豫地按下了遙控器的按鈕。可是，特工們並沒有看到穆查西房間的視窗出現他們預想的閃光，看來，遙控裝置失靈了。事不宜遲，一名特工馬上拎起一個裝有備用炸彈的旅行包下了車，快步朝飯店大門走去。另外兩名特工則緊隨其後進行掩護。那名特工乘坐電梯上了五樓，來到穆查西門前，很有禮貌地在門上敲了幾下。穆查西剛

把房門打開，那名特工就將四枚燃燒彈投了進去，隨即飛身跑回電梯。說時遲，那時快，隨著一聲沉悶的轟鳴——穆查西命喪黃泉。

三名特工在一樓集合，他們有意不從正門出去，而是走飯店工作人員的專用通道。他們剛走到出口處把門打開，就見那輛黑色賓士小轎車正停在他們面前。這些身經百戰的摩薩德特工做夢都沒有想到會出現這種情況，他們完全可以從進來的大門出去，可他們想幹得「漂亮些」，他們想起了訓練時教官的叮囑：不要從進去的地方出來，這樣才能迷惑敵人。

他們的確這樣做了，結果，被克格勃撞了個正著。

原來，坐在後座的克格勃人員已經將車門開了一半，正準備下車。這時，樓上傳來了爆炸聲。作為經驗豐富的特工，他想從邊門進去看個究竟。結果，他看見三個人匆匆忙忙地從邊門出來。憑藉特工人員特有的職業敏感度，他立刻明白發生了什麼事，於是站在半開著的車門後面，左手抓著門框，右手向腰部伸去，想要拔出手槍。

可是，摩薩德特工比他還快，拔出槍就連連射擊。克格勃倒在車門口，車上那名強壯的司機轉過身去抓住他的肩膀，僅用一隻手就把他拉進車裡，然後「砰」的一聲把門關上，隨即猛踩油門，快速逃離現場。

摩薩德特工也迅速跳上自己的車，朝安全據點駛去。

車毀人亡──
刺殺穆罕默德‧布迪亞

隨著「上帝之怒」行動的順利進行，「死亡名單」上原有的11個目標現在只剩下4個了。此時，頭號目標阿里‧哈桑‧薩拉馬神龍見首不見尾，摩薩德一直沒能找到有關他的線索；二號目標阿布‧

達烏德被關押在約旦的監獄裡；第十一號目標瓦迪埃‧哈達德是「人陣」的軍事領導人。此人極其謹慎，從不離開暗殺小組無法落足的中東和東歐國家；只有第九號目標穆罕默德‧布迪亞時常有消息傳來。

布迪亞是阿爾及利亞人，41歲。阿爾及利亞獨立以後，布迪亞作為國家劇院的導演，在戲劇界以及巴黎左翼社交界顯得異常活躍。他曾執導過幾出具有政治色彩的戲劇，在巴黎東方劇院成功上演。

在巴黎，很少有人知道他在恐怖活動當中所扮演的角色，和他共同參與恐怖活動的人更是屈指可數。他非常善於隱藏自己的真實身分，從不炫耀自己與「巴解」組織的關係。

一直以來，老謀深算的紮米爾也只是懷疑布迪亞領導下的「東方巴黎人」組織不過是「人陣」的幌子而已。但是，奉命襲擊貝魯特「巴解」總部的突擊隊帶回來的檔案顯示：布迪亞是「黑九月」駐巴黎的外交大使。他曾將日本、愛

爾蘭和聯邦德國的恐怖分子接應到南也門的訓練基地，並與日本的「赤軍」、聯邦德國的「巴德爾──邁因霍夫幫」多有接觸。

1973年6月21日，「死神突擊隊」在巴黎盯上了布迪亞。這位頗有名氣的帥氣導演看上去生活很隨便，非常符合「軟目標」的標準，但實際上，他的行動十分詭祕，並

且出沒無常，和先前暗殺的「軟目標」不大相同。這位拈花惹草的花花公子身邊美女如雲，沒人知道他會在哪個情婦家過夜。即使在白天，他的活動也毫無規律可言，人們無法預料他會在何時何地露面。而且，他在公開場合露面時，身邊總是跟著一名貼身保鏢。

圖為「黑九月」成員穆罕默德・布迪亞，1973年6月28日，被炸死在自己的汽車上

摩薩德特工對付布迪亞的唯一辦法，就是一刻不停地監視他，不論是白天還是晚上，只要看到他身邊沒人，並且時間、地點及其他條件都合適，暗殺小組就會以迅雷不及掩耳之勢將他幹掉。

要想做到這一點，暗殺小組在跟蹤時一定要萬分謹慎，絕對不能讓這位敏感的藝術家有所察覺，否則，他必將逃之夭夭，以後可能再也見不到他的蹤影了。

為了避免打草驚蛇，紮米爾指示：絕不能讓同一個人或同一輛車在布迪亞身邊出現兩次。這意味著，暗殺小組要

花錢多租幾輛車，特工們要多次化裝。

　　瀟灑的布迪亞根本沒有意識到危險的來臨，他仍然每天開著漂亮的藍色雷諾汽車四處兜風。一開始，暗殺小組想到了槍擊的辦法，這種辦法所需要的準備工作最少。可是，執行任務的特工一旦開槍便難以逃脫；況且，槍擊也顯不出紮米爾要求的所謂「智謀」。因此，他們最終決定為布迪亞準備一個車內炸彈。

　　暗殺小組為布迪亞準備的炸彈和暗殺希爾時用的基本一樣，但這一次他們改用了塑膠炸彈，這種炸彈體積較小，安裝簡單，而且不容易被查出來。至於引爆方式，兩種炸彈完全一樣。這一次，特工要先將炸彈放在布迪亞轎車的駕駛座位下面，人坐上去以後，靠壓力彈簧打開保險，然後特工人員透過無線電信號將其引爆。

　　6月27日晚，布迪亞來到一位女演員家過夜，他的雷諾轎車在外面整整停了一夜。暗殺小組擔心布迪亞第二天早上會帶著情婦一起上車，因此沒有把炸彈裝上。結果，次日早上6點鐘，布迪亞獨自一人出門，坐上車走了。暗殺小組立即開車跟在布迪亞後面。

　　6點45分，布迪亞把車子開進了巴黎大學「居里夫婦大樓」外面一個角落的停車場。他下了車，把車鎖上。這時，一名摩薩德特工也下了車，徒步跟著他。暗殺小組猜測，布迪亞很有可能是要到附近街區的另一位情婦家去。

　　半個小時以後，暗殺小組成員開來了一輛大貨車，把它停在布迪亞的汽車前面。此時，街上的行人並不多，這輛高大的貨車足以擋住過往行人不經意的視線。誰也不知道布迪亞什麼時候會回來，不過那名徒步盯梢的特工會事先

通風報信，好讓小組其他成員有足夠的時間脫身。

　　兩名裝扮成修車工人的特工手提一只工具箱從貨車上下來，其中一個只用了不到半分鐘的時間，就撬開了雷諾轎車的車門，緊接著，另一名特工只用了不到1分鐘就把炸彈裝好了。然後，他們又用了幾秒鐘把車門鎖上，讓一切看起來都和原來一樣。

　　炸彈已經安裝完畢，時間還不到8點。一名特工把貨車開回原處，另外兩名特工則坐進了另外一輛車中，密切地監視著那輛雷諾轎車，等待它的主人歸來。

　　時間已經指向了10點45分，布迪亞沒有出現。就在這時，一輛大卡車開了過來，停在特工的汽車和雷諾轎車中間，正好擋住了特工們的視線。

　　特工急得心裡暗罵：哪個該死的司機這麼不長眼！可是他們又毫無辦法。如果走過去找個藉口讓司機把車往前開上10米，他們就會暴露自己，進而帶來後患。如果布迪亞就在此時上了車，特工們就得等他把車開出停車場之後才能看到他。

　　這樣一來，暗殺小組就只能跟著布迪亞的車子，設法在另一個地點引爆炸彈。不過，這種沒有把握的事實在太危險了。特工們在心裡默默祈禱，但願卡車能夠主動開走，這樣就萬事大吉了。

　　幾分鐘以後，大卡車果然開走了，守候在車內的兩名特工終於鬆了一口氣。可是，就在他們暗自慶幸的時候，又出現了更為糟糕的情況。

　　這時，一個小夥子和一個女子手裡拿著書本，站在雷諾轎車旁邊說起話來。那個女子就倚在轎車的後擋泥板上。

看上去，他們可能是大學生。如果布迪亞上了車，他們自然會走開，但可能不會走太遠。就在1分鐘之前，暗殺小組組長還希望布迪亞快點露面。可是現在，他卻希望布迪亞等那兩個學生說完話離開以後再出現。

「快點吧！女子……」組長甚至想用心靈感應的方式對那個女子說：「不管他想要什麼，妳都趕緊答應他吧。你們這對傻瓜趕快走開吧！」沒想到，他的方法竟然「應驗」了，不一會兒，兩個學生就走了。

11點鐘剛過，布迪亞終於露面了，只見他悠閒地邁著方步走了過來。特工立即做好準備，把汽車引擎發動起來。

布迪亞走到自己的座駕跟前，認真檢查了發動機、排氣管之類的關鍵部位，唯獨沒有想到去座位底下檢查一番。他穩穩地坐在了駕駛員的位置，車子剛一起步，摩薩德特工就按動了遙控器的按鈕。只聽一聲巨響，車門被炸開，車頂被炸穿，布迪亞當場被炸死。

現在，「死亡名單」只剩下三個人了，紮米爾對「死神突擊隊」只用了九個月的時間就殺死了九名「黑九月」的頭面人物感到十分滿意。但是，他萬萬沒有想到，由於默罕默德·

布迪亞被刺身亡，使得巴勒斯坦恐怖網在歐洲的上層留下了一個空位，暗殺小組的這次行動為另外一個著名恐怖分子的出現，鋪平了道路。就在幾個星期之後，他就將接替布迪亞的位置，並將「東方巴黎人」改名為「布迪亞突擊隊」。這個人的名字叫作伊里奇·拉米雷斯·桑切斯，是一個受過高等教育的委內瑞拉人。此後，他將以「魔鬼卡洛斯」著稱於世，而摩薩德至今也未能嗅到其蹤跡。

為被世人稱為「魔鬼卡洛斯」的伊里奇·拉米雷斯·桑切斯。

陰差陽錯——錯殺「薩拉馬」

　　現在，紮米爾一心想除掉「死亡名單」上的頭號目標阿里‧哈桑‧薩拉馬。他派出的特工曾經在烏爾姆遠遠地望見薩拉馬走進一位德國女友家裡，他們也曾在法蘭克福的一家夜總會裡看見過他。後來，特工們又在巴黎的旺多姆廣場見到了他。可是，薩拉馬十分機警，每次覺得風頭不對都會迅速溜走，讓追捕者屢屢撲空。

　　其實，早在「摩薩德」剛剛開始實施「上帝之怒」行動的時候，薩拉馬就知道自己是以色列人的追捕對象。為了對付摩薩德的殺手，他增加了兩個保鏢，並且更加頻繁地改變身分和住所。另外，他還準備了三份黎巴嫩護照和兩份義大利護照，以及一份可以證明他是科西嘉人的法國護照。

　　面對這個似乎比自己更加機敏的對手，暗殺小組因為急於求成而變得謹慎不足，魯莽有餘，致使摩薩德連遭敗績。

　　1973年7月，摩薩德總部收到了一份從貝魯特拿到的「確鑿」情報：「黑九月」正在挪威策劃一次重大的劫機行動。摩薩德很快的就把這一情報傳給了挪威安全機關，並且希望得到挪威當局的支持，讓摩薩德特工進入這一地區執行任務。挪威政府表示願意協助。然而，正是因為這一協議，後來讓挪威和以色列兩國政府之間出現了糾紛。

　　就在協定達成的時候，摩薩德又獲得了一項最新情報：

薩拉馬將在挪威的臨時基地活動，以建立包括整個斯堪的納維亞地區在內的「黑九月」活動網。紮米爾認為，這是一次不可貽誤的天賜良機。

很快，摩薩德就查清楚了，一個住在日內瓦，名叫凱麥爾‧班納馬內的巴勒斯坦人將擔任薩拉馬的聯絡員，不久之後就要去挪威。摩薩德特工立刻將此人監視起來。因為紮米爾一心想要殺掉薩拉馬，所以打算用這種最簡單的辦法，透過班納馬內與薩拉馬接頭來找到他的暗殺目標。

阿里‧哈桑‧薩拉馬，代號阿布‧哈桑，「黑九月」組織的首領，該組織策劃慕尼黑慘案及其它恐怖襲擊。他亦是武裝17的創辦人。1979年1月被以色列情報特務局暗殺

這一次，紮米爾指派六名特工人員組成了暗殺小組，規模超過以往任何一次暗殺行動。此外，他還命令摩薩德行動處處長「麥克」親自前往督陣。由此可見，紮米爾對於這次行動是何等重視。

7月18日，班納馬內來到挪威首都奧斯陸，在當地的斯科泰旅館住了下來。次日，他乘坐火車來到利勒哈默爾。他的一舉一動都被摩薩德暗殺小組記錄了下來。

利勒哈默爾與摩薩德過去經常開展活動的羅馬、巴黎這樣的大城市不同，這是一座位於米約薩湖畔的小城鎮，人

口只有2萬人左右，只有每逢假日才會略有生氣。那裡的居民彼此都認識，如果有陌生人來此，言行舉止稍微與眾不同，就很容易引起人們的注意。班納馬內到達此地的當天晚上，閒來無事便到旅館的電視室裡觀看挪威捕魚的傳奇電視集，而此時，暗殺小組的兩名特工也坐在那裡。

　　第二天一早，班納馬內到外面散步，暗殺小組則進行所謂的「鬆弛跟蹤」。他們並不總是緊緊地跟蹤目標，而是對他可能經過的每一條路線都作了一番偵察，這樣就可以在任何地方把他找到。因為利勒哈默爾地方很小，因此這種做法不但可行而且很有必要，只有這樣才能避免被班納馬內覺察到。

　　上午10點左右，暗殺小組在一個小廣場附近的咖啡館裡，看到班納馬內和一個阿拉伯人在一起。一男一女兩名特工立即走了進去，坐在他們旁邊。女特工收攏五指，看了一眼手心裡的那張薩拉馬的小照片，然後又仔細觀察了和班納馬內在一起的那個皮膚黝黑、相貌英俊的阿拉伯人。當她若無其事地離開座位的時候，她已經確信無疑，那個阿拉伯人就是薩拉馬。

　　當天下午2點多，班納馬內乘坐火車前往奧斯陸，然後又搭飛機返回日內瓦。暗殺小組成員親眼看到班納馬內走進飛機，等到飛機起飛以後，他們又回到了利勒哈默爾。

　　此時，摩薩德行動處長「麥克」已經瞭解了班納馬內在咖啡館裡與目標會面的全部經過，那個被確認為是「薩拉馬」的人，是騎自行車離開咖啡館的。這個情況本來應該引起「麥克」的注意，讓他意識到，那個人並不像是他們所要尋找的目標。但是，「麥克」卻認為，儘管薩拉馬喜

歡過舒適奢侈的生活，但他也會經常改變自己的形象，以便能夠隨心所欲地遊走於歐洲和中東；儘管他稱不上是新聞作家所喜愛的那種「千面人」，但他過去也確實利用各種令人意想不到的假身分逃過了摩薩德布下的羅網。

然而這一次，「麥克」判斷錯了。那個被確認為是「薩拉馬」的男子，其實是一個名叫艾哈邁德・布希基的摩洛哥人，在這個小鎮的一家飯館當服務員。這個人除了對節假日、漂亮女子和大把的金錢有些偏愛外，並未有過其他奢望，只想舒舒服服地過一輩子。

至於班納馬內，只是阿爾及利亞駐日內瓦的一名雇員，他來此地根本不是為了與薩拉馬接頭，而是因為與妻子大吵一架，特意來挪威散散心。在奧斯陸旅遊部門的介紹下，他來到利勒哈默爾觀光。那天上午10點，班納馬內來到那家咖啡館之後，想找一個人聊天，而布希基又是個長舌的人，就這樣，兩個原本素不相識的人才攀談起來。

7月21日早上7點30分，布希基護送即將分娩的妻子到醫院上班，然後就去參加露天游泳場舉辦的救生員訓練班。他打算謀份臨時救生員的差事，以便多賺些錢貼補家用。

訓練班的課程要到10點才開始，布希基見時間還早，就走進了「王冠咖啡館」，點了一杯冰鎮可樂。這時，從外面走進來一名年輕男子，要了一杯咖啡。他坐著的地方與布希基隔著三條桌子。那名男子一邊喝咖啡一邊看報，還不時往布希基身上掃視幾眼。原來，這個人就是暗殺小組的特工，他正在小心翼翼地監視著「薩拉馬」。

將近10點，布希基離開了咖啡館，慢悠悠地來到幾十米外的露天游泳場。上完課以後，他遇到了曾在夜總會裡共

事的老朋友——法國人亨利，兩個人便聊了起來。負責盯梢的特工感覺有點不對，難道「薩拉馬」又在策劃新的恐怖活動？於是，「麥克」當即下令：守住游泳場的所有出口。很快的，一名女特工從游泳場的泳具出租視窗借來一套泳衣，然後躍入水中，遊近他倆身邊想從兩人的談話中竊得情報。可是，她的唯一收穫只是得知「薩拉馬」和那個「接頭者」是用法語來交談的。

事情更加可疑了，法語是這位「黑九月」頭目運用自如的一門語言。「麥克」連忙和剛剛趕到挪威的紮米爾通了電話。

「麥克」建議當晚動手。

「那好吧，幹掉他！」摩薩德首腦下令了。

這天晚上，布希基拉著妻子去看驚險影片《無畏的鷹》，夫妻二人搭乘公車來到電影院，絲毫沒有察覺到被人跟蹤。

夜裡10點半，影院散場，夫妻倆又搭公車回家，暗殺小組租來的一輛小汽車在後面緊緊地跟著。車上的特工透過對講機對埋伏在布希基住所旁那個車站附近的特工發出了資訊：「薩拉馬」上路了。

10點42分，公車在車站停了下來，車上只走下了布希基夫婦二人。然後，公車再次啟動，沒一會兒就從特工的視野裡消失了。就在這時，暗殺小組的特工在距離目標2米遠的地方開槍了。子彈從裝有消音器的「貝瑞塔」手槍裡射出，正中布希基的上腹部。緊接著，又有兩發子彈射來，擊中了他的腦部。一輩子碌碌無為、不問政事的布希基，就這樣被摩薩德特工誤殺了。站在一旁的妻子嚇呆了，發出了一聲聲慘叫。

幾分鐘後，警方趕到案發現場。此時暗殺小組早已開車逃走。不過，布希基的妻子說出了那輛車的牌號和特徵。

緊接著，暗殺小組又犯下了第二個致命的錯誤，有兩名特工繼續乘坐那輛小汽車，結果在開往奧斯陸的途中被警方逮捕。

圖為在利勒哈默爾暗殺事件中被摩薩德錯殺的「薩拉馬」。他的真實身分是一位飯店服務員，名叫艾哈邁德·布希基。在這次暗殺行動中，摩薩德遭遇了前所未有的失敗，不但沒有殺對目標，還損失了六名優秀的特工人員

更要命的是，其中一名特工竟然患有幽閉恐懼症。儘管摩薩德的心理篩選十分嚴格，但是卻沒能發現他的這項弱點。當他被警方關進狹小的囚室時，他因為受不了這種壓抑的環境，而供出了暗殺小組的行動目的和在當地的幾個落腳點。挪威警方順藤摸瓜，很快的又抓住了其餘四名特工。至此，六人暗殺小組全軍覆沒。

事發之後，以色列政府試圖挽回影響，於是向挪威當局施加壓力，說這個暗殺小組是得到了挪威安全部門的允許之後，才在這個國家活動的。然而，挪威當局毫不客氣地指出，這種「允許」並不包括殺人，當然更沒有允許他們

殺害一個無辜的飯店服務員。結果，這群摩薩德特工不得不接受大規模的公審，此後，他們被判處有期徒刑，罪名是共同謀殺布希基。

誤殺事件立刻成了轟動一時的醜聞，摩薩德的名聲因此而一落千丈，只得聽任人們說三道四，指責他們做事輕率、草菅人命。作為摩薩德首腦的梥米爾，更是受到人們的責難：在沒有進一步核實那名阿拉伯人的身分之前，他根本不應該批准部下貿然行動。

就在行動前一天，梥米爾得知「黑九月」劫持了一架從阿姆斯特丹飛往東京的客機，於是他就武斷地把此事與「薩拉馬去挪威接頭」聯繫在一起企圖施以報復，卻沒有保持應有的冷靜。

兩年以後，摩薩德才從一名巴勒斯坦情報員那裡得知，薩拉馬當時確實在利勒哈默爾，然而暗殺小組卻在正確的地點、正確的時間，認錯了目標，進而造成了不幸的結局。

1974年初，摩薩德第四任領導人梥米爾被解除了職務。他一手策劃的「上帝之怒」行動雖然沒有被明確廢止，但實際上已經處於停滯狀態。

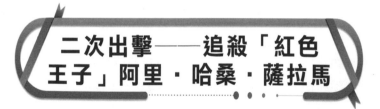

二次出擊——追殺「紅色王子」阿里・哈桑・薩拉馬

　　一轉眼五年時間過去了，現在摩薩德的領導人已經換成了伊紮克・霍非少將。這位49歲的強硬派人物接收了前任局長紮米爾遺留下來的一切產業，當然也包括那份「死亡名單」。

　　1978年初，「死亡名單」上自動勾掉一個名字：瓦迪埃・哈達德。他患了癌症，在東德一家醫院裡平靜地走完了人生旅程。在此之前，霍非就知道哈達德博士一直在為

「黑九月」的重大行動出謀劃策，但此人的隱身術十分高明，一直到他去世為止，摩薩德也沒能發現其蹤跡。

　　霍非決心在紮米爾跌倒的地方建立起自己的功勳。為此，他專門制定了謀殺「死亡名單」上，頭號目標阿里・哈桑・薩拉馬的行動方案，代號為「追殺紅色王子」。

圖為摩薩德第五位局長伊紮克・霍非

　　薩拉馬生於1943年，他的父親是一位意志堅定、戰功卓著的巴勒斯坦抵抗運動領導人，後來不幸被猶太間諜用定時炸彈炸死。父親去世時，薩拉馬年僅5歲。從此，小薩拉馬便和他的母親棲身於難民營中。

　　時光飛逝，薩拉馬逐漸成長為一個相貌出眾、聰慧過人的少年。17歲高中畢業時，他就立志要把以色列人從自己的國家趕出去。

　　1960年，意氣風發的薩拉馬獲得了貝魯特美洲大學的獎學金。雖然他攻讀的是工程設計專業，但他一刻也沒有淡忘自己的政治理想，他經常與巴勒斯坦同學探討建立巴勒斯坦國的途徑。後來，他與全城最令人思慕的女子結婚了，從此以後他在同學當中的影響就更大了。他的夫人是耶路撒冷一位前伊斯蘭教大法官的侄女，這位大法官曾在30年代參加過反以鬥爭。

　　1967年，薩拉馬結識了「巴解」組織領袖阿拉法特，他的生活因此發生了決定性的變化。阿拉法特對精明強幹、意志堅定的薩拉馬頗有好感，他當時就許願，日後必當重用薩拉馬。

　　很快的，阿拉法特就兌現了自己的諾言。

　　1969年，他把薩拉馬送到開羅附近的一個祕密訓練基地，接受特工訓練。教官們給他的評語是：「薩拉馬在謀略、膽識和行動能力方面都堪稱典範，他急於跟以色列人一決高下。」

　　1971年，薩拉馬成為「黑九月」組織的頭目之一。他曾向朋友們描述了自己的構想：他將劫持以色列航線上三分之一甚至二分之一的飛機，讓飛往這個猶太國的空中交

通陷於癱瘓。不過，他還是首先策劃了慕尼黑奧運會上的劫持人質行動，以向以色列人報殺父之仇。

1972年春天，薩拉馬在東柏林遇到了過去同在開羅接受訓練的兩位好友——阿布‧達烏德和法赫里‧烏馬里。於是，他們兩人也參加了慕尼黑慘案的策劃工作。9月5日，薩拉馬本人在國外督戰，一支由八人組成的行動小組負責執行這次劫持任務。

事發之後不久，薩拉馬就知道以色列人已經把他列為頭號目標，摩薩德特工正在四處追捕他。從此，他的行蹤更加隱密。

1973年7月，摩洛哥籍的飯店服務員布希基被誤認為是「薩拉馬」而被摩薩德誤殺。就在第二天，真正的薩拉馬便悄悄離開了挪威。他十分清楚，暗殺的矛頭是衝著自己來的。他借道法蘭克福返回貝魯特，從此一舉一動都萬分謹慎。

利勒哈默爾誤殺事件發生之後，受外界輿論的影響，摩薩德只好宣佈取消暗殺行動小組，但是實際上，暗殺行動仍在暗中進行。

1974年1月12日，一個暗殺小組得到情報：薩拉馬和「死亡名單」上的二號目標阿布‧達烏德將在瑞士小鎮薩爾根斯的一所天主教堂見面。結果，當暗殺小組趕到教堂之後，卻只在教堂裡堵到了三個呆若木雞的教士，還差點發生第二次誤殺事件。

霍非接任摩薩德首腦後，決心一雪前恥，非要把薩拉馬置於死地不可。

1975年4月，黎巴嫩爆發內戰，霍非趁機派出特工，殘

忍地殺死了幾名無辜的穆斯林教徒，然後冒用被殺者的身分，偽裝成難民，混入貝魯特西區，試圖尋找薩拉馬的蹤跡。

1975年12月，一名摩薩德特工用一支裝有瞄準鏡的步槍瞄準薩拉馬住所的窗戶射擊，結果子彈打中的是一個假人。

1976年10月8日，薩拉馬獨自一人在貝魯特散步，摩薩德特工向他射出兩顆子彈。他應聲倒地，停在附近的一輛汽車隨即將他送到醫院。經過搶救，他脫離了危險，摩薩德的計劃再次落空。

薩拉馬明白，他將終身面臨摩薩德的追殺，他因此變成了一個宿命論者，他曾對記者說過：「我心中並不害怕。我知道，劫數一到我的生命就將終結，任何人都無法改變。」

此時，「巴解」組織頭號領導人阿拉法特改變了政治策略，他努力爭取國際上對於「巴解」組織的承認，並得到

cnsphoto

越來越多的第三世界國家的支援。同時，他開始拒絕在鬥爭中使用恐怖手段。薩拉馬也開始確信，必須在政治領域內贏得反以鬥爭。

亞西爾·阿拉法特，是巴勒斯坦解放運動領袖，巴勒斯坦領導人，解放組織主席及巴解組織最大派別法塔赫的領導人，1994年巴勒斯坦民族權力機構成立後任主席。他是1994年諾貝爾和平獎的獲得者之一。逝世於2004年11月11日

　　薩拉馬因此變得判若兩人。這位「紅色王子」在越來越多的公開場合露面。1978年6月29日，他和一位曾在邁阿密海灘選美大會上榮獲「世界小姐」桂冠的黎巴嫩女郎喬治娜‧里澤克結婚了，從此，他的生活竟然變得有規律起來。按照伊斯蘭教教規，他可以擁有兩個妻子，因此他並沒有和第一個妻子離婚。此後，薩拉馬便非常有規律地在「巴解」總部、第一個妻子以及兩個孩子的住所，和喬治娜在凡爾登大街的住所之間來回活動。

　　霍非將軍很快便瞭解到了這個情況，於是他胸有成竹地來到貝京總理的辦公室請命。就這樣，貝京於1978年11月初明確下令：允許摩薩德執行「追殺紅色王子」的行動計劃。

　　這一年的11月18日，一個護照上寫著名叫埃里卡‧瑪麗亞‧錢伯斯的英國女人搬進了凡爾登大街的一座公寓樓裡，這座公寓就在薩拉馬的新房對面。很快的，這個女人就讓這個地區的人們認識她了。她要人們叫她「潘娜洛普」。她收養了許多流浪貓，還花了大量時間描繪樓下街道的風景，雖然畫得十分笨拙幼稚，但卻十分精確。

　　1979年1月12日，持有260896號英國護照的彼得‧斯寇里佛抵達貝魯特國際機場。看上去，他是一位十分典型的英國商人。他住進了地中海賓館，在那裡租了一輛轎車。

　　1月14日，持有編號為DS104277加拿大護照的羅奈爾得‧科爾伯格也來到了貝魯特，其身分是一家炊具公司的推銷經理。他住進了皇家花園賓館，租了一輛西姆卡牌小轎車。

　　事實上，上述三名來客，都是手執假護照的摩薩德特工。三人在貝魯特碰頭後，確定了暗殺行動的具體方案。霍非提議使用遙控炸彈，因為這樣既方便又準確，而且摩

薩德特工對此又特別擅長。

1月22日上午，「斯寇里佛」開車來到郊區，與「科爾伯格」見了面。他們將50公斤重的炸藥安放在轎車底部，然後，「斯寇里佛」又把這輛車開回來，停在凡爾登大街，離薩拉馬住所不遠處。隨後，這兩人分別使用另外一個護照搭機離開了黎巴嫩。

當天下午3點35分，薩拉馬的四名保鏢出來檢查了他的那部防彈汽車，並確認街上沒有異常情況之後，就護送薩拉馬上車，離開了住所。當薩拉馬的座駕開過事先停放在路邊的轎車那一剎那，在附近樓上以臨街寫生作掩護的「潘娜洛普」按下了遙控器的按鈕。頓時，沉悶的爆炸聲震動了整條大街，人的肢體伴隨著汽車零件飛上了天空。轎車被炸得粉碎，薩拉馬的座駕也成了一個大火球。被當場炸死的除了薩拉馬和四名保鏢外，還有四個行人，此外還有18名行人被炸傷。

完成任務的「潘娜洛普」從容地收好畫具，然後下了樓。當她碰到公寓管理員時，她說，這個地方太吵了，她要找個安靜的地方去作畫、休息。隨後，她便悄悄地離開了黎巴嫩。

在暗殺薩拉馬的當天晚上，霍非接到成功的消息之後，抑制不住內心的激動，連忙寫給貝京總理一封信，信中只有一句話：「我們已經對慕尼黑事件進行了報復。」

終極一擊──
槍殺阿布‧達烏德

　　現在，死亡名單上只剩下唯一的目標──阿布‧達烏德。1973年2月，他在企圖綁架約旦內閣成員時被捕。

　　2月13日，他在電視上公開承認了和「黑九月」之間的關係。兩天後，他和同夥被判處死刑。臨刑前，約旦國王侯賽因下令改死刑為有期徒刑。就這樣，達烏德被關進了約旦的一座監獄裡。「齋月戰爭」前夕，達烏德被釋放。從此，他的足跡遍及歐洲，但摩薩德一直無法找到他。

　　直到1981年8月1日，達烏德才在波蘭一家旅館的大廳裡遭到槍擊。開槍者正是一名摩薩德特工，不過，他此行的任務並不是刺殺達烏德，他只是偶然在旅館裡認出了這位「死亡名單」上的二號目標，還只是因為一時衝動才開了槍。

　　達烏德就這樣死於非命，這讓現場的目擊者全都嚇呆了，誰也說不出兇手是怎樣逃跑的。

　　至此，這場歷時九年的「上帝之怒」行動終於落下了帷幕。「死亡名單」上的目標全部被勾掉。

　　然而，摩薩德或許忽視了這樣一個問題：以恐怖手段打擊恐怖主義，只能形成冤冤相報的恐怖鎖鍊，不可能真正解開民族之間的衝突。

直到1981年8月1日阿布·達烏德被以色列摩薩德特工人員槍殺，這場歷時九年的「上帝之怒」報復暗殺行動才宣佈終結

「絕不拋棄任何一個猶太人」
——摩薩德參與烏干達慈航行動

1976年6月26日,一架由特拉維夫飛往巴黎的139次班機被一夥恐怖分子劫持了。這起劫機事件的策劃者,就是解放巴勒斯坦人民陣線的第二號人物瓦迪埃·哈達德。

他此舉的目的,就是想抓一些猶太人做人質,以此來要脅以色列。

為此,他做了充分的準備,最終成功劫持了兩百多名乘客。然而,以色列當局會善罷甘休嗎?一場賭博即將開始……

被劫持的空中客機

　　1976年6月26日早上8點，由特拉維夫飛往巴黎的139次航班就要起飛了，旅客們按照機場的要求一個接一個地通過電子安全檢查門。保全手持衝鋒槍，向每一名旅客投去審視的目光。

　　近年來，在戰場上連連失利的巴勒斯坦人愈發倡狂地使用恐怖手段對付全世界的猶太人，而劫持飛機更成為他們的拿手好戲。

　　為了消除隱患，以色列制定了極為嚴格的安檢措施，乘客必須在飛機起飛前兩小時登記，並接受1分鐘的搜身檢查和行李檢查。凡是可疑的行李必須拆開，以證明裡面確實沒有違禁物品。

　　這種安檢制度近乎苛刻，在崇尚人權的西方國家看來是難以接受的。而且，在飛機上，身穿便裝的特工人員就隱藏在乘客中間，隨時觀察周圍的風吹草動。正是憑藉這套嚴格的制度，讓以色列航班成了世界上最安全的客機。

　　不一會兒，139航班便載著250名乘客和機組人員飛離跑道，由雅典飛去。在雅典機場，有59名乘客下了飛機，又有56名乘客上了飛機。這56名中途登機的乘客並沒有接受行李檢查。中午12點多，這架銀色的空中客機騰空而起，在科林索斯海灣上空甩下了一道弧形的白色尾煙。

　　老婦人朵拉・布洛克第一個發現了異常情況。她對同行

的兒子小聲說道：「你看，那兩個阿拉伯小夥子攜帶的箱子那麼大，裡面足以安放武器。」兒子只是笑了笑，心想：母親平時膽子並不小，天知道她現在產生了什麼念頭。

8分鐘後，頭等艙內有一男一女突然跳了起來，拔出手槍，握著手榴彈。一名女乘客被嚇得大聲驚叫起來。總機械師剛打開駕駛艙門，便迎面撞上了恐怖分子的手槍。高個子男人把他推回駕駛艙，然後跟進來抓起了麥克風，用夾雜著德語腔調的英語說道：「我叫艾哈邁德·古比希，現在，解放巴勒斯坦人民陣線加沙地帶的切·格瓦拉遊擊隊已經接管了這架飛機的指揮權。如果你們能夠保持安靜不做出可疑的舉動，就會平安無事！」

該圖片攝於1980年。圖中所示為1976年6月27日被恐怖分子劫持的法國航空139航班，該航班從希臘雅典起飛之後，預定降落在法國巴黎。然而在飛機大約起飛10鐘後，即當地時間12：30分時，就被恐怖分子劫持了

接著，化名古比希的溫佛里德・博澤用並不流利的英語解釋了此次劫機的動機。

原來，1970年3月，以色列軍隊掃蕩了在加沙地帶活動的「人陣」力量，殺死了他們的英雄穆罕默德・馬哈茂德・阿爾・阿蘇瓦德。現在，他們要為死者報仇。

這時，普通艙內兩名年輕的恐怖分子也拔出了手槍，與那兩名德國恐怖分子共同調整了機艙內旅客的座位：頭等艙和普通艙前幾排的乘客，必須挪到後排去；所有乘客必須雙手抱著後腦。接著，每名乘客都要單獨出列，接受全身檢查，護照全部沒收。沒收的東西中還包括諸如小刀、髮夾之類「帶尖的物品」。

恐怖分子命令乘客將舷窗上的遮陽板拉下，這樣乘客就看不見機身下面到底是山還是水。

飛機在空中盤旋了幾圈，隨後逐漸降低了高度，徐徐降落在利比亞的班加西。恐怖分子釋放了一名孕婦。機組人員為所有人準備了晚餐。

6小時後，飛機再次起飛。博澤對「乘客的合作態度」表示滿意，並宣佈客機將飛往「最終目的地」。

1976年6月28日，當地時間3時許，這架航班降落在烏干達首都坎帕拉的恩德培機場。

抓猶太人做人質

　　策劃這次劫機行動的是「人陣」的第二領導人物瓦迪埃・哈達德。他曾經成功地策劃了數次劫機和扣留人質行動。

　　1976年6月10日，哈達德在南也門首都亞丁的一座高樓裡策劃了一次新的劫機行動，這一次，他打算抓一些猶太人做人質。參與策劃此次行動的除了「人陣」的一些頭目外，還有德國恐怖組織紅軍派成員維爾佛里德・博澤。經過數次受挫之後，紅軍派已經土崩瓦解，哈達德便把殘餘力量悉數網羅門下。

　　他們討論的核心問題是選擇哪家班機。事實上，恐怖分子的選擇餘地並不大多。首先，他們的目標主要是以色列，劫持的飛機必須載有大量的猶太人，所以，它不是得從以色列起飛，就是必須從別處飛往以色列。其次，以色列航空公司的班機不在考慮範圍內，因為以色列情報機構欣貝特在每架班機上都安插了便衣特工，因此劫機不易成功。

　　最終，恐怖分子選定了法航139次航班。這是一架從以色列首都特拉維夫飛往法國巴黎的飛機。他們知道，法國人的安全檢查向來馬馬虎虎。不過，武器和炸藥是不能從戒備森嚴的本・古里安機場帶上飛機的，因此只能從中轉站入手。恐怖分子認為，雅典是一個非常理想的中轉站，那裡旅遊班機很多，來自中東地區的航班都要在那裡中轉，從那些班機上下來的旅客，可以直接進入過境休息室轉搭

以色列的班機,最近又碰上警衛人員罷工,安檢十分鬆懈。
劫機時間就定在1976年6月27日。

　　劫持的目標航班與時間確定了,接下來需要考慮的問題
就是把飛機劫持到哪個國家的機場。這一點,根本難不倒
哈達德。他知道,雖然劫機行動可能會得罪許多國家,但
是,利比亞的班加西機場一定會對他們開放的。

　　在過去的幾次行動中,利比亞領導人卡紮菲的新聞發言
人都表示支持他們針對猶太人的復仇行動。當然,他們不
會把班加西機場作為此次行動的終點,他們選擇在此降落
只是為了加油而已。最終,他們會降落在烏干達的恩德培。
烏干達總統伊迪‧阿明曾明確表示過會支持他們的行動。

圖為烏干達第三任總統,伊迪‧阿明‧達達。他是烏干達
1970年代的軍事獨裁者,曾自封為「蘇格蘭王」

伊迪·阿明原本是英國軍隊的一名中士,曾經當過拳擊手。此人性格專橫暴躁,殺人不眨眼。他曾經是以色列人的朋友。1971年1月,阿明發動軍事政變時,以色列的軍事顧問曾給予他很大的幫助。烏干達的空軍就是以色列政府援建的。可是,自從以色列當局拒絕向烏干達提供用以攻擊坦尚尼亞的武器之後,阿明對待以色列的態度便急轉直下。

1973年贖罪日戰爭結束之後,阿明徹底斷絕了與以色列的友好關係,還把原來的以色列大使館轉贈給「巴解」組織作為據點。在這一背景下,哈達德的「人陣」獲准入駐烏干達,並且在首都設立了正式的辦公室。因此,哈達德決定把劫機的終點選在烏干達。

哈達德任命德國人維爾佛里德·博澤為此次行動的現場指揮,他本人則在索馬里遙控劫機行動。當飛機在恩德培機場降落時,他就會帶領一個小組飛抵坎帕拉接過帥印。

博澤率領一個四人小組由亞丁飛往科威特,然後再去巴林。小組成員除了博澤本人外,還有一名新入夥的德國女恐怖分子英格里德·西普曼和兩名年輕的「人陣」遊擊隊員。在巴林,博澤和西普曼購買了兩張飛往雅典的機票,並預訂了續飛巴黎的聯運票。另外兩名成員預訂了兩張由巴林飛往雅典,然後換乘法航班機到巴黎的機票。他們帶著7.5毫米口徑的左輪手槍,手提兩只印有「伊拉克製造」字樣的小箱子,裡面藏有為進行恐怖行動而準備的手榴彈和炸藥。

就這樣,在恐怖分子的精心策劃下,139次航班被他們劫持了。被劫持的空中客機終於飛到了烏干達首都坎帕拉的上空。飛機剛一降落,博澤就宣佈,他們已經安全地抵達了目的地。

當艙門打開時，乘客們發現，烏干達軍隊已經將飛機團團圍住，有五名阿拉伯武裝人員與劫機者熱情地擁抱、親吻。這些淪為人質的乘客被迫穿過烏干達士兵「夾道歡迎」的佇列，走到了舊機場樓大廳。這個大廳裡面空空如也，十分骯髒。烏干達士兵搬來了椅子和電扇。博澤則用擴音

器對人質們說道：「我想提醒大家，你們現在仍然處於我們的監控之下。」

當天傍晚，烏干達總統阿明親自來此看望人質。他不是坐汽車來的，而是坐著一頂中世紀的「抬椅」，樣子實在滑稽。更有意思的是，抬著「抬椅」的竟然是四個金髮碧眼的歐羅巴人！

圖為維爾佛里德·博澤，他是一位德國恐怖組織紅軍派成員

阿明曾經說過：「非洲要翻身，非洲人更要翻身！實現這兩個翻身最顯著的標誌就是騎在白種人的頭上，就像從前他們騎在我們黑人頭上一樣。」所以，他手下的僕人全都是白人。阿明視察了現場的防務情況，非常滿意。接著，他對人質發表了演說，並且用最尖刻的語言攻擊以色列，說它是「帝國主義的走狗」、「新殖民主義者的清道夫」。

接下來，博澤開始對250名人質進行點名，再來是將猶太人和非猶太人分離開。這一幕，讓人們不由得想起了奧斯維辛集中營裡的大屠殺，而現在發號施令的這個人，又是一個德國佬……

採取軍事行動是唯一的選擇

　　139次航班出事的當天，以色列政府正在召開內閣會議。下午1點30分，運輸部部長雅克比將一份報告交到了總理伊榃克‧拉賓手中：「今天上午8點55分，載有多名以色列乘客、由本‧古里安機場起飛的139次航班神祕失蹤，據估計，這架飛機不是墜落，就是被劫持了。」

　　軍人出身的拉賓曾經擔任過以色列軍隊的總參謀長。看了這份報告後，他的心中立即湧起了一個念頭：139次航班絕不會墜落，它只可能被人劫持了。他對運輸部長說：「如果飛機真的被劫持，就必須儘快找到有關的情報。」然而，來自機場的報告只是說，139次航班上總共有245名乘客，其中83人為以色列國籍。航班起飛後，似乎沒有飛往目的地巴黎，而是朝南飛去了。

　　下午3點30分，以拉賓為首的危機對策委員會成立了。委員會成員包括：國防部部長西蒙‧佩雷斯、外交部部長阿隆、運輸部部長雅克比、法務部部長查德克、不分部部長格利里、總參謀長古爾。拉賓憑藉敏銳的政治嗅覺做出了判斷：「由於被劫持的航班上有近百名猶太人，我認為，劫機者將以此為王牌，向以色列政府施加壓力。」

圖為第六任以色列總理伊紮克・拉賓。1974年至1977年出任以色列總理；1992年起再次出任總理，直至1995年被刺身亡。他是首位出生於以色列本土的總理，首位被刺殺和第二位在任期間辭世的總理。

　　以色列情報安全機構立即高速運轉起來。來自各個管道的情報開始源源不斷地送到危機對策委員會。其中一份情報顯示，139次航班已經降落在利比亞的班加西機場；另一份情報則指出，此次劫機行動的策劃者是「人陣」領袖瓦迪埃・哈達德。

　　一份來自倫敦的情報說，139次航班上有一名即將臨產的孕婦，名叫派特里沙・海曼。好心的乘客說服了劫機者，讓海曼在班加西獲釋。後來，她被利比亞當局用飛機送至

倫敦。英國的蘇格蘭場已經從海曼那裡得到了很多有關恐怖分子的消息。

6月28日凌晨3點鐘，國防部長佩雷斯收到了139次航班降落在烏干達恩德培機場的消息。總參謀長古爾和助手們展開了地圖和照片，研究使用武力手段解救人質的可行性。現在最重要的問題是，從以色列到烏干達，飛行距離長達數千公里，超出了戰鬥機的航程，況且中間隔著很多國家，而這些國家大多與以色列為敵，以色列的救援行動不可能得到它們的任何支持。因此，如果採取武力手段，以色列的戰鬥機不得不繞開這些敵對國家。考慮到戰鬥機的續航問題，無論如何也需要一個中途加油站，只有亞丁灣西岸的法國「海外領地」——吉布地可能會向以色列提供這方面的幫助。

很快的，阿明總統出現在恩德培機場的消息就傳到了特拉維夫，拉賓總理頓時滿面愁雲。他非常清楚，阿明的所謂「調停」是倒向恐怖分子一邊的。有他插手，談判可能會變得更加複雜。在特拉維夫郊外，住著一位已經退役的陸軍上校巴羅克·巴勒布，此人現在經營著一家商店。早在若干年以前，他曾經擔任過以色列援助烏干達的軍事顧問團團長，與阿明過從甚密。危機對策委員會請求巴勒布上校打電話給阿明，以探聽阿明對此次劫機事件持何種態度。他們告訴巴勒布，與阿明通話的時間越長越好，這樣可以為營救人質爭取更多的時間。

與此同時，以色列最高科學顧問、心理學家德洛爾博士仔細分析了阿明的性格、心理，對他可能採取的行動進行了預測，試圖找到解救人質的最佳方法。

　　1976年6月29日下午4時許，恐怖分子向以色列當局提出了他們的要求：釋放53名被關押的同志，其中40人囚禁在以色列，6人在聯邦德國，5人在肯亞，1人在瑞士，還有1人在法國。他們還威脅說，如果在中東時間7月1日下午2點前得不到回覆，他們將殺死人質，炸掉飛機。此時，「人陣」也在經歷了最初的否認之後，正式承認策劃了此次劫機事件。他們說：「139次航班被劫持了，我們的目的是喚起全世界的注意，我們希望趕走猶太復國主義者，只有這樣，我們才能以社會民主代替以色列。」

　　6月30日，有幾名人質開始拉肚子，廁所一時「爆滿」。而且天氣愈發炎熱，電風扇吹出來的風也是熱的。這時，恐怖分子出人意料地宣佈：釋放47名婦女和兒童。法國當局派代表來到恩德培機場，一架從奈洛比飛來的法航客機接走了這47名人質。此外，一名猶太老婦人也被釋放，儘管她的手腕上印有納粹集中營留下的番號，但劫機者對照了她的護照之後，認為從護照上不能認定她是一名猶太人，因此把她也一併釋放。事後，這位老婦人說：「一想到32年前發生在集中營的事情又將重演，我就不寒而慄。」

　　這句話以閃電般的速度傳遍了全世界，以色列全國上下的心情驟然緊張起來，所有人都關注著當局的動向。

　　以色列外交部向世界各主要國家領導人發出了請求，希望他們能夠勸說阿明站在人道主義的立場上，以正確的態度解決問題。就連聯合國祕書長瓦爾德海姆也出面向阿明發出呼籲，但是沒有任何效果。

　　7月1日上午7點15分，以色列當局宣佈將與劫機者進行談判。同時，危機對策委員會在總理官邸召開了特別會議，

商討營救計劃。國防部長佩雷斯用簡潔明瞭的語言說明：
在格林威治時間當天上午10點20分，也就是恐怖分子給出
的最後期限前40分鐘，耶路撒冷已經通知巴黎，以色列當
局將與劫機者談判，並請法國方面從中斡旋。

以色列當局到底做出了讓步！會場頓時一片沉默。

終於，佩雷斯打破了僵局：「現在，我想問一下，各位
對營救行動有什麼建議？哪怕是最荒誕離奇的想法也不要
緊。」

總參謀長古爾反問道：「這麼說，我們是在討論與當局
的決定相悖的行動？」

佩雷斯答道：「我想探討的正是應該採取怎樣的營救行
動。」

在場的所有人一下子振奮起來了，一致認為採取軍事行
動是唯一的選擇——儘管這樣做並沒有太大把握。

接著，佩雷斯向摩薩德首腦霍非提出了幾個問題：如果
前去營救，特遣行動小組會在那裡遇到怎樣的抵抗？如果
前去營救的飛機在途中需要加油，應做何準備？當恐怖分
子覺察到異常情況並匆忙殺害人質時，營救人員是否有機
會搶先下手？

霍非回答他現在無法給出答案，不過他願意想些辦法來
解決這些問題。

霍非的情報機器立即高速運轉起來。7月1日，裝扮成企
業家的摩薩德特工飛往肯亞首都奈洛比，然後兵分兩路：
一路與奈洛比員警署長德比斯祕密取得聯繫；另一路則從
肯亞經陸路趕往烏干達。同時，摩薩德還弄到了恩德培機
場的全部資料。這座機場是以色列援建的，烏干達的空軍

也是以色列幫助訓練的，因此有關情況一目了然。

當法國駐烏干達大使把「以色列當局答應談判」的消息送到機場大樓時，人質們從鋪位上、椅子上站起來，相互擁抱、親吻，接著又痛哭流涕。

連日來，人質們從來不談論這個話題：以色列當局會不會接受恐怖分子的條件？他們都很清楚，不向劫機者妥協是以色列政府一直以來的傳統，為什麼這一次會有例外呢？

當天下午1點，烏干達電台播出了一條消息：「遊擊隊決定將最終答覆期限延後72小時，改為7月4日下午2點。」

到了2點15分，烏干達電台又宣佈：劫機者已經釋放了101名法國人質，並允許他們回到巴黎。剩餘的人質則被押到機場大樓內比較舒適的大廳裡。阿明總統將於今天出席非洲統一組織首腦會議，這意味著在未來三天裡，恩德培機場不會發生突然變化。這也為以色列的營救行動增加了三天的寶貴時間。

此時，危機對策委員會還在開會討論：如果與恐怖分子妥協，將由誰出面與他們談判？在什麼地方談判？如何與他們交換人質？事後拉賓總理說：「星期四將是極度危險的一天，人質的家屬要求釋放恐怖分子的呼聲不斷高漲，在對方給出最終答覆期限之前，我們必須表明無意採取軍事行動。另外，在沒有得到準確情報，在部隊沒有組建起來並進行模擬演練之前，我也無法確信營救作戰會取得勝利。」

然而，這位總參謀長出身的總理，從來沒有放棄過採取軍事手段。在特拉維夫以南100公里處的貝爾謝巴沙漠中有一個十分隱密的空軍基地，建有大型機場，飛行員、空降

兵可以隨時從這裡出發。這裡還建有地下指揮所，必要時
可以代替國防部的作戰室。在這裡，以色列軍方高層可以
監視、跟蹤從伊拉克到利比亞這一片廣闊地帶的情況，清
晰地探察遊弋在地中海的蘇聯艦隊情況。

圖為位於貝爾謝巴的以色列軍事基地博物館的俯視圖。在
這個軍事基地裡，建有大型機場，飛行員、空降兵可以隨
時從這裡出發

　　空軍特種部隊司令薛姆龍將軍屬於典型的強硬派，他知道以色列政府在爭取和平解決劫機事件，但他始終認為，不管難度有多大，只有軍事手段才是解決問題的不二法門。根據以往的經驗，不論是蘇聯還是美國，都只顧及本國利益，到了關鍵時刻，它們根本不會站在以色列的立場考慮問題。因此，在這個時候考慮國際輿論是沒有任何意義的。

　　他很快便擬訂了幾個方案，遞交給危機對策委員會。為了保守機密，他表面上仍然保持鎮靜，看起來和平時沒什麼兩樣。

　　就在6月29日晚上，他還在特拉維夫郊外參加了同事女兒的婚禮，在婚宴上談笑風生，似乎非常放鬆。在被問及採取軍事手段的可能性時，他只是婉轉地回答：「如果政府下令，我們可以隨時出擊。」

　　然而一波未平，一波又起。7月2日一早，阿明總統來到了機場，他鼓動人質寫一封信，要求其政府接受「人陣」提出的條件，儘快把被關押的巴勒斯坦人放出來。他還說，這封信必須在下午1點之前寫出來，並且立即在烏干達電台宣讀。

　　人質們經過一番討論，最後一致同意採取妥協的辦法：按要求寫信，但此信不能對以色列當局施加壓力。至於阿明在下午3點鐘發佈消息的要求，人質們則極其冷靜地把它當成了耳旁風。

　　中午，人質們吃著香蕉和硬如皮革的烤肉。就在這時，朵拉‧布洛克老太太突然發出一陣劇烈的咳嗽聲，她的臉色發青，原來她噎到了。

　　沒一會兒，救護車來了，她的兒子艾蘭想跟著上車，結

果被恐怖分子攔住了：「你留下！她用不著你照顧。」隨後，救護車載著朵拉·布洛克向急救站駛去。

就在同一天，古爾等人根據收集來的所有情報，對營救行動的細節進行了推敲。根據摩薩德提供的情報，古爾認為，阿明與劫機者是同謀，他表面上提出要協助以色列解決問題，但實際上是他想藉此機會出出風頭。現在，又有6名恐怖分子從索馬里來到了恩德培機場，其中就包括此次事件的主謀哈達德。

7月4日將是一個非常關鍵的日子，阿明會在此前結束非統組織首腦會議，返回烏干達。所以，在此之前恩德培機場上不會有什麼變數。但是，期限一到，恐怖分子很有可能大開殺戒。因此，在7月4日黎明前6個小時，必須採取營救行動。

經過反復商討，以軍總參謀部和摩薩德共同確定了營救人質的行動計劃：他們將在7月3日深夜對機場進行突然襲擊。這次的行動代號叫作「霹靂」，但以色列特種作戰部隊「塞雷特」更想使用另外一個名字：「烏干達慈航行動」。因為此次任務不只是要像霹靂一樣震懾恐怖分子，更要去解救人質，這不正是一項慈航普渡的善舉嗎！

從技術角度來看，這項計劃可謂膽大妄為。以色列距離烏干達將近4000公里，中間隔著沙烏地阿拉伯、埃及、蘇丹、衣索比亞、索馬里等國。要讓飛機穿過這麼多國家而不被發現，難度實在太大了。因此，在討論這一計劃的可行性時，多數人都表示沒有把握。

只有薛姆龍一人說有十成把握。薛姆龍非常瞭解他的部下，相信他們完全可以做到這一點。

　　約納坦‧內塔尼亞胡也認為這一計劃可行。他出生於紐約。1967年「六日戰爭」爆發前夕，他和許多旅居國外的猶太青年一樣，自願加入了以色列國防軍，以作戰勇敢、智慧超群著稱。現在，他擔任「戈蘭旅」的中校。他對拉賓總理說，以色列是世界上最小的超級大國，這點事對於一個超級大國來說，根本算不了什麼。

　　最後，佩雷斯表示：「如果以色列政府向恐怖分子低頭，那麼以色列在國際上就會威信掃地，這將對國家的生存帶來極大挑戰。為了避免這種結果，當了人質的乘客也應該與以色列軍方採取同樣的行動。」

　　事情就這樣決定了。

天衣無縫的行動計劃

　　從特拉維夫到烏干達的恩德培機場，飛機必須經過肯亞，並在那裡加油。霍非意識到，以色列方面需要與一個人取得聯繫，這個人就是布魯斯・麥肯齊。

　　麥肯齊原本是一位英國商人和農場主，現已在肯亞定居。他與肯亞總統喬莫・肯雅塔關係密切，同時也是肯雅塔內閣中唯一一位白人。他幫助肯亞創建了國防和安全機構，同時一直向英國情報部門報告非洲的形勢。另外，他與摩薩德的關係也不錯。

　　摩薩德一直透過奈洛比的情報站與肯亞安全機構保持著良好的關係，因此，肯亞成了摩薩德在非洲開展情報活動的戰略中心之一。

　　奈洛比距離「非洲之角」很近，設在這裡的聯合國和非洲統一組織機構中不乏各個國家的外交官和間諜人員。這樣的國際性聚會中心同樣也吸引了很多恐怖分子。

　　1978年1月18日，肯亞警方在奈洛比機場附近逮捕了三名持有肩射式地空導彈的巴勒斯坦人。當時，他們正準備擊落一架以色列航空公司的班機，這架客機上有110人，預計在一小時後降落。根據他們提供的線索，三天後，來自聯邦德國的布里吉特・舒爾茲和湯瑪斯・魯特在奈洛比被逮捕。隨後，這些人就從奈洛比「蒸發」了。舒爾茲的家人費盡周折才打聽到，原來他們被以色列拘留了，以色列

當局也證實了這一點。原來，是麥肯齊導演了這次非正式的引渡。後來這五個人在以色列接受了審判。

這一次，以色列人又想到了麥肯齊。摩薩德請求他再次施以援手。麥肯齊果然沒有讓摩薩德失望，在他的請求下，肯雅塔總統最終同意以色列把肯亞作為此次營救行動的中轉站。肯亞員警司令表示：「如果以色列的作戰飛機能夠偽裝成埃勒・阿勒航空公司的飛機，並允許由肯亞警方在機場實行隔離，那麼我們就允許作戰飛機在奈洛比降落。」另外，肯亞當局還允許以色列飛機事成之後在奈洛比做短暫停留。

這樣，在短短幾個小時之內，就有十名摩薩德和軍事情報機構的特工搭飛機抵達奈洛比，其中一部分人負責籌建中轉站，為「霹靂行動」做準備工作，另一部分則冒充遊客或商人，划著小船從肯亞出發，渡過維多利亞湖抵達恩德培機場，偵察機場的地形以及士兵分佈情況，並繪製進出機場的路線圖。

圖為恩德培機場的俯視圖，被恐怖分子劫持的法航139航班，最終就降落在這個機場

霍非反復強調，只有在對手毫無準備的情況下發動突襲，「霹靂行動」才有可能成功。因此，保密成了最重要的問題。

可是就在這個節骨眼上，摩薩德遇上了一件麻煩事：一名剛剛抵達奈洛比的摩薩德特工，在街上與一位老朋友不期而遇。那個人是美國中央情報局的特工，兩人曾一起接受過訓練。

「你來這兒做什麼？」美國人問道。他知道，這位來自以色列的同行不是派駐奈洛比的情報人員，一般情況下只奉命執行特遣任務。

這位摩薩德特工根本無法回答這個問題。他不動聲色地望著對方，意識到這名美國特工可能已經猜到摩薩德將會有什麼行動。於是，摩薩德特工決定採取「防範措施」。在一起進餐時，他偷偷地在美國人的酒杯中投入了烈性催眠劑，讓他在48小時之內無法恢復「戰鬥力」。

事後，美國中情局對這種「卑鄙的伎倆」提出了抗議，指責摩薩德向自己的「盟友」下手。不過，對於以色列來說，美國方面的這種憤怒，比起行動計劃洩漏的危險要好受得多。

7月2日晚上，在貝爾謝巴沙漠的空軍機場，約納坦·內塔尼亞胡正率領一支精銳的突擊隊進行突襲演練。

當年負責建設恩德培機場大樓的索耐爾·博內建築公司的工程師，根據當時的設計圖，同時參考美國衛星拍攝的照片，以及被釋放人質的描述，修建了與候機大樓一模一樣的實物模型，供突擊隊演練時使用。

仿造的「恩德培機場區」是用沙袋堆起的一堵圍牆，尺

寸與舊候機大樓相仿。這道沙袋牆共有三個入口,「主樓大廳」旁邊還設有一個「側廳」。內塔尼亞胡詳細講解著機場的情況,並且將劫機者的照片一張一張地拿給隊員觀看。

他說:「此次行動成功與否,數秒之內便可見分曉,所以我們要全力以赴,到達人質那裡,迅速消滅恐怖分子,絕不能給他們有開槍的機會。」

內塔尼亞胡中校手握計時碼錶,開始對部下進行測試。一輛吉普車從運輸機內衝出來,駛向沙袋牆。突擊隊員從車上一躍而出,朝著目標開槍射擊。

「從頭再來!」中校吼道,「還要提高速度,大大地提高速度!」

模擬行動的時間不斷地縮短,但是內塔尼亞胡仍然非常擔心,如果烏干達的士兵看到一輛外國吉普車從一架外國飛機中衝出來,他們一定會開槍的。

有人建議:「烏干達軍隊中,連以上的軍官都配有黑色的賓士轎車。如果一般的士兵看到這種汽車,都會自動立正的。」

內塔尼亞胡立刻命人弄來一輛賓士轎車。兩個小時以後,轎車開到了演練現場。這是以色列境內能找到唯一一輛白色的賓士轎車。

機械師把這輛車重新噴了漆,一名在電視台做化妝師的預備役女兵,一邊看著烏干達總統阿明的照片,一邊替外型和阿明十分相似的士兵化妝。至於這名士兵是否參戰,要到發動突襲之前才能最終決定。

最後,突擊隊從運輸機到沙袋牆的時間壓縮到了100秒,實在不能再快了。

按計劃，166名突擊隊員將由內塔尼亞胡親自指揮，分乘三架「力士型」運輸機前往烏干達。與這個機群一同前往的，還有「幽靈式」戰鬥機八架，它們負責初期的護航；空中加油機三架，負責為戰鬥機加油；「波音707」兩架，其中一架負責空中指揮，另一架作為野戰醫院；此外，還有一架「力士型」充當聯絡機。

圖為以色列參加「霹靂行動」的指揮人員正在研究恩德培機場的構造，進而制定最佳突襲計畫

作戰指揮工作是這樣安排的：空軍司令佩雷德擔任總指揮，他將與作戰部長亞當一起搭乘波音飛機，在坎帕拉郊外的維多利亞湖上空坐鎮指揮；空軍特種部隊司令薛姆龍搭乘第一架「力士型」運輸機，指揮塞雷特特種部隊；內塔尼亞胡中校擔任上陣作戰的前敵指揮。

突擊隊分成四個突擊組，各自的任務分配如下：第一突

擊組35人，由內塔尼亞胡親自帶隊，分乘三輛吉普車突襲候機大樓，解救人質；第二突擊組30人，乘一輛裝甲運兵車突襲機場塔台和軍用停機坪，摧毀停在那裡的所有「米格」飛機，以避免突擊隊在返航時遭到追擊；第三突擊組35人，負責奪取機場的加油設備，為以色列飛機加油，同時伺機奪取法航的「空中客機」；第四突擊組擔負兩個任務，一是準備隨時增援第一突擊組，二是在重要路線設伏，以阻擊烏干達援軍。

每一個細節都經過精確計算，所有的行動都經過模擬演練。以色列的這項行動計劃可以說是天衣無縫。

一戰成名

　　1976年7月3日，星期六，這一天是猶太教的安息日。當天下午，以色列召開了緊急內閣會議，兩名內閣部長遵照宗教戒律，沒有搭車，而是步行來到了總理官邸。

　　摩薩德首腦霍非主張將這項營救行動按計劃實施，國防部長佩雷斯也決心放手一搏，而拉賓總理此刻卻躊躇不決。

　　「這件事如果成功了，你將會成為英雄！」佩雷斯鼓動他說。

　　「可是，如果不成功，我們只能引咎辭職。」總理答道。

　　又經過一番深思熟慮，拉賓總理終於做出了最後決定：採取軍事行動！

　　當那些之前從未介入此事的內閣成員得知內情以後，不由得為之愕然。經過長時間討論，最終，內閣部長也一致同意執行這項營救計劃。

　　就在內閣做出最終決定前20分鐘，突襲部隊已經從貝爾謝巴沙漠的空軍基地向烏干達出發了。部隊被事先告知，假如內閣會議不同意採取軍事手段，那麼他們就中途返回。當作戰命令下達的時候，四架力士型運輸機早已在西奈半島的南端待命多時了。它們都塗上了民航客機的番號，並且要在民航飛機的航線上飛行。部隊一接到作戰命令，四架飛機立刻關閉了無線電，編隊向烏干達飛去。當飛臨紅海上空時，飛機編隊降低了高度。為了避開阿拉伯監視船

的探測，它們有時甚至掠海飛行。「幽靈式」戰鬥機則在高空承擔護衛任務。編隊飛抵吉布地時，突然改變航向，飛入衣索比亞領空，向南掠過山林地帶，從奈洛比上空飛過。當編隊接近恩德培時，天氣突然惡化，電閃雷鳴，運輸機劇烈地搖晃起來。編隊只得借助雷達摸索前進。到了恩德培上空，薛姆龍和內塔尼亞胡再次確認了行動細節，隨後，編隊開始下降。

此時，在恩德培機場的候機大樓裡，人質們一個個筋疲力盡，橫躺豎臥。其中有很多人上吐下瀉，痛苦難當。廁所裡無水沖洗，糞便流得到處都是。骯髒不堪的大廳、悶熱污濁的空氣以及那未知的結果，讓人質的情緒降到了冰點。

下午5點，阿明總統來到這裡，對人質們說：「為了挽救大家的生命，我已經做了很多努力，可是，以色列當局卻不予合作。」

晚上9點，「人陣」領導人瓦迪埃·哈達德來到機場，召集部下開會，烏干達總參謀長也參加了。哈達德首先感謝大家的出色工作，尤其是對烏干達人，更是大加讚許。同時，他也提醒大家，一定要防範以色列方面的特別行動。

10點鐘左右，哈達德搭車返回阿明總統官邸。此後，一男一女兩名來自德國的恐怖分子在候機大樓入口處站崗，賈布林和另外一名阿拉伯恐怕分子在大廳裡巡邏，烏干達士兵則在大樓外巡邏。像往常一樣，候機大樓裡的燈光通宵不滅。一切情況似乎都很正常。

烏干達時間深夜11點45分，第一架「力士型」運輸機在恩德培機場的跑道上著陸了。指揮塔台內，機場的雷達觀察人員顯然正在睡大覺。據烏干達調查委員會的備忘錄記

載，機場指揮官卡班達聲稱，民用雷達的探測範圍不足30公里，因此根本就無法投入使用；而性能較強的軍用雷達一到夜間就關閉。因此，以色列突擊部隊的到來並沒有引起機場方面的注意。

運輸機的輪子接觸跑道，發出了一陣沉悶的聲響，然後飛機便開始滑行。為了降低聲音，飛機沒有改變螺旋槳的螺距。很快的，飛機駛出了跑道，向候機大樓滑行。這時，2號機也著陸了，並保持著可以隨時升空的姿態。3號機則降落在新的跑道上。1號機駛到候機大樓前面的停機坪上，穩穩地停了下來。經過7個小時的飛行，突擊隊比預定時間晚了1分鐘。

「出發！」跟八名部下擠在賓士轎車內的內塔尼亞胡發出了命令，汽車迅速駛出機腹，兩輛越野車緊隨其後。突擊隊員們感覺自己好像又回到了模擬演練場，因為實地的各項距離都與沙袋演練場上的距離一模一樣。

這時，一支烏干達巡邏隊出現在隊員面前，並且做出了停車的手勢，全然沒有顯示出對這輛「首長座駕」的恭敬之意。

突擊隊員操起裝有消音器的衝鋒槍一陣掃射，三名烏干達士兵還沒來得及喊出聲就斃命了。為了防止誤傷，內塔尼亞胡和他的部下用油脂抹掉了臉上和手上的化妝痕跡，脫掉了烏干達服裝。此時，指揮塔似乎覺察到有異常情況，立即關閉了機場上的電燈，機場頓時一片漆黑。

圖片中的黑色轎車，就是以色列在這次行動中所使用的由
白色的賓士轎車噴漆之後的偽裝車

　　正在候機大樓外巡邏的恐怖分子博澤並沒有發現向他衝
過來的以軍突擊隊員，但直覺告訴他情況有變。他猛然抬
起頭，拿起自動步槍準備射擊。就在這時，以色列人已經
搶先一步開槍將他打倒。那名女恐怖分子也被當場擊斃。
隨後，突擊隊員一面用希伯來語高喊「臥倒」，一面向候
機大樓衝去。在大廳裡面，兩名「人陣」遊擊隊員舉槍慌
亂射擊，但很快就被以色列人雨點般的子彈打死。在混戰
中，56歲的人質波洛喬維蒂太太被流彈擊中，鮮血噴湧而出。

　　這位老婦人的死亡讓人質們誤以為大屠殺開始了，他們
驚恐萬狀地喊道：「以色列！以色列！」這時，從美國移
居以色列的青年查賈克・邁默尼站了起來，不幸被突擊隊
員的子彈擊中，當場倒在血泊之中。這名19歲的小夥子成

為此次行動中唯一一名被突擊隊擊斃的人質。戰鬥僅僅持續了1分45秒，大廳內的恐怖分子便被全部消滅了。

內塔尼亞胡帶領部下衝上二樓，在樓梯處迎面遇到了烏干達士兵。他們立即開槍，用了不到一分鐘的時間，烏干達人的抵抗就被徹底粉碎了。隨後，他們在廁所裡找到了兩名恐怖分子，並將他們當場擊斃。藏在候機大樓北側的另一名恐怖分子，也在槍戰中被打死。

緊接著，負責救護的小組迅速抬走了5名受傷的人質和4名士兵，將他們送到設在2號機內的手術台上。此時，2號機和3號機裡的突擊隊員們已經控制了整個機場。他們駕駛著裝有無後座力炮的吉普車和裝甲車，封鎖了機場的所有通道，以阻截即將趕來增援的部隊。此外，突擊隊員們還迅速拍照，提取了被擊斃的恐怖分子照片和指紋，以作為證據帶回以色列。

此時，一支爆破小組來到了機場邊緣處的「米格」機群旁邊，快速安裝好炸藥，摧毀了4架「米格－17」和7架「米格－21」。此舉摧毀了烏干達空軍的主要裝備，正遂肯亞總統的心願。

機場內剩餘的烏干達士兵終於清醒過來，開始向以色列人還擊，來自指揮塔的炮火十分猛烈。為了壓制對方的攻勢，內塔尼亞胡動用了反坦克導彈和重機槍。

突然，從指揮塔台內射來的一顆流彈擊中了內塔尼亞胡的背部，噴湧而出的鮮血立刻染紅了他的衣服。內塔尼亞胡掙扎著想站起來，但最終摔倒在地上再也沒能站立起來。這位出生入死的中校就這樣陣亡了。

此時，在以色列特種部隊的指揮下，人質們跌跌撞撞地朝救援飛機走去。到了此時，仍有許多人暈頭轉向，還沒有從恐慌中清醒過來。

12點43分，第一架運輸機起飛，被救的人質臉上終於露出了笑容。

圖為在這次恩德培機場的救援行動中的地面指揮官，以色列國防軍上校約納坦·內塔尼亞胡。在行動中，他被炮彈擊中陣亡

53分，2號機也升空了。在乾淨俐落地打掃完戰場之後，最後一架飛機在1點30分離開了機場跑道。此時，阿明總統正帶著裝甲部隊朝機場這邊趕來……

以色列國防部長佩雷斯得意地稱讚此次營救行動，是前所未有的最遠距離、最短時間的大膽作戰，以色列塞雷特部隊也由此揚名天下。當然，人們並沒有忘記幕後英雄摩薩德。事後，拉賓總理熱情洋溢地讚揚了摩薩德：「我們謹向那些情報機構的無名英雄、奮不顧身的傘兵、英勇頑強的步兵、空軍飛行員以及所有將不可能做到的事情做成的人們，表示一點微薄的敬意。」他把情報機構擺在最前面，並不是因為口誤，而是因為在這次行動中，摩薩德的確立下了汗馬功勞。

在突擊行動中，共有4人犧牲，除了內塔尼亞胡以外，

還有3名人質。事後,又有兩人遇害,其中一位是先前被送
到坎帕拉醫院的人質朵拉・布洛克,為了報復,烏干達人
將其殺害。

該圖片拍攝於1994年,圖片右側的是恩德培國際機場舊航
站樓,停在它前面的是C-130運輸機。在1976年這場救援行
動中所留下的彈孔還清晰可見

　　另一位就是與摩薩德配合默契的布魯斯・麥肯齊。兩年
以後,為烏干達效力的利比亞特工在麥肯齊的私人飛機上
安放了一枚炸彈,進而導致了機毀人亡的慘劇。然而,摩
薩德卻永遠記住了這位曾經對他們施以援手的老朋友。由
前任摩薩德局長梅厄・阿米特領導的「以色列情報老戰士
協會」透過集資,在加利利南部的小山上種植了1萬棵樹,
以紀念麥肯齊。同時,摩薩德也表示,它會給予其祕密朋
友應有的殊榮。

「他們把核反應爐毀了！」
——「斯芬克斯」神祕行動

1981年6月7日傍晚，巴格達郊外的一處核反應爐發出了一陣巨響，隨即，兩架完成投彈任務的殲擊轟炸機迅速撤離。薩達姆·侯賽因企圖讓伊拉克躋身擁核大國的希望，頓時成為泡影。與此同時，遠在以色列的摩薩德特工正擊掌相慶……

車站的偶遇

1978年8月,居住在法國巴黎的伊拉克核專家哈利姆和平時一樣,離開他的寓所,來到附近的一個公車站等車。儘管伊拉克方面的保安人員告誡他必須經常改變搭車路線,但他仍然每天在這個車站坐車,到了聖拉紮爾再換搭地鐵前往位於巴黎北部的薩爾西勒上班。這個伊拉克人正在為自己的祖國執行一項絕密任務:從法國引進核反應爐。

連續一週以來,哈利姆發現在車站等車的人當中多了一位美麗性感的金髮女郎。每當哈利姆來到這個車站時,她總是已經站在那裡了。這位女子上身穿著鮮艷的短上衣,袒胸露背,下半身穿著緊身褲,勾勒出誘人的曲線。哈利姆不由自主地注意上了這位女郎。

這個車站位於巴黎南郊,只有兩條線路的公車經過這裡,一路是郊區車,一路開往市區。由於在這裡上、下車的人不多,因此哈利姆可以不受任何干擾的盡情欣賞那位女郎。不一會兒,一位白皮膚、藍眼睛、衣冠楚楚的英俊男士駕駛著一輛紅色「法拉利」跑車來到車站邊。他親熱地擁著女郎上了車,然後便一踩油門,向遠處駛去。

哈利姆和妻子薩米拉都是伊拉克人。儘管兩人結婚多年,但哈利姆總是覺得妻子既不理解他的工作,也不懂得生活,顯得與巴黎這個花花世界格格不入。因此,他寧可把時間花費在他從事研究的地方,獨自一人思考自己的工

作，也不願與妻子在一起。

　　一天，哈利姆所要乘坐的那輛公車出了一起意外事故，一輛標緻汽車不小心與公車相撞，導致哈利姆多等了很長時間。而金髮女郎的男友似乎也出了差錯，那輛紅色的「法拉利」跑車遲遲未至。這時，那位女郎乘坐的公車緩緩駛來，只見她焦急地向遠處張望，卻看不見跑車的影子，只得無奈地聳聳肩，極不情願地上了公車。

　　沒一會兒，那位白皮膚藍眼睛的男子開著座駕趕來，他東張西望，尋找他的女友。哈利姆當然知道他在找誰，於是用法語對他大聲喊道：「那位女子已經搭前面那輛公車走了。」可是，這名男子卻顯得有點茫然不知。哈利姆知道他沒有聽懂，於是用英語重複了一遍。他這次聽懂了，於是向哈利姆打聽了公車的方向，哈利姆熱情地作了回答。這位藍眼睛男士表示，既然送不成那位女郎，與其空跑，不如送哈利姆一程以示感謝。哈利姆稍微猶豫了一下，然後自言自語道：「應該可以吧……」於是上了小汽車。

　　「哈哈，魚兒吞下了誘餌，上鉤了……」藍眼睛男士心中暗想。

　　摩薩德旨在破壞伊拉克核計劃的「斯芬克斯」行動就這樣拉開了序幕……

熱情的香水推銷員

　　1973年第四次中東戰爭結束之後，阿拉伯國家聯合起來對在戰爭期間援助過以色列的國家實施石油禁運，進而導致國際油價飆升。

　　這個事件讓各國領導人認識到了尋找新能源的必要性。因此，國際社會驟然興起了研究和發展核能的高潮。伊拉克藉此機會開始同其西方盟友法國合作，在法國的援助下建造核反應爐。

　　伊拉克一再強調它所要建設的核反應爐，完全用於和平目的，法國因此決定向伊拉克出售一座裝機容量為700千瓦的核反應爐。兩國還達成一項協議：由法國向伊拉克提供150磅濃縮度為93％的鈾，足夠生產四枚原子彈。經過協商，雙方決定分四批裝運有關核設施及濃縮鈾。

　　法國和伊拉克的這項合作協定，引起了國際社會的高度關注。美國政府極力反對這項協議，並為此開展了頻繁的外交活動，但未能如願。以色列領導人更是坐立不安，因為伊拉克一旦生產出原子彈，勢必會打破以色列在中東地區的核壟斷地位。

　　為了阻止伊拉克造出原子彈，以色列情報和特殊使命局──摩薩德開始緊鑼密鼓地策劃起破壞行動。

　　他們首先透過摩薩德在歐洲的分支機構，由一名潛入法國薩爾西勒核反應爐基地的情報人員，獲取一份在該基地

工作的伊拉克人的名單，然後對這些人進行分析研究，以尋找合適的目標。

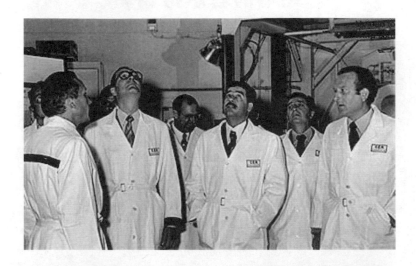

1975 年，薩達姆·侯賽因在法國專家的陪同下視察核設施，圖中戴黑框眼鏡者是雅克·希拉克

哈利姆就是一個十分理想的對象，因為只有他住在巴黎市內，而其他伊拉克人不是住在基地附近的軍事區，就是處於警衛森嚴的安全環境之中。

哈利姆已經結婚多年，但至今沒有一兒半女，這對於一個42歲的伊拉克人來說，並不是一件尋常的事，這說明他的婚姻生活並不美滿。那麼，怎樣才能讓這位伊拉克核專家轉為向以色列人服務呢？

摩薩德決定首先要掌握哈利姆及其妻子的體貌特徵，弄清楚他們是否處於伊拉克或者法國保安人員的監視之下。

摩薩德特工從親近以色列的猶太人房地產商手裡買下了

一間緊鄰哈利姆寓所的房子，並派人潛入哈利姆家中，裝上了竊聽器。同時，他們在哈利姆寓所的馬路對面設立了監視點，日夜觀察哈利姆家裡的動靜。

兩天以後，他們決定與哈利姆進行直接接觸。為此，他們派出一位妙齡女郎。這位梳著短髮的女郎自稱名叫傑克琳，是一名學生，出生於法國南部鄉村一個守舊家庭，她在這裡推銷香水是為了賺點錢買化妝品。實際上，她的主要任務是確認哈利姆及其妻子的體貌特徵，然後通報給負責監視的特工人員。

她打著推銷香水的幌子，在這幢三層的樓房裡，挨家挨戶地敲門。當然，她的終極目標是敲開哈利姆家的門，而這一定要在哈利姆下班之前完成。

哈利姆的妻子薩米拉不僅對傑克琳給出的價格感到滿意，而且對其免費贈送的一小瓶香水樣品更是愛不釋手。當然，這幢樓裡的其他住戶也同樣享受了這種優惠。傑克琳要求先交付一半的錢，等她送貨時再付另一半。

也許是平日裡和丈夫缺乏交流的緣故，薩米拉今天遇到了討人喜歡的傑克琳，就趁機打開了話匣子。她讓傑克琳進了屋，兩人敘起了家常。薩米拉情不自禁地敞開了心扉，說自己的生活並不如意。丈夫每天只知道埋頭工作，根本不懂升官發財之道。她原本出身於一個富裕的家庭，現在卻常常要用私房錢來貼補家用。她還說，兩週以後她將一個人回到伊拉克，因為她的母親要動手術。

得知這一情況，傑克琳心中一陣狂喜，因為這意味著哈利姆將有一段獨自生活的時間，進而為摩薩德「釣魚」提供有利的條件。

　　傑克琳第一次到訪的時候，薩米拉曾對她說過，自己家附近沒有技藝高超的理髮師，而她正想染頭髮。兩天後，傑克琳再次登門去送香水給薩米拉時，特地選擇了她丈夫哈利姆已經下班回家的時間，以便就近觀察他的外貌特徵。

　　她拿出了薩米拉訂購的香水，並熱情地對她說：「我在城裡遇到一位理髮高手，名叫安德里，他非常歡迎妳去染髮。」哈利姆夫婦聽後十分高興，表示願意和她一起進城去做頭髮。由於哈利姆夫婦在當地的社交範圍很窄，因此沒什麼朋友，而主動熱情的傑克琳正好可以作為他們在巴黎的朋友。

　　傑克琳順利完成了任務，並把哈利姆夫婦的外貌特徵告訴了監視小組。此後，小組成員便對哈利姆進行有規律的監視。因為他每天都會準時到住所附近的車站搭車上班，所以監視他並不困難。同時，特工們透過安置在哈利姆家裡的竊聽器，也掌握了薩米拉一個人返回伊拉克的確切日期，而且還偷聽到哈利姆叮囑薩米拉必須到伊拉克駐法使館進行安全檢查。

　　這個天賜良機擺在摩薩德特工面前，他們決定抓住時機，加緊了引誘哈利姆的行動，於是就出現了哈利姆搭乘「法拉利」跑車的那一幕。

一個英國朋友

　　哈利姆第一次搭乘「法拉利」跑車時，並沒有向那位白皮膚藍眼睛的英國男士談起自己的職業，而是謊稱自己在巴黎進修。

　　第二天，那位金髮女郎照舊出現在公車站，像往常一樣坐上前來接她的跑車，然後飛馳而去。

　　到了第三天，金髮女郎沒有出現。當「法拉利」跑車開過來時，那個英國人沒有看見他的女友，便再次邀請哈利姆上車。出於對金髮女郎的好奇，哈利姆高興地上了車。

　　半路上，這個英國人提議與哈利姆一起去街邊小店喝杯咖啡。在咖啡店裡，他對哈利姆說，他叫傑克・馬諾萬，是英國公民，從事進出口貿易。那位金髮女郎是他的女友。最近，她的要求越來越過分，所以兩人分手了。

　　「當然，她還是蠻可愛的，你應該明白我的意思吧！對我來說，再找一個像她這樣的女子，簡直太容易了。」馬諾萬一邊喝著咖啡一邊說道。

　　就這樣，哈利姆和馬諾萬成了朋友。不過，哈利姆沒有把自己剛剛結識一位新朋友的事告訴自己的妻子。

　　過了不久，薩米拉就回伊拉克去了。

　　這下子，哈利姆的生活規律開始打破。他經常進城吃飯或看電影。這天，在百無聊賴之中，他忽然想起了自己剛剛結識的朋友，於是立即打了電話給馬諾萬，可是馬諾萬

不在家，於是他留下了口信。

圖為生產於1976年的法拉利BB512型汽車。法拉利是一家義大利汽車生產商，主要製造一級方程式賽車及高性能跑車，1929年由恩佐‧法拉利創辦。早期的法拉利贊助賽車手及生產賽車，1946年獨立生產汽車，其後變成今日的規模，現在由菲亞特克萊斯勒汽車集團擁有，總部設於義大利蒙地拿附近的馬拉內羅

　　三天後，馬諾萬回了電話給他，邀請他去夜總會觀看演出。哈利姆在那兒度過了一個難忘的夜晚，最後馬諾萬還堅持由他支付一切費用。

　　從此以後，他們倆經常一起吃飯，一起觀看在伊拉克根本看不到的各種精采演出。哈利姆身為一名伊斯蘭教徒，七情六欲受到教規的嚴格束縛，而在這種場合，他開始破

戒喝酒，變得放任不羈。

　　眼見時機日趨成熟，馬諾萬終於向哈利姆透露了自己正在策劃的一筆買賣：把一些貨船上用舊的貨櫃轉手賣給非洲國家，在上面開設門窗後只要略加裝修，就可以當活動住房使用。

　　「土倫港就有一批這樣的貨櫃，這週末我要去土倫港洽談這筆生意，你陪我一起去，怎麼樣？」

　　「我對做生意可說是一竅不通。」哈利姆答道。

　　「別這麼說。這一來一回時間很長，我想路上有個伴。我們週六抵達那裡，星期天就回來。難道這週末你有什麼事要做嗎？」

　　聽馬諾萬這麼說，哈利姆便答應和他一同前往。

　　在土倫港，由摩薩德特工「友情客串」的貨櫃商人跟他們倆討價還價。哈利姆突然發現一個貨櫃內有一大塊地方已經生銹。其實，每個貨櫃內都有類似的鏽斑，這是摩薩德特工故意露出的破綻，為的就是讓他看見並指出來。但是，被蒙在鼓裡的哈利姆並不知情，而是和馬諾萬一起以此為由努力砍價。最後，他們做成了這筆購買1200個貨櫃的生意。

　　吃晚餐的時候，馬諾萬拿出1000美金遞給哈利姆，說：「這是你應得的報酬。因為你發現了鏽點，讓我獲利不小啊！」哈利姆自然喜出望外，因為他第一次感覺到自己成功地做成了一件大事。

　　他進而認為，和馬諾萬在一起不僅可以度過許多美好時光，而且兩人之間還是互有補益的。

　　看著哈利姆那副心滿意足的樣子，馬諾萬喜在心頭。看

來，他可以對面前這位伊拉克朋友放手實施預定計劃了。

回到巴黎以後，馬諾萬把哈利姆請到自己在飯店租下的豪華包間，並叫來一名年輕的應召女郎作陪。這時，馬諾萬突然收到一份「電傳」，說是有十分緊急的事情需要處理。他十分抱歉地對哈利姆說：「對不起，我的朋友，我得去處理一下，但願不會影響你的興致。」

馬諾萬走後，哈利姆和應召女郎纏纏綿綿，如膠似漆。哈利姆並不知道，就在他與應召女郎盡享魚水之歡的時候，摩薩德特工的攝影機已經將這一切都記錄了下來。

摩薩德之所以要這樣做，並不是為了訛詐哈利姆，而是為了讓以色列心理學專家能研究哈利姆的一言一行，以便尋找讓哈利姆順乎自然地墜入諜網的最佳方法。

重重陷阱

過了兩天，馬諾萬回家了，兩個好朋友再次相見，一邊喝咖啡一邊聊天。哈利姆發現，馬諾萬似乎有點心神不定，於是關切地詢問他有什麼心事。

馬諾萬毫無隱瞞地說出了自己面臨的難題：「我從德國一家公司那裡接到一筆生意，他們的產品是一種用於存放醫用放射性物質的試管、試瓶，其中有很多複雜的技術性問題。他們開出的價碼相當可觀，但是我卻對相關的技術問題一無所知，因此必須請一位英國專家來檢驗這些試管和試瓶。但是這位專家向我開口要一筆不菲的酬金，而我又無法確定他是否真的可信。」

「我可以幫你！」哈利姆幾乎是脫口而出。

「謝謝你。不過，我需要的是一位經驗豐富、能夠檢測這些試管的專家。」馬諾萬頭也不抬地說。

「我就是這方面的專家啊！」哈利姆說。

「什麼！你說什麼？」馬諾萬猛然抬起頭，眼中顯出一絲驚訝，「你不是一名進修生嗎？」

事到如今，哈利姆覺得沒有必要向朋友隱瞞了，於是說出了自己的真實身分：「其實，我一開始就應該告訴你的。我並不是進修生，而是伊拉克政府派來從事某個專案的專家。我想我可以幫你。」

聽到哈利姆說出自己的職業，馬諾萬先是心頭一緊，然

後渾身熱血沸騰，感覺自己好像從冰冷的室外闖入了熱氣騰騰的浴室。不過，他表面上依然鎮定自若，並沒有顯示出一點激動的樣子。

他對哈利姆說：「我計劃這週末在阿姆斯特丹和那些德國人見面，但我必須提前兩天到那兒。這樣吧，星期六下午我派專機接你，怎麼樣？」

哈利姆二話不說，爽快地答應了。

馬諾萬似乎有點不放心，於是叮囑道：「你可千萬不要後悔，如果這筆生意做成了，又會有一大筆酬金等你拿。」

事實上，所謂的「專機」其實是漆上了馬諾萬公司名字的摩薩德專用飛機；而馬諾萬公司在阿姆斯特丹的辦事處，其實是一位猶太富翁的辦事處。

哈利姆抵達阿姆斯特丹後，被立即送往馬諾萬的辦事處。摩薩德特工易薩克和以色列核專家班傑明‧戈爾坦茲早已恭候多時，所要檢測的試管也已經佈置好了。雙方見面後首先討論了一些原則性問題，然後，馬諾萬和易薩克以商議價格為由離開了，留下兩位核專家探討技術問題。由於兩人有著共同的經驗，因此越談越投機。戈爾坦茲漫不經心地問哈利姆為什麼對核工業有如此深入的瞭解。這個問題就像一顆在黑暗中發射出的子彈，打掉了哈利姆所有的戒備。這位伊拉克核專家便滔滔不絕地談起了自己的工作。

阿姆斯特丹，是荷蘭首都及最大的城市，許多荷蘭大型機構的總部都設於此，華人有時也稱其為荷京，它位於荷蘭的西部省分北荷蘭省。阿姆斯特丹歷經了從漁村到國際化大都市的發展過程，經歷了輝煌與破壞，以及世界大戰的洗禮，從一定程度上來說，它的歷史也是荷蘭歷史的一個縮影。圖為阿姆斯特丹皇帝運河。

　　這次會面結束以後，戈爾坦茲向其他兩位特工通報了他剛剛獲得的情報。摩薩德方面當即決定，在請哈利姆吃晚

餐時設法將其收買,馬諾萬則推說有事提前離開。

實質性的行動即將開始了。在晚宴上,易薩克和戈爾坦茲談論起了向第三世界國家出售核反應爐,幫助他們和平使用核能源的計劃。他們對哈利姆說:「對於第三世界國家來說,你們那種核反應爐最適合不過了。如果你能弄到有關這方面的詳細技術資料,賣給那些國家,那麼我們就能發大財了。」

「不管怎麼說,這是我們三個人之間的祕密,絕不能讓外人知道,連馬諾萬也不例外。我和戈爾坦茲負責跟買方簽約,你負責技術層面的問題,我們不需要別人插手。」易薩克強調說。

「可是,馬諾萬對我不錯……我還是有點不放心……你們知道,這很危險的……」哈利姆顯得十分緊張。

「其實並沒有你想像的那麼危險,我們會付給你很多錢,不會有人知道的。」易薩克安慰他說。

「你肯定嗎?」哈利姆仍然拿不定主意,但此時他的眼前卻浮現出一疊疊美鈔。「可是,馬諾萬那邊怎麼辦呢?我可不願意背著他做事。」他又補充了一句。

「不必擔心他,他是絕對不會知道的,我們和他依然是合作夥伴,一起做生意。」易薩克回答說。

這下子,哈利姆終於解除了後顧之憂,再也沒有理由拒絕金錢的誘惑了——他終於被收買了。

哈利姆此次檢測試管,得到了馬諾萬支付的8000美元酬金。當晚,哈利姆在他下榻的豪華包間裡,擁著一位美女進入了甜美的夢鄉。第二天,收穫頗豐的哈利姆便搭專機回到了巴黎。

　　過了一段時間，馬諾萬來向哈利姆告別，說他要去英國做生意。馬諾萬選擇「離開」的目的，就是不讓哈利姆因時刻感覺自己瞞著馬諾萬做了一些事而心存愧疚。但他臨走時留下了電話給哈利姆，告訴他如果有需要可以打電話給他。

　　兩天後，哈利姆與專程來到巴黎的易薩克會面了。易薩克希望他能夠提供伊拉克建造核反應爐的具體位置、反應堆的功率、工程精確進度等詳細資料。此外，他還教哈利姆如何使用一種特殊的紙張複印檔案資料。

　　此後，兩人每次見面，易薩克都會付給哈利姆一筆數量可觀的酬金，而哈利姆則源源不斷地為他提供珍貴的情報資料。

　　哈利姆雖然經不住金錢的誘惑，但他也並非是那種見了錢就忘乎所以的人。很快的，他就患上了所謂的「間諜綜合症」。他整日擔驚受怕，坐立不安，情緒極不穩定，血壓也不正常，時常徹夜難眠。他知道，自己陷得越深，可能面臨的後果就越可怕。他時常反思，自己到底做了些什麼？現在該怎麼辦？此時，他唯一能想到的就是他的好朋友馬諾萬。他認為馬諾萬結交了許多社會名流，與上層人物也有來往，一定有辦法幫他跳出火坑。

　　彷徨之中的哈利姆撥通了馬諾萬在倫敦的電話，用一種懇求的語氣對他說：「我現在遇到了麻煩，你一定要幫幫我。在電話裡不便談論此事……我真的需要你的說明。」

　　「我一定會幫你的。遇到了困難，當然得靠朋友嘛！我立刻飛回巴黎，你到我常住的公寓等我。」馬諾萬二話不說，當即表示願意幫助哈利姆解決難題。

「我被騙了！」哈利姆一見到馬諾萬，立即向他講述了自己在阿姆斯特丹和德國人達成的祕密交易。

「我非常後悔，你是我最好的朋友，我本不應該對你隱瞞這件事的，但是我被金錢蒙蔽了雙眼。我的妻子過去經常慫恿我多弄點錢，我以為這是個天賜良機。我真是太自私了，竟然對你隱瞞了這件事，我懇求你的原諒！現在，我需要你幫幫我。我真是好糊塗，好愚蠢啊……」

聽了哈利姆的訴說，馬諾萬並沒有因為他對自己有所隱瞞而表現出絲毫不滿，而是豁達地說：「噢！做生意嘛，都是這樣的！」接著，他若有所思地說：「那些德國人會不會是美國中央情報局派來的？」

哈利姆先是一愣，然後說道：「我把我所知道的全部情報都告訴他們了，可是他們還想得到更多的東西。」

「讓我好好想一想。」馬諾萬說，「我認識很多像你一樣的人。不管怎麼說，你絕對不是第一個被金錢俘虜的人。你先鎮靜一下，別那麼緊張。這種事很少會像你說的那麼糟糕，只要你適時脫離這灘渾水就行。」

當晚，兩人飽餐了一頓，還喝了不少酒。餐後，馬諾萬特意為哈利姆找來一個年輕貌美的妓女，笑著對他說：「她會讓你的神經恢復平靜的。」

自從收買行動開始實施後，一晃五個月過去了。在此期間，哈利姆一直處於緊張、恐懼和煩躁之中。為了調整自己的心理，他經常出入夜總會，與風騷女郎廝混，以便暫時忘掉令他感到恐懼的那件事。

又過了一段時間，摩薩德的行動小組在研究了哈利姆的狀態以後，決定讓馬諾萬再次去找他，告訴他那些德國人

背後的主使者就是美國中央情報局。

中央情報局（英語Central Intelligence Agency，簡稱CIA，
中文簡稱中情局）是美國最主要的情報機構之一，主要任
務是公開和祕密地收集和分析關於國外政府、公司和個人，
政治、文化、科技等方面的情報，協調其他國內情報機構
的活動，並把這些情報報告到美國政府各個部門的工作。
圖為美國中央情報局的徽標

「他們會把我掐死的，他們會把我掐死的！」聽了馬諾
萬說出的結果，哈利姆不由得驚叫起來。

馬諾萬連忙安慰他說：「不會的，他們是不會那樣做
的。再說，你又不是在為以色列做事，事情還沒有糟糕到
你所預想的那種地步。不過，誰又知道結果到底會怎樣呢？
我已經跟那些德國人談好了，他們只要求你再提供一份情
報，以後就對你徹底放手了。」

「我還能為他們提供什麼情報呢？」哈利姆有氣無力地

說。

「至於這份情報，跟我沒有任何關係，我想還是由你看看再說。」馬諾萬一面說著一面從皮包裡取出一張紙。「喏，就是這個。他們想知道當法國提供一種叫作什麼『焦糖點心』的東西來代替濃縮鈾時，伊拉克將怎麼辦？你只要解答了這個問題，那些德國人就不會再來找你麻煩了。他們不想傷害你，他們只是想得到情報。」

哈利姆告訴馬諾萬，伊拉克政府要的是濃縮鈾，而不是法國提供的那種「焦糖點心」。儘管如此，最近幾天將有一個出生在埃及，名叫葉海亞‧邁什哈德的物理學專家前往巴黎來考察這個專案，屆時他將代表伊拉克當局對此事做出最終決定。

「他這幾天就會來巴黎？那你是不是要去接他？」馬諾萬問道。

「是的，他這幾天就會到。我們這個團隊的全體工作人員都要去接他。」

「好！到時候你就有可能從他那兒得到這份情報，你的麻煩也就迎刃而解了。」聽到這裡，哈利姆好像得到了安慰似的，鬆了一口氣。

突然，哈利姆急匆匆地起身告辭。原來，自從他錢包的錢多了起來以後，他一直包養著一個妓女。這個妓女是一位名叫瑪莉的法國婦女介紹給他的，哈利姆一直以為瑪莉是向當地員警傳遞情報的人，而實際上，她受雇於摩薩德。當哈利姆要求瑪莉做他的情婦時，瑪莉便按照馬諾萬的意思，把自己的一個女友介紹給了哈利姆，以便讓摩薩德能夠更好地監視他。

過了幾天，葉海亞‧邁什哈德如期抵達巴黎。哈利姆接受了馬諾萬的建議，堅持單獨請邁什哈德吃晚餐，因為這樣才可以順乎自然地讓馬諾萬以「偶遇」的方式，與這位科學家會面。

到了約會的那天晚上，按照事先定好的計劃，哈利姆在餐館裡「意外地」遇到了好友馬諾萬，於是把他介紹給邁什哈德。邁什哈德這個人做事比較謹慎，只是禮貌性地和馬諾萬打了個招呼，並建議哈利姆先和他的朋友寒暄一會兒，然後就回到自己的餐桌去了。

用餐時，哈利姆由於過度緊張，以至於他沒能向邁什哈德提起有關「焦糖點心」的問題。他只是說他的好友馬諾萬如何能幹，可以說沒有什麼他買不到的東西，這個「奇人」說不定哪天就能派上用場等等……可是，這位埃及出生的科學家對此毫無興趣。

當天深夜，哈利姆打電話跟馬諾萬說，自己沒有從邁什哈德口中獲得任何有用的東西。

第二天晚上，哈利姆來到了馬諾萬家中。馬諾萬告訴他，如果他能夠提供伊拉克反應堆裝置由法國的土倫港運往巴格達的準確時間表，美國中情局可能會對此感到滿意。

這時的哈利姆已經無法抗拒。在急於脫身的心理支配下，他終於向對方提供了這項情報：核反應爐將於某日在土倫港內的小城濱海拉塞納裝船。

這時，哈利姆的妻子薩米拉返回巴黎了。憑藉女人特有的敏感，她一見到丈夫就覺得他跟以前不太一樣。哈利姆解釋說，他剛剛升了職，薪資也增加了，因此變得浪漫起來。他不但帶著妻子到高級飯店就餐，甚至還談論起買車

的事。

可是，哈利姆並不精於世故。就在薩米拉回到巴黎後的第二天晚上，哈利姆就對她提起了他的朋友馬諾萬以及他與美國中情局的事。

薩米拉一聽到這些立刻大發雷霆。她斷言那些人很有可能是來自以色列，而不是美國中情局的人。

「美國人為什麼要關心這些事？除了以色列人之外，不會有人關心這些事的。這個道理，就連我媽媽那個蠢女兒都懶得跟你講！」

當然，薩米拉一點兒也不蠢，她的分析完全符合事實。

六人破壞小組

　　1979年4月5日，兩輛重型貨櫃卡車開往土倫港附近的濱海拉塞納一個專用倉庫，另有一輛與之相似的卡車緊緊地尾隨其後。看上去，這一切都很正常，沒有任何令人起疑的地方。

　　其實，第三輛卡車上的大金屬箱裡，藏著一個由六人組成的摩薩德破壞小組，包括五名爆破手和一名專程從以色列趕來的核專家。專家的任務就是確定安置炸藥的位置，以便有效破壞已經整裝待運的核設備。

　　根據哈利姆提供的，以及透過其他管道得到的情報，以色列人已經準確掌握了這批貨物的位置，以及停貨場衛兵換崗的時間。爆破小組使用摩薩德特有的鑰匙打開了裝載伊拉克核設備的貨櫃大門，經以色列核專家確定這些設備的核心部位之後，他們便將五顆塑膠炸彈安放在指定位置。這種炸彈是以色列多年研製的成果，具有極大的破壞力。

　　第二天，在臨時放置伊拉克核設備的倉庫門前發生了一起交通事故──有名年輕貌美的女郎正在街上行走，卻突然被一輛汽車撞倒了。女郎雖然傷勢較輕，但她仍然對著汽車司機破口大罵。汽車司機也很生氣，於是和她對罵起來。沒一會兒，事發現場就聚集了很多圍觀者。

　　女郎越罵越氣憤，只見她渾身顫抖，臉紅脖子粗；司機則針鋒相對，毫不示弱。這時，圍觀者越來越多，就連倉

庫的值班警衛也過來看熱鬧。他們一個個笑得合不攏嘴，感到十分開心。

就在女郎與司機吵得不可開交的時候，一名爆破手混入了圍觀的人群。當他看到倉庫的警衛都已經跑過來看熱鬧不會有任何危險時，便悄悄地按下了引爆的遙控器。

圖為濱海拉塞訥的港口，1979年原計劃由法國運抵伊拉克的核反應爐原料就是從這裡裝箱的，結果卻被摩薩德特工炸毀

　　一陣巨響過後，伊拉克核設備60%的部件當場被炸毀，直接損失高達2300萬美元。比這更為嚴重的損失是，伊拉克核反應爐計劃被迫延遲了好幾個月。

　　就在爆炸聲響起之後，警衛們連忙奔向倉庫，圍觀的人群也都驚慌失措，立即散去。這時，女郎與司機的爭吵也戛然而止，肇事車輛迅速離開現場，而那名「受傷」的女郎則跑進附近的街道，蹤跡全無。

　　法國新聞界對這個事件予以高度關注。有的說：「警方懷疑這一事件為法國極左勢力所為」；有的推測是「為利比亞效力的巴勒斯坦人的行動」；還有的說這是「美國中央情報局幹的」。當然，也有媒體把矛頭指向了摩薩德，但以色列當局立即予以否認。

　　事發當天，哈利姆正和薩米拉在外面吃飯，午夜過後才回到家裡。臨睡覺之前，哈利姆習慣性地打開了收音機想聽一會兒輕音樂。可是，他聽到的卻不是輕音樂，而是有關即將運往伊拉克的核設備爆炸的消息。哈利姆嚇呆了，他不由自主地在屋子裡來回走著，就好像籠中的困獸，嘴裡發出一些含糊不清、令人費解的聲音。

　　「你這是怎麼啦？是瘋了嗎？」薩米拉對著他大聲喊道。

　　哈利姆望著妻子，神經質地回答道：「他們把核反應爐毀了！他們會把我也毀了……」

　　他隨即和馬諾萬取得了聯繫。馬諾萬勸他冷靜些，千萬不要做出什麼傻事來。他還對哈利姆說：「沒有人會把你跟這件事聯繫起來的，放心好了。明天晚上到我家來吧！」

　　第二天晚上，哈利姆見到馬諾萬時，身子仍是不停地發抖。他鬍子沒刮，眼神中也充滿了恐懼。他不斷重複說：

「伊拉克人一定會懲罰我的，然後把我引渡到法國斬首！」

「怎麼會呢？你想想，怎麼會有人責怪你呢？」馬諾萬安慰他說。

「這實在太可怕了。這幕後的主謀會不會是以色列人？薩米拉說這件事一定是以色列人幹的，會不會真是這樣？」

「你得鎮定點！你在說些什麼呀！和我打交道的那些人是不會做出這種事的。這很有可能是一種工業間諜活動。你不是曾經告訴過我嗎？在這個領域裡的競爭是很激烈的。」

哈利姆最後說，他決定儘早點回到伊拉克，他的妻子也想遠離這裡。

「我已經在巴黎工作很長時間了，我現在只想遠離那些人，他們總不至於跟著我去巴格達吧！」

當哈利姆說出這番話的時候，馬諾萬心裡卻想著另一件事，他想改變哈利姆的想法，讓他前往以色列。於是他說：「以色列人可能會幫你重新安排生活，他們會改變你的職業，並且為你提供保護。當然，他們也想得到你所掌握的有關核反應爐資料。」馬諾萬這麼說的目的，一方面是藉此否認以色列當局與此次爆炸事件有任何關聯；另一方面也試圖讓哈利姆成為一名以色列間諜。

「不！我絕不和他們來往，我要回到自己的祖國去！」哈利姆態度堅決地說。

過了不久，他和妻子就回到伊拉克了。

摩薩德也想收買邁什哈德，因為他是一位不可多得的阿拉伯核技術專家，而且是伊拉克核反應爐工程的總負責人，與伊拉克軍政兩界有著密切的聯繫。然而，摩薩德的收買行動無法奏效，於是最後下令把他殺害了。

最後的轟炸

　　1981年6月7日下午4點。兩組美製F－15、F－16戰鬥轟炸機從以色列貝爾謝巴軍用機場起飛，不久便和另一架塗有愛爾蘭民航標誌的客機相伴而行。

　　這架從表面上看，好像是阿拉伯國家航空公司通常租用的客機，但實際上卻是以色列空軍的「波音707」型空中加油機。

　　它的任務除了替這兩組轟炸機加油外，主要是利用其龐大的機身掩護轟炸機，進而讓轟炸機避開地面雷達的監視，順利地沿著民航線路，經敘利亞西部進入伊拉克上空。

　　根據哈利姆提供的資料，以色列人精心設計了此次行動的飛行路線圖，讓戰鬥轟炸機得以神不知鬼不覺地飛到巴格達郊外新建成但尚未投入使用的核反應爐上空。

　　在此之前，以色列人已經收買了一名在這座核反應爐工作的法國技術員夏斯皮埃。當轟炸機接近目標時，他迅速向飛行員發出信號，指明核反應爐工程核心部分的具體位置。

　　傍晚6點30分，以色列的轟炸機開始作超低空飛行，躲過了伊拉克雷達的監視，以迅雷不及掩耳之勢，對核反應爐的重要設施進行輪番轟炸。

　　重達900公斤的雷射製導炸彈極其精確地命中目標，隨著一聲聲巨響，該設施的巨大水泥房頂被炸飛，鋼筋水泥

柱被炸斷，伊拉克領導人薩達姆‧侯賽因苦心經營多年的
核工程，就這樣化為灰燼。

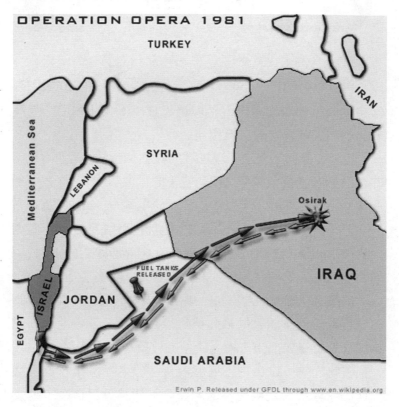

圖為1981年以色列前往伊拉克執行轟炸核反應爐任務的飛
機飛行路線

　　這次長途空襲的唯一損失，就是法國技術員夏斯皮埃。
原來，他進入核反應爐之後遲遲沒有出來，結果被以色列
轟炸機炸死了。

　　當伊拉克軍方的防空導彈和殲擊機做出反應時，以色

列的轟炸機已經安然無恙地從約旦上空飛過，悄然返回以色列。

臨近7點鐘的時候，以色列空軍司令興高采烈地打電話向貝京總理報告：此次空襲順利完成，以方零損失，全體人員安全返回。至此，摩薩德的「斯芬克斯」行動終於取得了圓滿的結果。

正是這項行動，讓伊拉克企圖邁入擁核國家行列的希望頓時化為泡影。

「以色列人民等待你們凱旋！」
——以色列空襲「巴解」總部的內幕

1985年10月1日上午10時，八架以色列戰鬥機飛越2400公里，轟炸了突尼斯郊外的巴勒斯坦解放組織總部。此舉不僅在中東掀起了軒然大波，甚至令全世界都為之震驚。然而，很少有人知道，這次事件的導火線，竟與一位被殺的摩薩德女間諜有關。

改變一生的偶遇

1981年7月的一個晚上，約旦首都安曼送走了白天的喧鬧與酷熱，迎來了一陣陣令人感到無比愜意的涼風。在輝煌街燈的照耀下，街市上的行人悠閒地散步，享受著這迷人的夜晚。

坐落在繁華街區的一座外國駐約旦大使館內，一場週末舞會像往常一樣，在三樓娛樂大廳裡舉行。參加舞會的除了使館官員及其眷屬，還有很多約旦的社會名流、高官富商，其中就包括約旦的高級官員安東尼奧。

在舞曲的陪伴下，安東尼奧與兩位朋友悠閒地談天說地。不過，他的目光卻一直移往一位背對舞池坐著的女子。他注意到，從舞會一開始，那位女子就跟一個30歲左右的男子坐在一起，小聲交談，還不時發出悅耳的笑聲。從背影上來看，那位女子有一襲棕紅色的長髮，身穿阿拉伯黑色無袖裙服，披著一條白色披肩。在場的來賓個個服色斑斕，只有這位女子衣著素雅。雖然安東尼奧沒有從正面看到女子的面容，但他相信，這位女子一定很美。

過了一會兒，悠揚的華爾滋舞曲響起，男女賓客紛紛走進舞池。安東尼奧看見女子仍然坐在那裡，便鼓起勇氣，徑直走向那位女子。

「這位小姐，如果我能請妳跳一支舞，將是我無上榮幸！」安東尼奧飽含深情地說道，看上去紳士十足。

圖為約旦首都安曼市區景色。安曼位於約旦西北部高地上，西依阿傑朗山。安曼是一座山城，城市建築在7座小山崗上，街道隨著山勢蜿蜒起伏，街道兩邊式樣各異的樓房從山下到山上整齊地排列著，大多數房屋的牆壁用當地特產的白石壘成或裝飾，顯得分外潔淨

「這位先生，她當然不會推辭的。不過，你不應該叫她小姐，而要叫她太太，派克太太。」坐在旁邊的那個男子微笑著用阿拉伯語糾正道。

「哦，實在對不起！我想你就是派克先生吧？」安東尼奧帶著歉意說道。

派克先生點了點頭，然後對他的妻子說：「快去吧，親愛的！再這樣坐在這裡，妳一定會憋壞的。妳知道，我最喜歡欣賞妳的舞姿了。」在丈夫的鼓勵下，派克太太站起身，由安東尼奧引導著，緩步走進了舞池。

安東尼奧如此近距離地擁抱著派克太太，感到無比驚

奇。他沒有想到，自己的舞伴竟然如此年輕貌美，嫵媚動人。如果說，剛才他在舞池邊上看到的派克太太是一位大美女，那麼，現在與他面對面親密接觸的這位少婦，簡直堪比天仙！

不單是安東尼奧，就連舞池裡其他賓客，也被派克太太的外貌與身段折服了，以至於他們主動為他倆在舞池中央留下一塊空地，任其展露舞姿。

「哦，我的真主！天使來到了人間！」具有紳士風度的先生們發出了這樣的讚歎。

聽了旁人的讚美，安東尼奧更是激動萬分。他深情地注視著派克太太一雙盈盈秋水般的大眼睛，自我介紹道：「我叫安東尼奧，是約旦人。一看到妳的雙眼，我就會想起澄澈的湖水和秀美的青山。」

「哦，你的想像力可真豐富。怎麼樣？找到愛情了嗎？」派克太太微微揚起頭，用帶有挑戰性的目光望著眼前這個高大偉岸的男人。

「真主保佑！我的愛情在遙遠的地方，不過，我更注重現實。」

聽了安東尼奧的話，派克太太微微一笑，隨即介紹了自己的身分：「我叫拉法伊勒，是一名猶太人。」

「現在妳已經成了派克夫人，不過，我覺得做妳的朋友還是很合適的。如果不介意的話，我想請妳觀看我的業餘攝影展，可以嗎？」安東尼奧款款地說道。

派克太太聽了以後，臉上略過一絲驚奇的神色：「哦，真主！你的業餘愛好剛好就是我的職業！知道嗎？我是一名攝影記者！」

　　舞會結束以後，安東尼奧和拉法伊勒都把對方裝進了自己心中。

　　作為約旦的一名高級官員，安東尼奧一直希望能夠有一個伴侶在社交場合為他增彩；而拉法伊勒天生性情開朗，不喜歡單調的生活，因此她希望有一個人能夠讓自己的生活變得多姿多彩。

　　正是由於彼此的需要與相互吸引，使得兩人從此以後密不可分。

　　正如存在主義大師們所強調的那樣，任何存在都是偶然的。拉法伊勒與安東尼奧的相識便是如此。

　　正是由於這次偶然的相遇，改變了拉法伊勒的一生，她的人生軌道，從此指向了波瀾壯闊的諜海深處……

初涉諜海

這天，派克先生像往常一樣從使館回到家，拉法伊勒見他一副憂心忡忡的樣子，本來就多病的他如今更是臉色蠟黃。拉法伊勒關切地詢問丈夫出了什麼事，可是派克並沒有說什麼。

派克從自己的公事包裡取出一份資料，一邊看，一邊拍打著額頭。過了一會兒，他面帶憂色地睡著了，手中的材料隨之落到地上。

拉法伊勒俯身拾起掉在地上的材料，打開一看，原來，這是一份透過約旦瞭解巴勒斯坦游擊隊情報的材料。拉法伊勒看到其中有一份注有重點符號的情報，她依稀記起自己好像在什麼地方見過。

拉法伊勒靜靜回憶了一會兒，然後搖醒了丈夫，指著那份材料說道：「派克，你知道嗎？我曾經見過有這些內容的檔案。」

「什麼？」派克頓時瞪大了眼睛，驚奇地反問道，「這可是對方內部的絕密檔，妳怎麼可能看到這些東西？」

拉法伊勒依偎在派克懷裡，眨著一雙明眸，天真地問：「你就是為這個發愁，對不對？」

派克長歎了一口氣：「是啊，眼下我們急需瞭解敵人的情況，可是直到現在，我們還是一無所獲。」

拉法伊勒吻了一下派克，然後信心十足地說：「親愛

的，放心好了，這沒有什麼大不了的，我可以幫你弄到情報。」

派克一下子傻了，他瞪大眼睛注視著妻子，說不出話來。

看著一臉疑惑的丈夫，拉法伊勒笑了：「你還記得上次舞會上那位邀請我跳舞的先生嗎？」接著，她就對丈夫說出了自己的想法。派克聽了以後又驚又喜，於是，便和妻子共同制定了一個計劃。

派克經本國使館批准，交給妻子一枚特製的鑽戒，外加一個微型竊聽器。從此，拉法伊勒便邁出了她諜海生涯的第一步。

7月19日午後，按照預先約定的時間，拉法伊勒走進安東尼奧所住的大樓，搭坐電梯來到了安東尼奧的房間。

此時，派克和另外一名情報人員正坐在樓下的一輛黑色小轎車裡。派克熟練地打開接收機，調好頻率，裡面馬上傳出了來自竊聽器的聲音：

「歡迎妳，我的知音！請允許我不叫妳派克夫人，而叫妳拉法伊勒，好嗎？」

「我非常喜歡你這樣稱呼我，安東尼奧先生。」

「妳知道嗎？拉法伊勒，妳實在太美了！跟妳在一起，我感覺自己年輕了十歲！」

「男人總是慷慨地給女士以讚美，你好像也一樣。說真的，你本來就不老，而且帶有一種成熟男人的瀟灑氣質。特別是看了你那些天才的攝影作品，我真的受益匪淺。」

「哦，妳這是在恭維我。」

「不，其實我並不喜歡恭維別人，尤其是對於男人。可是你的確與眾不同，你不僅有高雅的氣質，還有對藝術的

執著追求⋯⋯」

聽著接收機裡傳來的對話，派克自然而然地產生了一絲醋意，不過他知道，妻子這樣做，完全是為了自己。

安東尼奧聽到拉法伊勒的讚美，激動不已，一下子將她摟在自己懷裡，溫柔地說道：「我的寶貝，妳是世上所有男人見了以後都要為之心動的女人。」

拉法伊勒面帶羞澀地抬起頭，深情地望著安東尼奧。安東尼奧像欣賞一件藝術品那樣注視著拉法伊勒：「哦，真主──天使──妳的雙眼，讓我讀出了妳的柔情。哦──不，它簡直要將我融化。」

被安東尼奧緊緊摟在懷裡的拉法伊勒露出了迷人的笑容，而她的大腦卻在飛速運轉著。她十分清楚，在這種情況下，如果安東尼奧把持不住自己，那麼接下來將要發生的事會讓她處於尷尬的境地。突然，她靈機一動，帶著無限柔情吻了一下安東尼奧的臉頰，然後突然驚訝地叫道：「哦，真的對不起！你看我，竟然把口紅印在了你的臉上！我幫你擦掉。」說著，她就借伸手掏手絹的機會快速掙脫了安東尼奧的擁抱，然後邊擦邊說：「讓我倒點兒什麼給你喝吧。」

「哦──妳看，我都忘了。」剛剛從情迷意亂當中回過神來的安東尼奧聳著肩膀說道。

「來點兒威士忌怎麼樣？」拉法伊勒說罷，不等安東尼奧答話，便飄然走向酒櫃，取了兩隻高腳杯。她轉過頭，見安東尼奧沒有跟進來，便立即將手上那枚鑽戒的頂部翻開，把裡面的一些白色粉末倒進了其中一隻酒杯中，然後倒上酒，白色粉末瞬間便溶解了。

拉法伊勒端著酒杯走了出來，只見安東尼奧斜倚在沙發上。他接過酒杯，對拉法伊勒說道：「要是每天都能和妳一起飲酒，那該有多麼愉快啊！來，我們乾杯！」安東尼奧喝了一大口，拉法伊勒喝了一小口，然後兩人相視而笑。

過了不一會兒，安東尼奧開始神色恍惚，目光呆滯。他喃喃地說：「我好累——好——睏……」說著，他的身子便不由自主地倒下去。

拉法伊勒眼明手快，接住了安東尼奧即將鬆手的酒杯。她輕輕拍了拍安東尼奧的臉頰，確認他已經完全失去知覺，於是迅速從隨身攜帶的小包裡面取出手套，來到裡間。她記得上次看見的那份文件就放在辦公桌的抽屜裡，於是打開了抽屜。可是，抽屜裡檔案很多，就是看不見有重點符號的那份。她有些著急了，額頭上開始滲出了汗珠。

她思考了片刻，突然靈光一閃，於是連忙來到臥室。只見臥室的床頭櫃上有一支筆和一副眼鏡，看來安東尼奧此前曾在床邊閱讀過什麼東西。她滿懷希望地拉開了床頭櫃的抽屜。

「呀！太棒了！」拉法伊勒心中暗自叫好。只見抽屜裡壓在一支手槍下面的正是自己的丈夫急需的那份文件。她來不及細想，連忙對著竊聽器說：「趕快收貨！」

派克的助手早已做好準備，他一接到通知，就立刻來到樓上，不但拿走了那份有重點符號的檔案，還把寫字台抽屜裡的文件一同帶走。他帶著這些檔案下了樓，回到那輛轎車裡，分秒必爭地拍攝起來。

留在房間裡的拉法伊勒並沒有因為順利得手而放鬆警

惕，此時的她心裡七上八下。儘管派克事先告訴過她，這種麻醉劑的有效時間是一個小時，可是她還是不免擔心：藥物真的會這麼靈嗎？萬一安東尼奧突然醒來怎麼辦？

她坐立不安，不時地看錶，又看看窗外，甚至走到房門邊側耳傾聽，聽聽外面有沒有什麼動靜⋯⋯

拉法伊勒覺得時間如此漫長，她簡直快要窒息了，恨不得立刻逃出這牢籠般的房間。

不過，她還是讓自己冷靜了下來。她將安東尼奧杯中的殘酒倒進了馬桶，又用清水反復沖洗酒杯，然後重新倒了些酒，把杯子放到安東尼奧身旁，看看周圍沒什麼破綻，心裡這才安穩下來。

「咚、咚、咚！」突然，一陣敲門聲響起。

「是誰？」拉法伊勒條件反射般地跳了起來。她稍微鎮靜了一下，然後向房門走去。此時的她，心臟快要跳到喉嚨了。她閉上了眼睛，然後又睜開，最後終於把門開了一條縫。

「碰！」房門被來者推開了。

「啊！」拉法伊勒不由得一聲尖叫。

還沒等拉法伊勒回過神來，一個濃妝艷抹的女人便闖進了屋子。

「哦，原來是妳這個妖精在這裡！」來者一邊打量著拉法伊勒，一邊怪聲怪氣地說道，「安東尼奧很久不和我聯繫了，原來是妳從中作怪！」

聰明的拉法伊勒聽了這話，立即猜到了此人的來路。她也不知從哪兒來的勇氣，竟然一下子衝了上去，抓住那個女人，舉手就是一記耳光：「妳這個騷貨，也不看看我

是誰！」

那個女人被打得眼冒金星，也搞不清楚眼前這個人是什麼身分，但覺得自己在這兒占不到什麼便宜，於是一邊用手捂著臉，一邊往後退：「好，好……咱們走著瞧！」說完一轉身，飛快地離開了屋子。她一邊走還一邊小聲嘀咕：「安東尼奧沒跟我提起過他有太太啊！」

就在這個女人離開後不久，檔案終於送回來了。

此時，拉法伊勒的心還在劇烈地跳動著，她感覺時間過了很久，可是一看錶，才發現僅僅過了9分27秒。

她連忙把文件放回原處，看看沒什麼漏洞，便倒了一杯開水，然後從包包裡取出一個小紙袋，將安東尼奧的頭放在自己胳膊上，小心翼翼地把紙袋裡那一丁點兒粉末倒進他的嘴裡，又給他喝了一些開水。

「親愛的，快醒醒。」拉法伊勒輕聲呼喚。

過了沒一會兒，被餵了解藥的安東尼奧終於甦醒了，他緩緩地睜開了眼睛，一臉茫然地望著拉法伊勒，顯得有些不知所措。

「你怎麼了？要不要我送你去看醫生？」拉法伊勒關切地問道。

「我可能太累了，昨天晚上又加班到很晚。」安東尼奧心中十分納悶，心想：我怎麼會這樣呢？他看了看錶，然後警覺地到裡間看了看，只見一切如故。他再次端起酒杯，剛送到嘴邊卻又停住了。

「親愛的，你不能再喝了，還是讓我代勞吧！」拉法伊勒見安東尼奧滿臉疑惑，便搶過酒杯，一飲而盡。

在酒精的作用下，拉法伊勒的臉白裡透紅，顯得更加迷

人。

「同樣是這杯酒，她喝了竟然沒事……」安東尼奧心中暗想，「難道是我的身體有什麼毛病嗎？看來真的有必要去醫院檢查一下。」

就這樣，拉法伊勒滴水不漏地完成了這次任務，她也由此開始了自己的間諜生涯。

出征黎巴嫩

　　拉法伊勒本人並沒有想到，她的這次行動不僅為丈夫解了燃眉之急，還為本國情報部門幫了大忙。經過這次「經歷」，她也開始迷戀上了冒險事業。

　　從此以後，拉法伊勒的身分就不只是派克的夫人和職業攝影記者了，她接受了以色列情報和特殊使命局——摩薩德的委派，設法勾引約旦外交部的一位副手。

　　此時，27歲的拉法伊勒正處於成熟女性的黃金年齡。由於丈夫的原因，她經常與外交界人士打交道，因此見識廣博，這使得原本就貌美動人的她又多了幾分超凡脫俗的氣質。曾有一名外交官驚歎地說，她的全身，尤其是眼神，更是不斷地散發著對男人的誘惑。

　　拉法伊勒透過一系列逢場作戲的活動，終於憑藉自己對男人的誘惑力擊潰了這位副手的心理防線，讓其拜倒在自己的石榴裙下，畢恭畢敬地獻上她所需要的祕密情報。

　　在拉法伊勒看來，自己的這些行動不過是一場小小的遊戲，可是，摩薩德的頭目卻大喜過望，覺得她很有發展前途，準備派她前往黎巴嫩開展間諜活動。

　　臨行前，摩薩德頭目與拉法伊勒見了一面，並鼓勵她說：「拉法伊勒，憑藉妳的過人才智，在黎巴嫩可以如魚得水，將自己的才幹發揮得淋漓盡致。」可是，拉法伊勒並沒有因為長官的鼓勵而洋洋自得，相反的，她面帶愁容，

大口大口地吸著香菸。因為她十分清楚，儘管她可以在黎巴嫩發揮所長，但是對於自己體弱多病的丈夫派克，她的內心還有很多牽掛。

「究竟是去是留？」她一根接一根地吸著香菸，心中萬分矛盾。

最終，在去與留的問題上，她選擇了前者——前往黎巴嫩開展情報工作。為此，她還化名為巴特麗莎。

圖為黎巴嫩難民營。黎巴嫩位於亞洲西南部地中海東岸，習慣上稱為中東國家。該國東部和北部與敘利亞接壤，南部與以色列（邊界未劃定）為鄰，西瀕地中海。1975年，黎巴嫩爆發了一場持續了15年的內戰，嚴重破壞了黎巴嫩的經濟，造成大量人員傷亡和財產損失。據估計，有15萬人遇難，20萬人受傷，約90萬人（占戰前人口的五分之一）流離失所

　　到了黎巴嫩，巴特麗莎開始使用事先準備好的各種不同的身分證明，高傲地出入各種大型社交場所。憑藉自己美麗的外表、高貴典雅的氣質和不凡的談吐，她很快就得到了眾多社會名流、達官貴人的垂青。當然，有時她也重操舊業，背著攝影包，以記者的身分出現在一些重要場合。憑藉這些便利條件，她很快就盯上了一個「獵物」──陸軍武官漢斯。

　　為了引魚上鉤，巴特麗莎下了一番苦功。在一次雞尾酒會上，有意一展風姿的巴特麗莎透過別人的引見，終於站到了漢斯面前。

　　從年齡上來看，漢斯差不多可以做巴特麗莎的父親了，不過，這並沒有影響兩個人的交往。漢斯被巴特麗莎的主動熱情感動，兩人越談越投機。

　　漢斯說，他對猶太人頗有好感；而巴特麗莎卻說，她只鍾情於攝影記者這個職業，對於政治，她沒有絲毫興趣。她還表示，如果有機會的話，她希望能夠幫漢斯拍照。從此以後，兩人交往頻繁，漢斯經常邀請她去貝魯特郊外的別墅，而她自然也會欣然前往。兩人時常手挽著手靠在一起，談天說地。

　　雖然巴特麗莎嘴上說對政治不感興趣，可是每當漢斯談起政治時，她總是在扮演一個忠實的聽眾；特別是當漢斯談到戰爭時，她那種全神貫注的表情更是令漢斯興奮不已。為了進一步炫耀自己，漢斯總是會講述很多巴特麗莎願意聽到的消息。

　　在交往過程中，巴特麗莎不斷施展自己對付男人的手腕，不但讓漢斯墜入了愛河，更令他方寸大亂。

　　巴特麗莎見時機成熟，便邀請漢斯來到自己的住所。這裡，是她為「獵物」精心準備的安樂窩。漢斯一走進房間，就被一種只有女人才有的淡雅氣息給迷住了。巴特麗莎柔聲細語地說道：「漢斯，歡迎你的到來。能來到這裡的人，從未失望過，相信你也能夠滿意。」

　　漢斯早已被巴特麗莎弄得暈頭轉向，聽了這話，他連連答道：「嗯，我不會失望的。」

　　這時，巴特麗莎開始轉入了正題：「英俊威武的軍官，之前我已經跟你說過了，你初次登門，難道沒有『禮物』送給我嗎？」她一邊說著，一邊用狡黠的目光注視著漢斯。

　　漢斯走到她身邊，把雙手放到她的香肩上說：「如果我不送妳『禮物』，妳會生我的氣，是不是？」

　　「漢斯，你來到這兒，是讓我高興而不是讓我生氣的。」

　　漢斯連忙從自己的公事包裡拿出了一疊檔案，遞到巴特麗莎面前。

　　巴特麗莎伸手接過文件，嘴角略過了一絲頗有深意的微笑，任由漢斯那有力的雙手緊緊摟住自己的腰身……

贖罪日的災難

　　拉法伊勒利用自己的美貌和超凡的活動能力，成功勾引了約旦和黎巴嫩的眾多上層人士，獲取了很多有關巴勒斯坦游擊隊的絕密情報。以色列當局根據這些情報頻頻出擊，讓「巴解」組織損失慘重，連「巴解」組織的高級情報人員阿布·哈桑也被謀害。為此，摩薩德不斷對她給予嘉獎。

　　然而，這位風頭正盛的艷諜或許沒有想到，此時，已經有人盯上了她，一場劫難即將來臨。

　　1985年9月25日，這一天是猶太教的「贖罪日」。在賽普勒斯共和國東部的拉納卡港，太陽的光輝灑在附近蔚藍色的海面上，顯得格外美麗。

　　忽然傳來的一陣馬達聲，打破了海港的寧靜，一艘遊艇劈波斬浪，從遠處飛馳而來，遊艇上有三個以色列人，他們可不是普通的遊客。為首那個年紀稍大，手持高倍望遠鏡眺望遠處海面的男人就是派克，他剛剛被提拔為摩薩德駐歐洲分部的領導人；負責駕駛遊艇的那個人是他的副手；而緊靠在派克身邊，胸前掛著長焦鏡頭相機的那個美麗女子，正是他的妻子拉法伊勒。

　　「注意！前方有艘貨輪！」派克說完，他的副手便駕駛遊艇繞了過去，拉法伊勒則快速按動相機的快門，拍下了照片。

　　在外人看來，他們三個不過是在海上兜風的遊客，但是

實際上，他們此行的目的是偵察賽普勒斯和黎巴嫩之間的來往船隻、貨物以及人員等情況，因為這條航線是「巴解」組織向黎巴嫩運輸武器、人員的重要通道。

在通常的情況下，摩薩德駐歐洲分部的高級人員是不會輕易露面的，即便露面也會有保鏢跟隨。可是今天，他們不願帶太多的人。

遊艇距離岸邊越來越近，於是開始減速，穩穩地停了下來。派克夫婦相互攙扶著準備離開甲板，副手也拎起了旅行包。

就在這時，岸上的土堆下突然竄出了幾個蒙面人，他們手持帶有消音器的折疊式衝鋒槍，對準了站在遊艇欄杆邊的三個人。

「啊！」拉法伊勒看到這種情景不由得發出了一聲尖叫，而兩個男人還沒有反應過來，衝鋒槍裡的子彈就朝他們三人身上射了過來。

頓時，三個人身上血花飛濺，無一倖免地死在了槍口之下。拉法伊勒的屍體趴在遊艇欄杆上，原本嬌美動人的半裸上身已經血肉模糊，鮮血順著手臂流向指尖，滴落在蔚藍色的海水裡。

就這樣，「贖罪日」成了一代艷諜拉法伊勒的忌日。

復仇行動

　　一向有仇必報的以色列人會善罷甘休嗎？答案自然是不會。

　　就在拉法伊勒等人遇害後的第二天晚上，以色列當局召開了內閣會議。會議決定，以色列將以此事為藉口對「巴解」組織實施報復性打擊，並且制定了具體的行動方案。

　　9月27日，一批具有豐富經驗的以色列飛行員被集中到南部沙漠的機場上，開始了緊急訓練。

　　與此同時，一組攜帶祕密電台的摩薩德特工也開始了行動。

　　原來，內閣會議已經決定，將要動用軍事力量襲擊位於突尼斯的「巴解」總部。這一行動並不僅僅是為死去的三個人報仇，更重要的是，「巴解」組織主席阿拉法特就在那裡辦公，此舉可以為以色列除掉這個頭號敵人。當天下午，摩薩德特工以遊客的身分來到了「巴解」組織總部附近開始了勘察行動。

　　「巴解」總部位於突尼斯首都東南方向35公里處的哈瑪因沙特市郊，占地面積不大，只有兩棟樓房和幾座小別墅，周圍是一圈圍牆。

　　「巴解」總部原本設在貝魯特，1982年以色列入侵黎巴嫩以後，「巴解」總部就搬到了這裡。平時，在總部大樓裡辦公的大約有一百人左右，另外還有一個通訊小組以

及由阿拉法特親自指揮的警衛部隊——「第十七部隊」。

「巴解」總部門前幾名哨兵警惕地守衛著大門，可是，他們並沒有發現，在一公里之外的一個小山坡上，正埋伏著兩名摩薩德特工。

摩薩德特工分佈在世界各地，他們的公開身分也是多種多樣，從外交官、記者、富商、專家到餐館服務員、祕書、司機甚至妓女，幾乎無所不包，而且個個身懷絕技。

埋伏在山坡上的這兩名特工也是一樣，他們沒有攜帶任何武器，也沒有諜報人員經常使用的竊聽器，但是，他們卻擅長繪圖。他們此行的任務，就是用紙和筆繪出「巴解」總部的平面設施圖。

9月28日，以色列國防部長拉賓、參謀長利維和空軍司令拉皮多特聚在一起，一邊指點著剛剛送來的「巴解」總部平面設施圖，一邊探討襲擊方案。

當天晚上，摩薩德特工又用電台發回了最新的情報，內容包括阿拉法特的個人情況以及突尼斯高炮陣地、地對空導彈基地的情況。拉賓看了這些情報之後，滿意地笑了。

9月30日晚，「巴解」組織主席阿拉法特剛剛結束與摩洛哥國王哈桑二世的會談，便接受了記者的採訪。面對新聞媒體，他用一種帶有憂慮的語調說道：「如今，阿拉伯聯盟已經四分五裂無法抵禦美國和以色列聯盟了。如果阿拉伯人不能儘快達成一致，那麼，阿拉伯民族必將面臨一場劫難，而巴勒斯坦人將首當其衝。」說完，他就走上飛機，返回了突尼斯。

圖為前摩洛哥國王哈桑二世。他是國王穆罕默德五世的長子。1957年7月9日，被正式立為王儲，1961年2月26日穆罕默德五世病逝，3月3日，哈桑正式繼承王位，尊號哈桑二世。1999年7月23日，哈桑二世因心臟病突發而去世，他的逝世被稱為「中東無法彌補的損失」

　　阿拉法特下了飛機以後，他的司機把他接上車，開往「巴解」總部。阿拉法特向司機詢問時任巴解武裝部隊副司令的阿布‧傑哈德是否回來了，司機說沒有。阿拉法特想了一下，便臨時做出決定，先去「巴解」組織駐突尼斯辦事處。於是，司機當即調轉車頭，朝首都北郊駛去。

　　阿拉法特來到駐突尼斯代表貝勒阿維家裡，一直工作到深夜，然後準備返回自己位於「巴解」總部的住所休息。就在他的汽車將要啟動時，一名助手急匆匆地跑了過來，

說有一件緊急事務需要由他親自處理。就這樣，阿拉法特又回到了房間。

10月1日一早，「巴解」總部的工作人員像往常一樣，開始新一天的工作。但是他們哪裡知道，遠在2400公里之外，以色列方面已經下達了襲擊「巴解」總部的命令。

空軍司令拉皮多特掃視了一眼剛剛經過緊急訓練的空軍精英，高聲喊道：「以色列人民等待你們凱旋！」

片刻之後，伴隨著震耳欲聾的轟鳴聲，八架全副武裝的F－16戰鬥機相繼飛離了跑道。緊接著，兩架由波音－707改裝的空中加油機也升空了。

摩薩德特工早已掌握了以阿拉法特為首的「巴解」組織領導人的活動規律，他們知道，阿拉法特每次訪問歸來，都會於次日召集巴解主要領導人開會，向他們介紹出訪的情況。因此，特工們斷定，此時此刻，阿拉法特一定在「巴解」總部。

然而，這一次以色列人失算了。他們沒有想到，阿拉法特臨時做出的決定竟然救了他一命。此時的阿拉法特，正準備搭車離開貝勒阿維的住所，返回「巴解」總部。

與此同時，以軍機群躲過了埃及和利比亞的雷達，在貼近海平面的高度作超低空飛行，神不知鬼不覺地進入了突尼斯領空。為了防止受到高炮和防空導彈的攻擊，機群還釋放了煙幕和熱氣球。

10點鐘剛過，「巴解」總部的工作人員就聽見了一陣飛機的轟鳴聲，聲音由遠而近，越來越響，門窗也被震得作響。附近的築路工人不由得停下了手中的工作，抬起頭看著這些飛機。

「巴解」總部的軍官很快就認出，這是美國的F－16戰
鬥機，因為上面還塗有以色列的標誌──大衛星。

可是，他們已經來不及做出反應了。

飛機將自身攜帶的炸彈傾囊而贈，「巴解」總部頓時成
了一片廢墟。

圖為以色列空軍突襲突尼斯巴解總部時，炸彈爆炸的瞬間，
在地面上升騰起巨大的煙塵火焰

正驅車趕往「巴解」總部的阿拉法特聽到了遠處那一連
串的爆炸聲，不由得一陣心驚。他向前方望去，只見「巴
解」總部上空濃煙滾滾，完成任務的機群呼嘯著揚長而去。

當阿拉法特趕到「巴解」總部時，發現這裡已經面目全
非。一具具屍體、一個個傷患被人從廢墟中挖出來。在尚
未散盡的硝煙中，痛苦的呻吟聲不絕於耳……

武器專家失蹤案──
綁架瓦努努

1986年12月的一天，耶路撒冷的法庭門前擠滿了人。警車在倒車時，裡面的囚犯舉起戴著手銬的雙手，將手掌貼在車窗上，只見手掌上字跡潦草地寫著：「1986年9月30日21時，BA504航班，瓦努努在義大利羅馬遭到綁架。」

瓦努努是什麼人？這起綁架案背後又有怎樣的故事？摩薩德將給我們答案。

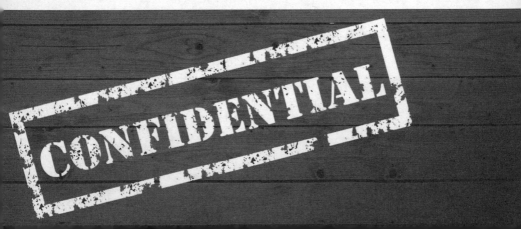

從一通電話說起

　　1986年9月18日一早，以色列駐英國大使館的值班員剛剛走進辦公室，就聽到一陣急促的電話鈴聲。他不耐煩地拿起了話筒。

　　「是以色列駐英國大使館嗎？」

　　「是的。」

　　「有一件事我要向貴國通報一下！」對方說完停頓了一下。

　　「什麼事？」值班員感到有些納悶。

　　「據貴國一位核武器專家提供的資料，現在我們已經掌握了你們地下核工廠製造原子彈的情況，我們打算見諸報端。」

　　「你說什麼？」值班員聽到這裡差點兒跳了起來，但他很快便鎮定下來，說：「我告訴你，報界披露這種駭人聽聞的謠言已經不是什麼新鮮事。至於真實性，就更加缺乏憑據了，因此，我們對此發表任何評論都是多餘的！」值班員說完，「啪」的一聲掛斷了電話。

　　他略微平靜了一下，然後站起身來，咬牙切齒地自語道：「民族的敗類，國家的叛徒！」

　　這個「叛徒」究竟是什麼人呢？原來，他就是以色列核武器專家莫迪凱‧瓦努努。

叛國者的艷遇

　　1986年9月24日下午，從位於東倫敦碼頭附近的《星期日泰晤士報》社走出一名中年男子。他身材瘦高，已經謝頂，削瘦的臉上長滿了絡腮鬍。這個人，就是莫迪凱·瓦努努。

　　瓦努努獨自來到倫敦市中心的萊賈斯特廣場。這個地方行人很少，顯得十分空曠。

　　就在前不久，他把自己所掌握的以色列地下核工廠的絕密情報透露給了《星期日泰晤士報》，希望全世界都知道以色列正在祕密研製原子彈。沒想到，這家報社雖然對消息本身很感興趣，卻對瓦努努存有很多疑慮。瓦努努不由得發出了感慨，深感這個世界太缺乏信任，自己的滿腔正義換來的卻是驚恐、懷疑和無休止的爭論，特別是置身於這個陌生的國家，讓他感到有一種被世人拋棄的感覺。

　　他一邊想著心事，一邊往前走，突然，他發現一名站在噴水池旁的女子似乎正在注視著他。這名女子約25歲，身材高挑，體態豐滿，一頭金髮，身穿寬鬆的黃色裙服，一條雪白的披肩在微風的吹拂下微微飄動，在她的眼睛裡，流露出一種孤獨的神情。

　　「她是什麼人？難道她和我一樣孤獨？真奇怪，她為什麼看著我？她長得好美……」

莫迪凱‧瓦努努，又名約翰‧克羅斯曼，是前以色列核武
技術員，聲稱由於反對大殺傷力武器，於1986年向英國傳
媒揭露了以色列核武計畫。圖為2009年時的莫迪凱‧瓦努努

　　帶著一種無法言傳的感覺，也帶著幾分勇氣，瓦努努來
到了女子身旁。

　　「妳好！」瓦努努上前打了個招呼。

　　「你好！」女子的聲音很輕，聽起來似乎有些羞澀，又
似乎帶有一種淡淡的愁思。

　　「我沒有打擾妳吧？」

　　女子輕輕地搖了搖頭。

　　「妳住在本地嗎？」

　　「不，我叫辛蒂‧切瑞爾，是從佛羅里達來這裡接受培
訓的美容師。」

「哦，真對不起，忘了告訴妳，我也不是這兒的人，妳就叫我瓦努努吧。既然我們偶然相遇了，讓我請妳喝咖啡，好嗎？」

女子沒有推辭。

孤獨的瓦努努在這個孤獨的時刻，遇到了這樣一個孤獨的女人，他頓時感到一種說不出來的喜悅與慰藉。

照著女子的建議，他們來到了埃刻萊斯頓飯店的酒吧間。

瓦努努喝了一口威士忌，透過七色燈那時暗時明的光線，直視著對面的切瑞爾那張俏臉。切瑞爾閃動著水靈靈的大眼睛說：「瓦努努，你為什麼總是這樣看著我？」

「呃——哦，切瑞爾，我不是在做夢吧？妳知道嗎？妳是我所見過的最美的女人……」

瓦努努充分發揮了自己的口才，以博得切瑞爾的歡心。看著切瑞爾開心地微笑，其貌不揚的瓦努努一點兒也不懷疑這場艷遇對自己是否真實，相反的，他產生的是一種昏昏然的躁動。

當兩人離開酒吧時，天已經黑了。

就在兩人即將分手的時候，瓦努努突然感到一場美夢做完了，自己又將回到那陰沉沉的世界裡。他低沉地說道：「切瑞爾，我們還能再見面嗎？」

切瑞爾揚起那嬌媚的笑臉，回答道：「就看你有沒有時間了。」

瓦努努感到她話裡有話，於是關切地說：「能讓我送妳回去嗎？」

「不必了，我就住在埃刻萊斯頓飯店。」切瑞爾說完，伸出了蓮藕般的玉手。

瓦努努拉過她的手，輕輕地撫摸著，溫情地說道：「難道妳就不能邀請我到妳房間裡坐坐嗎？」

切瑞爾抽出手，嬌嗔地扔下一句：「你真是個討厭的傢伙！」說完，就邁著輕盈的步子朝電梯口走去。

瓦努努彷彿得到了默許，連忙跟了進去。

兩人一前一後來到七樓的209號套間。切瑞爾走進浴室，將一塊事先準備好的香皂放在浴盆上，然後走出來，對正在屋子裡四下觀望的瓦努努說：「看你的頭，活像個刺蝟，趕快進去洗洗吧！」

幾分鐘後，浴室裡傳來了「嘩嘩嘩」的流水聲……

與此同時，切瑞爾走進了臥室，換了一套衣服，又對著鏡子重新整理一番妝容。然後，她優雅地點燃了一支香菸，臉上露出一絲得意的笑容。吸過香菸之後，她從酒櫃裡取出兩隻高腳杯，倒了兩杯紅酒，然後把酒杯放到客廳的茶几上。

此時的瓦努努一邊往身上塗抹著香皂，一邊開心地哼著小曲，還不時叫道：「啊，真舒服！」

聽到瓦努努那幸福的「呻吟」，切瑞爾的臉色頓時沉了下來，心裡暗暗詛咒道：「對於一個傷害以色列利益的叛國者來說，就算是跪在真主面前也懺悔不盡他的罪惡……」

這個名叫辛蒂·切瑞爾的女人，就是奉命前來捉拿瓦努努的摩薩德特工。

切瑞爾是在美國出生並長大的。大約在她17歲的時候，她的父母要求離婚。那時候，他們整天惡語相加，在家裡也大吵大鬧。為了尋求安寧，年輕的切瑞爾投身於她的老

師多佛・肯托夫門下。肯托夫不斷地向她灌輸猶太復國主
義思想。後來，切瑞爾獲得了一個到以色列深造的機會，
於是她義無反顧地加入了這個行列。

這次深造為期三個月，是由世界猶太復國主義組織資助
的，主要課程是學習希伯萊語和猶太歷史。這次故鄉之行，
讓切瑞爾對於這個初次謀面的祖國充滿了好感，也讓她作
為猶太人的民族意識更加深刻。

課程結束以後，切瑞爾回到美國，但此時的她，早已立
下了為以色列獻身的志向。高中一畢業，她就立刻返回以
色列，參加了青年戰鬥先鋒組織——納豪爾。

納豪爾是一支精銳部隊，職責是建立並守衛新的居民
點。在此期間，切瑞爾遇到了她未來的丈夫——軍事情報
部少校歐佛・本托夫。

1985年3月，25歲的切瑞爾與歐佛・本托夫結為夫妻。
同時，她作為一個忠心耿耿、懷有獻身精神的公民被以色
列接納了。此後，她便成了摩薩德忠實而得力的一員幹將。

摩薩德首腦認為，像捉拿瓦努努這樣的行動一定要做到
出擊必勝，同時不能引起輿論界的注意，所以，採取誘捕
是最合適的。對於瓦努努這樣一名男性叛國者，理應由一
個年輕貌美的女性來「伺候」，於是，摩薩德領導人將這
個任務交給了切瑞爾。

9月19日，也就是以色列駐英國大使館接到威脅電話後
的第二天，切瑞爾・本托夫那迷人的身影便出現在位於維
多利亞街區的埃刻萊斯頓飯店。之後的事情完全不出切瑞
爾的預料，孤獨寂寞的瓦努努果然「主動」送上門來。

看著瓦努努從浴室裡出來，切瑞爾連忙站了起來，笑盈

盈地問道：「洗好了？」隨即遞上酒杯：「來，放鬆一下。」在遞酒的同時，切瑞爾輕輕地甩了一下垂在胸前的長髮。這時瓦努努發現，她胸前的兩個鈕扣不知是有意還是無意，竟然沒有扣上……瓦努努接過酒杯之後，呆立在那裡，眼中射出了貪婪的光芒。

切瑞爾似乎看穿了瓦努努的意圖，她喝了一小口酒，然後向瓦努努莞爾一笑：「瓦努努，你看上去好像有些醉了，你還是趕快回去吧。」她一邊說著，一邊翹起了大腿，在瓦努努的注視下輕輕地晃動著。

看著切瑞爾那迷人的笑臉和雪白粉嫩的大腿，瓦努努再也控制不住了。他站了起來，像一隻餓虎般朝切瑞爾撲去……

反出迪莫納

「滿意嗎？」雲散雨收之後，切瑞爾嬌滴滴地問瓦努努。

「沒有比這更讓我感到滿意的了！」

「你的鬍子真扎人！」

「對不起，我不是有意的⋯⋯」

瓦努努撫摸著切瑞爾的面頰，不由得沉浸在對往事的回憶之中⋯⋯

在地中海東岸，一條公路繞過山崗，穿過小鎮，直往內蓋夫沙漠。

每天早上7點，一支由40輛藍白相間轎車組成的車隊都會準時出現，沿著公路由北向南疾馳而去。在距離沙漠小鎮迪莫納約15公里處，車隊向右拐入一條小路，行駛不到1公里，前方便出現了一個軍隊檢查所，手持微型衝鋒槍的士兵逐個檢查司機遞出的證件，然後，車隊又繼續前進。

繼續行駛10分鐘後，車隊來到沙漠深處。在一望無際的茫茫黃沙之中，一個「禁止通行」的牌子顯得格外醒目。車隊停下來，車上的人都得下來接受極為嚴格的安全檢查。

一道鐵絲網無聲無息地橫在人們面前，就像是一條冬眠的長蛇。要是沙漠中有什麼野獸撞在上面，會在瞬間被強大的高壓電流燒成焦炭。電網圈內的沙土已經用拖拉機徹底翻過一遍了，就像地毯一樣平整鬆軟。如果有人非法闖入此地，必然會留下一串串明顯的腳印，很快就會被巡邏

隊和空中盤旋的直升機發現。

在四周的小山包上，聳立著一座座瞭望塔，配備有高倍紅外線望遠鏡的哨兵如臨大敵一般扶著旋轉式機槍，密切注視著周圍的動靜。此外，還有數十枚地對空導彈直指天空，隨時準備擊落貿然闖入這裡的飛機。

這個戒備森嚴的地方，就是以色列的迪莫納核研究中心，其公開的職能是研究和平利用原子能技術。

內蓋夫是一個位於巴勒斯坦南部的沙漠地區，1984被以色列重新佔領。整個內蓋夫占了以色列國土面積一半以上，以色列的迪莫納核基地即位於內蓋夫沙漠境內。圖為迪莫納核基地俯視圖

研究中心共有2700名技術及管理人員。那支規模龐大
的伏爾伏車隊就是接送他們上下班的。

工作人員進入鐵絲網後，便根據自己所在的崗位進入一
座座「麥昌」（希伯來語意為生產中心）。這裡共有10座
「麥昌」，其中，「麥昌1號」是一座圓形建築，銀白色的
屋頂閃閃發光，這是核廢料處理車間——核廢料在這裡被
裝入鉛桶，深埋在沙漠地下。

至於「麥昌2號」，就鮮為人知了。這個研究中心只有
150人能夠進入其中，它正是迪莫納真正的祕密所在——這
裡是以色列祕密研製核武器的地方。

如果只看外表，這不過是一間十分簡陋的水泥建築物，
約有兩層樓高，沒有窗戶，看上去就像是一座廢棄已久的
倉庫。但實際上，它的主要部分都建在地下。為了掩蓋那
高高的電梯塔架，這座建築的電梯深入地下六層樓之深。
它的牆壁堅固厚重，即使遭到重磅炸彈的轟炸，也依然固
若金湯。

幾十年來，「麥昌2號」的這奇妙偽裝不知騙過了多少
外國間諜、偵察機和核專家。的確，它的地面部分確實如
以色列當局所說的那樣，是個試驗性的核電站。

世界許多國家都曾懷疑以色列在祕密研製原子彈，但一
直未能找到證據。然而，莫迪凱・瓦努努卻是為數不多的
知情者之一。

1954年，瓦努努出生於摩洛哥。1963年，舉家遷往以
色列。1972年，瓦努努開始服兵役，三年後退役。1976年
夏天，瓦努努偶然看到一則廣告：迪莫納核研究中心正在
招收技術員。於是，閒居在家的瓦努努踴躍報名。經過考

核之後，瓦努努在以色列官方的保密協議上簽了字，隨後便得到了進入迪莫納這個祕密機構的第一通行證。

經過對專業知識的學習，通過體格檢查，他又拿到了進入「麥昌2號」的第二通行證，並被分配到迪莫納核研究中心的控制室工作。在這裡，他一做就是八年，因此他對這個地下核工廠的情況可以說瞭若指掌。

有一次，瓦努努看了一部反映「二戰」期間，美國在日本的廣島和長崎投下原子彈的紀錄片，從此以後，他的內心便產生了一種深深的負罪感。

原子彈爆炸時產生的蘑菇雲，一排排倒塌的房屋，一具具被燒焦的屍體，從廢墟中爬出來的倖存者可怕面孔，以及那些被核輻射照射過的人們痛不欲生的慘景，便不斷地在他的大腦中重現，讓他坐立不安。

他想到：自己現在所做的工作不就是晝夜不停地生產這種殺人如麻的核武器嗎？因此，他對自己的工作產生了厭倦甚至是仇恨的情緒。

1985年10月，迪莫納核研究中心發覺了瓦努努的這種危險傾向，於是以「工作表現不佳」為由將其除名。

為了出這口怨氣，瓦努努賣掉了自己的房子和車子，於11月悄然離開以色列，輾轉來到澳洲的悉尼，並發誓永遠不回以色列。

為了生活，他做過計程車司機，當過教堂的油漆工。在教堂裡，他遇到了哥倫比亞記者奧斯卡・格雷羅。從此以後，他便與記者結下了不解之緣。

美國的《新聞週刊》駐悉尼記者卡爾・魯濱遜來找他；英國的《星期日泰晤士報》駐澳記者也來找他⋯⋯記者們

　　追求的是瓦努努所掌握的資訊的新聞價值，而瓦努努渴望的是什麼呢？金錢？報復？或是其他別的什麼東西？

　　就在雙方為了這場交易而討價還價的時候，摩薩德已經精心策劃了綁架計劃。一場災難正向瓦努努襲來，而他此時卻沉浸在甜蜜的艷遇之中！

圖為二戰時期，美國在日本的廣島、長崎投放的原子彈爆炸之後產生的蕈狀雲。這是原子彈唯一一次在戰爭中使用，它所帶來的傷害是毀滅性的

社長辦公室裡的對話

　　9月24日晚上7點左右，在倫敦《星期日泰晤士報》的社長辦公室裡，內幕調查組的記者史密斯正向安德魯·尼爾社長彙報瓦努努向他提供的有關以色列地下核工廠的情況。

　　他眉飛色舞地對尼爾社長說：「就在五個星期之前，一個自稱名叫奧斯卡·格雷羅的哥倫比亞人帶著幾張彩色照片來到我的記者站，說這些照片上拍攝的是以色列研製的中子彈。他說出這番話，把我嚇了一跳。我趕緊倒了杯水給他，讓他慢慢說。他見我認真聽他說，便繪聲繪影地說了起來。他說他幫助一名以色列高級科研人員從迪莫納逃了出來，一路上擔心受怕，還遭到了摩薩德的跟蹤。他們現在已經甩掉了跟蹤，在悉尼找到了安全的地方安頓下來。聽了他的話，我半信半疑，因為我覺得他說得有些言過其實。不過，他提供的照片的確攝於迪莫納。」

　　尼爾社長靜靜地聽著，點了點頭，然後從史密斯手中接過了彩色照片。

　　「後來呢？」社長問道。

　　「為了查清事情的真相，我打算嘗試一下，看看有什麼新聞價值。」

　　「很好。去了沒有？」

　　「我已經派了一個學過物理的記者彼德·霍納姆和格雷羅一起前往澳洲。霍納姆見到的那位高級專家名叫莫迪凱

‧瓦努努。他向霍納姆詳細敘述了自己的身分。」

「這個人的態度怎麼樣？」

「瓦努努說，在1985年夏末，他偷拍了很多內部照片。他覺得，自己在以色列核工廠所從事的祕密工作是不道德的，他之所以要揭露這個真相，目的就是為了讓人類避免一場災難。」

「此人現在何處？」尼爾社長問道。

「他已經於9月12日抵達倫敦，並來過報社。不過，我們擔心把事情搞砸，因此想等您回來再說。」

尼爾社長激動地翻看著照片和文字資料，發現以色列這個彈丸小國不但擁有地下核武器工廠，而且每年可生產40公斤鈈，足以製造十枚原子彈。

尼爾社長突然站起身來，用手梳理了一下油光發亮的頭髮，問道：「其他報紙知道這個消息嗎？」

「從目前的情況來看，還不知道。」

「好極了！你一定要把瓦努努控制住，爭取儘快查清事實真相。這樣，我們就可以發出真實可信的獨家報導。知道嗎？單是這條新聞，就稱得上是一枚足以震動世界的原子彈！」

尼爾社長想了想，又叮囑史密斯說：「為了謹慎起見，你儘快把瓦努努帶來，並找權威的核武器專家證實一下，這樣才能避免引起不必要的麻煩！」

「知道了！」

迪莫納的驚天祕密

　　應邀對此事進行鑑定的一些優秀的核武器專家，在聽到這一消息後，起初他們普遍都認為這簡直是天方夜譚，這或許只是一個騙子想為此而發一大筆橫財罷了，因為這樣的事並不少見。

　　可是，當瓦努努愈加深入地介紹地下核武器工廠的詳細情況，並展示了他在迪莫納內部偷拍的60多張彩色照片後，這些世界一流的核專家不得不承認，這的確是以色列擁有核武器最直接的證據。

　　在這些人當中，有當時世界上最富經驗的核武器專家希歐多爾‧泰勒。他曾師從於原子彈之父羅伯特‧奧本海默，並參加了美國第一枚原子彈的設計工作，後來又成為美國五角大樓核武器試驗設計的負責人。泰勒在華盛頓細心研究了瓦努努拍的照片和他的證詞副本之後，陷入了沉思之中。

圖為美國理論物理學家和著名核武器設計師希歐多爾‧泰勒

　　經過一番深思熟慮，泰勒做出了結論：「現在，以色列是一個十分成熟的核武器國家，並且至少已經有10年的研

究歷史，這一點已經沒有任何疑問。以色列核武器的發展水準比以往任何報告或推測所認為的都先進得多。」

他還說，從瓦努努提供的證詞和照片來看，目前以色列每年至少能夠生產5—10枚核武器。與美、蘇、英、法、中等國首次研製的同類型核武器相比，以色列的這些核武器要小得多，輕得多，同時威力也大得多。

一位在心理學上也頗有造詣的核專家在與瓦努努會面之後說：「我向他提出一些初級的技術問題，他的回答和一個鈈處理廠的情況是吻合的。這說明他對自己從事的工作細節十分熟悉。從知識方面來講，他的確有些不足，但他十分坦誠地說他不知道答案。如果一個人想騙你，我想他是不會留下這種疑點的。」

圍繞瓦努努提供的情報，專家們最終歸納出了以下結論：

1. 以色列核武庫的規模已經排在美、蘇、英、法、中之後，實力不可小覷。

2. 以色列的祕密核武器工廠已經有20年以上的歷史，他們將鈈的提取和處理裝置埋在廢棄的建築物底下，因此間諜衛星根本無法發現。

3. 這個核武器工廠採用法國的鈈提取技術，將迪莫納由一個民用核研究機構變為一個核武器生產廠，每年可生產大約40公斤鈈，這足以製造10枚原子彈。近年來，以色列又增添了許多先進的設備以製造氫彈、中子彈等高級熱核武器。

4. 原來那個26兆瓦的反應堆是由法國援建的。目前，這個反應堆已經擴大，很可能為150兆瓦，這樣就可以提取更多的鈈。地下核工廠的出口用一個精巧的冷卻系統來偽裝。

5. 核工廠額外使用的鈾，一部分是從棐爾曼・夏皮羅在美洲的紐梅克公司弄來的，另一部分是在1968年「高鉛酸鹽」行動中得到的。

根據對以上結論的分析，以色列現已裝配好的核武器在100枚以上，至多有200枚。這個數字遠遠超出了先前各國估測的結果。

不過，也有一些曾參加過英國核武器研製工作的專家提出了質疑。他們認為，還應該進一步考察瓦努努作為一名核技術人員在應有的知識方面有無明顯的漏洞。

他們確信，26兆瓦的反應堆生產如此多的鈈，必然要將反應堆完全重建或改建，而如此浩大的工程不太可能不透出半點風聲。

他們認為，瓦努努在控制室的一舉一動，都會受到保密規定的限制，因此他無法單獨一個人留下拍照，然而，事實上他所提供的照片上，竟然連一個其他工作人員都沒有，這一點也值得懷疑。

就在專家們眾說紛紜、莫衷一是時，一件令他們意想不到的事情發生了！

出人意料的獨家報導

史密斯緊鑼密鼓地安排手下人核實情況，寫出一則數千字的報導，並附上瓦努努的陳述及有關照片，準備在《星期日泰晤士報》上將這一驚人的消息公布於眾。

就在這時，與瓦努努相識的格雷羅打來了一個電話，讓《星期日泰晤士報》猝不及防，也讓瓦努努陷入了恐慌。

在這件事情發生時，瓦努努已經與切瑞爾打得火熱。

這天，格雷羅在倫敦街頭的一個公用電話亭裡給《星期日泰晤士報》打了個電話：「我是格雷羅，關於以色列祕密核工廠的事情，我想你們是知道的。沒有我提供資料，你們什麼都得不到。」

「你這是什麼意思？」

「請你不要緊張。你們應該知道，為了這件事，我冒了很大風險，也付出了很多勞動。我想，你們應該付給我30萬美元的資訊費。」

「混蛋！」史密斯心中暗罵。

為了穩住格雷羅，他平靜地說道：「我們找個地方談談好嗎？」

可是，對方把電話掛斷了。格雷羅始終沒有來。

第二天，格雷羅又打電話來說，他已經把消息賣給了《星期日鏡報》。

果然，過了沒幾天，格雷羅的報導就出現在這份報紙

上，這條報導還配有幾張照片，是格雷羅從瓦努努那裡借去的。

瓦努努看到報紙後，心裡又恨又怕，他擔心以色列當局會因為這些詳細證詞和照片而將他置於死地。

另一方面，他對《星期日泰晤士報》對於此事的猶豫態度極為不滿。在這樣的重大挫折面前，瓦努努信心全無，取而代之的是滿腹的懊悔。

「你能否陪我一起去羅馬？」

瓦努努做夢都想不到，格雷羅竟然會如此輕易地出賣自己；他更想不到，切瑞爾這樣楚楚動人、魅力非凡的女人，竟然會投進自己的懷抱。

有她在身邊，瓦努努便獲得了安慰。但他並不知道，他所處的「溫柔鄉」實際上是一條絞索，正在他脖子上套牢！

看到瓦努努唉聲歎氣，切瑞爾把他拉進舞廳；看著他的面孔日益消瘦，切瑞爾就買來滋補品……瓦努努感到十分欣慰，儘管自己在異國他鄉遭受了挫折，但畢竟有一個善解人意的女人陪在他身邊。

似乎已經真正愛上了瓦努努的切瑞爾，開始向瓦努努發起了全面「進攻」。這天夜裡，瓦努努心神不定地坐在切瑞爾的房間裡，以酒解憂。這時，切瑞爾從浴室裡走了出來。她身穿質地柔軟的白色睡袍，平時飄逸的長髮被盤在頭頂，白皙的脖頸沒有項鍊的點綴，顯得更加細嫩。她來到瓦努努身旁，摸著他的臉說：「親愛的，我能為你做點什麼嗎？」

瓦努努看到她眼睛裡透出的真誠，一陣激動，將她攬在胸前，流出了感激的眼淚。他聲音嘶啞地說道：「親愛的，在這個冷漠的世界裡，妳是我的全部溫暖，我不知道今後會怎樣，一點兒也不知道。」

切瑞爾直視著瓦努努，用塗有指甲油的細指抹去他眼角

的淚水:「親愛的,你得好好想想了。《星期日鏡報》上有你的照片,在這個國家,你走到任何地方都會被人認出來的。我覺得,你到國外的某個地方會更好些。」

瓦努努長歎一聲,然後緊緊摟住切瑞爾,帶著滿嘴的酒氣,忘情地親吻著她的嘴唇。

可是,切瑞爾卻從他的懷裡掙脫出來,說:「我很累,我需要休息一會兒。」說著便走向臥室。

瓦努努從後面追了上來,再一次抱住了切瑞爾,他的臉在她的脖頸上不停地蹭著:「親愛的,親愛的……」

「瓦努努,在這樣一個旅館裡,我不會產生任何快樂,請你不要勉強我。」切瑞爾再次推開了他的手,「除非我們遠離這裡,換一個更熟悉的環境。」

瓦努努的興致一掃而光,他放開了切瑞爾,倒身躺在了沙發上。9月29日,切瑞爾來到了倫敦西區的伯利克街。她已經做好了打算:為了讓瓦努努出國,她決定作最後的嘗試。於是,她在湯瑪斯・庫克售票處買了一張前往羅馬的頭等艙機票。

回到飯店,切瑞爾拿出了機票,帶著無限依戀的神色對瓦努努說:「親愛的,在倫敦的這些日子裡,你讓我永生難忘。可是,明天我就要離開這裡了,以後我們只能在夢中相見。」

「妳要去到哪兒?」

「我要去羅馬,住在我姐姐的公寓裡。」切瑞爾用一種飽含憂鬱和希冀的目光注視著瓦努努,「你能否陪我一起去羅馬?」看著眼前這位天真無邪、情真意切的絕世佳人,瓦努努再也無法拒絕她的邀請。

瓦努努去了哪裡？

　　1986年10月5日，《星期日泰晤士報》頭版刊登了巨幅標題：「昭然若揭：以色列核武庫的祕密。」文章內容是瓦努努對迪莫納地下核武器工廠內幕的陳述，另外還配有一張由報社繪圖員根據瓦努努對「麥昌2號」地下核設施的描述而製作的詳圖。

在1985年10月5日時，英國的《星期日泰晤士報》在其頭版以「揭祕：以色列核武器庫的祕密」為標題，報導了以色列的核武器消息

人們紛紛搶購當天的報紙，街頭巷尾到處都可以聽到關於此事的議論。這一新聞的確如尼爾社長所形容的那樣，其威力絕對不亞於一枚原子彈，其衝擊波射向了四面八方，在大西洋兩岸引起了前所未有的恐慌。

法國外長雷蒙立即做出聲明：以色列的地下核武器工廠與法國當局無關。

阿拉伯國家更是誠惶誠恐，他們紛紛要求聯合國就此問題進行緊急討論。

與此同時，瓦努努也成了記者們競相追逐的焦點。可是，這位揭露了驚天祕密的核武器專家到底去了哪兒呢？

10月20日，美國《新聞週刊》駐耶路撒冷記者米蘭·庫比克聲稱，是摩薩德精心策劃了這次逮捕行動。一名女特工引誘了瓦努努，邀請他到地中海沿岸的一艘遊艇上。遊艇進入公海以後，在海面上等候已久的摩薩德人員立即將瓦努努逮捕，並將其押往以色列。他還說，這條消息是一位與以色列情報機構有關係的人透露的。

《星期日泰晤士報》的一名評論員說：「瓦努努目前可能正在摩薩德的醫院裡做整容手術，他將改頭換面再次回到這個世界。」

還有人猜測，瓦努努可能是受了以色列當局的指使，故意洩漏「麥昌2號」的祕密，以此來恫嚇阿拉伯國家。

那麼，事情的真相到底是怎樣的呢？瓦努努究竟去了哪裡？

原來，9月30日這天，切瑞爾巧妙地讓瓦努努喝了摻有麻醉劑的白蘭地。她把不省人事的瓦努努裝進了一只長方型的木箱，然後作為「貨物」運到了貨運機場，準備從這

裡運回以色列。由於飛機發生故障需要檢修，因此沒能按時起飛。那只木箱就放在行李中間，還沒有裝上飛機。

時間一分一秒地過去，瓦努努漸漸醒了過來，驚愕地發現自己被捆得結結實實，躺在一個狹小而黑暗的地方。於是，他用盡全力撞擊箱壁。這種響聲引起了一名機場工作人員的好奇，他便圍著木箱轉來轉去，後來確認這聲音來自裡面，於是慌忙去叫人。就在這時，兩名裝作打聽飛機什麼時候起飛的年輕人飛快地跑了過來，扛起箱子拔腿就跑。

1986年12月，坐在囚車中的瓦努努，在自己的手掌中寫下了有關他失蹤的具體資訊：「1986年9月30日21時，BA504航班，瓦努努在義大利羅馬遭到綁架。」直到此時，才終於解開了他的失蹤之謎

他們把木箱扔上一輛車，然後飛一般地離開了機場。機場警衛人員迅速追擊，可惜追錯了方向，結果失去了看見

瓦努努尊容的機會。那麼，瓦努努究竟是死是活呢？

後來，史密斯親赴以色列，找到了切瑞爾的家。他對女主人切瑞爾・本托夫說：「我敢肯定，妳就是參與綁架瓦努努的辛蒂・切瑞爾。」但對此女主人立即否認了。就在史密斯離開幾個小時之後，切瑞爾和她的丈夫便棄家出走了。

此後，瓦努努的下落一直是個謎。

1986年12月的一天，耶路撒冷的法庭門前擠滿了人。警車在倒車時，裡面的囚犯舉起戴著手銬的雙手，將手掌貼在車窗上，只見手掌上字跡潦草地寫著：「1986年9月30日21時，BA504航班，瓦努努在義大利羅馬遭到綁架。」

至此，眾多記者心中的謎團才得以解開。

夜半槍聲——
暗殺阿布・傑哈德

1988年4月16日凌晨，突尼斯北郊的一座別墅裡發生了一起駭人聽聞的暗殺事件。死者身中70餘顆子彈，幾乎被打成了蜂窩。究竟是什麼樣的兇手會採取如此兇殘而又大膽的手段呢？
答案即將揭曉。

郊外別墅裡的暗殺

　　1988年4月16日凌晨1時許，突尼斯城北郊瑪律薩地區的一座別墅，在夜幕的籠罩下顯得格外安靜。在二樓的書房裡，剛剛驅車回家的別墅主人阿布・傑哈德，正在忙碌地批閱檔案。

　　1時30分左右，三輛來路不明的汽車停在了這座別墅附近，車還沒有停穩，就有二十幾名男女特工跳下車來，以專業而又嚴整的隊形迅速向別墅大門逼近。

　　這些特工分成三組，第一組負責把守兩端路口，第二組負責對別墅實施包圍，第三組手持無聲衝鋒槍進入了院子。

　　隨即，別墅裡便傳來一陣陣被消音裝置弱化了的槍聲。大約過了15分鐘的時間，第三組特工從別墅中走了出來，此時，他們已經完成了一場血腥的殺戮。他們與守候在外面的同夥迅速跳上車，向海邊駛去。20分鐘以後，特工們來到了29公里外的海灘，登上了一艘在那裡等候已久的橡皮艇，在夜幕的掩護之下，橡皮艇很快便消失在茫茫的海面上。

　　過了大約半個小時以後，才有人聞詢趕來。當人們把渾身是血的別墅主人阿布・傑哈德送到醫院的時候，醫生呆住了——如果說傑哈德被子彈打成了篩子，一點也不為過。經過檢查，醫生發現傑哈德身中75槍，右臂被密集的子彈打斷，就聯手中握著的手槍也被打得稀爛。

阿布·傑哈德，真名哈利勒·瓦齊爾，是巴勒斯坦的領導者，也是阿拉法特最得力的助手

　　那麼，槍殺傑哈德的特工究竟是什麼來頭呢？他們下手為何如此殘忍？要想探知這場慘案的內幕，我們首先要從傑哈德的身分講起……

聖戰之父——阿布‧傑哈德

　　阿布‧傑哈德真名哈利勒‧瓦齊爾，是巴勒斯坦解放組織的二號人物，地位僅次於主席阿拉法特。

　　1935年10月，傑哈德出生於約旦河西岸拉姆勒市的一個小商人家庭。1948年第一次中東戰爭爆發以後，傑哈德全家流亡到加沙地帶，開始了動盪不安的生活。

　　從中學時代起，傑哈德便積極參與巴勒斯坦民族解放運動，還曾擔任當地的巴勒斯坦學生聯合會主席。

　　20歲那年，傑哈德被派往「巴解」組織在開羅的一個軍事基地，接受較為先進的軍事訓練。1956年，他考入了埃及的亞歷山大大學，可是過沒多久，蘇伊士戰爭爆發，他只好中止學業。

　　在開羅期間，傑哈德與阿拉法特相遇了，由於兩人志同道合，都致力於巴勒斯坦民族解放事業，因此，他們結成了摯友。

　　經過多年的實踐，傑哈德與阿拉法特都認識到：要想解放被侵佔的祖國，就必須尋找一條不同於老一代政治家走過的道路。於是，在1959年2月，兩人與其他新一代巴勒斯坦知識份子一道來到科威特，開始籌建「巴解」組織中最大的一個遊擊隊組織——「法塔赫」。

圖為巴勒斯坦解放組織（即「巴解」）的遊擊隊組織——「法塔赫」。該組織成立於1959年，由亞西爾‧阿拉法特創立，是巴勒斯坦解放組織中最大的派別

　　很快，「法塔赫」在貝魯特正式成立。該組織下設三個分部，傑哈德擔任阿爾及利亞分部的負責人。從此以後，傑哈德便開始了與以色列人的鬥爭。

　　1965年初，在傑哈德的指揮下，巴勒斯坦遊擊隊發動了對以色列的第一次襲擊，在給以軍造成沉重打擊的同時，也極大地鼓舞了巴勒斯坦人民的鬥志，增強了巴勒斯坦人民對取得勝利的信心。經此一役，人們也真正認識到，開展遊擊戰是解放被占領土的有效手段。

　　此後，他便化名「阿布‧傑哈德」——阿拉伯語意為「聖戰之父」。他長期負責指揮巴勒斯坦武裝力量在敘利亞、黎巴嫩、約旦、突尼斯等國的反以鬥爭。1982年，以

色列入侵黎巴嫩，傑哈德率領巴勒斯坦遊擊隊進行了頑強的抵抗，讓以軍遭到重創。

傑哈德除擔任「巴解」組織執委會委員、「巴解」組織武裝力量副總司令以外，還擔任「法塔赫」的「風暴突擊隊」負責人和西岸與加沙地帶的民兵負責人，同時也是巴勒斯坦參加關於被占領領土談判的代表團團長。作為阿拉法特最為得力的助手，他身兼數職，日理萬機，在巴勒斯坦人民當中贏得了崇高的威望。

阿布‧傑哈德的妻子烏姆‧傑哈德是「巴解」組織婦女聯合會負責人之一，於1984年被選為「法塔赫」革命委員會副主席。作為一位傑出的巴勒斯坦政治活動家，她被人們尊稱為「奮鬥之母」。

傑哈德與他的妻子烏姆，堪稱是為巴勒斯坦解放事業奮鬥終生的「模範夫妻」。

刺殺計劃的醞釀

作為「巴解」組織的重要領導人，傑哈德從事巴勒斯坦民族解放事業已有三十餘年。因此，他早已成為以色列當局的眼中之釘、肉中之刺，而被列入了必消滅的黑名單。

此前，以色列當局曾三次派人刺殺傑哈德，但都因為種種原因而未能成功。第一次是1978年在黎巴嫩南部地區，第二次是1980年在伊朗首都德黑蘭，第三次是1982年在黎巴嫩東部巴勒貝克。

三次刺殺行動失敗，並沒有讓以色列當局打退堂鼓，相反的，是更堅定了以色列領導人除掉傑哈德的決心。這項終極刺殺任務，便落到了摩薩德的肩上。

1982年12月，約旦河西岸和加沙地帶巴勒斯坦人民反對以色列的鬥爭如火如荼，規模空前。以色列當局對此十分恐慌，因此在加緊鎮壓的同時，再一次決定暗殺這場鬥爭的領導人——阿布·傑哈德。

然而，懾於國際輿論，以色列一直沒有貿然對傑哈德下手，但刺殺的準備工作也一直沒有停止。

從1983年開始，摩薩德便派出特工監視傑哈德的一舉一動，從日常生活到活動安排，都作了詳盡的記錄，並據此制定了一系列嚴謹的刺殺計劃。

當時，巴勒斯坦當局已經意識到傑哈德正處於危險之中。「巴解」組織執委會主席阿拉法特曾經提醒傑哈德，

說他在瑪律薩地區的那棟乳白色別墅防範不夠嚴密，應當儘早搬家。可是，這些建議並沒有引起傑哈德的足夠重視，他最終也沒有搬家。

到了1988年，一次意外事件促使以色列當局最終下令執行對傑哈德的刺殺行動。

這一年的3月初，三名巴勒斯坦人在以色列的一家核工廠附近，劫持了一輛工人上、下班搭乘的公車。以色列當局聞訊後立刻調動安全部隊趕赴現場。

當時，三名劫持者手持衝鋒槍，正站在車門處，警惕性極高，安全部隊根本無法接近。於是，安全部隊一邊轉移劫持者的注意力，一邊在周圍尋找合適的狙擊點位。「砰、砰、砰」，隨著連續的三聲槍響，三名劫持者倒在了安全部隊的槍口之下。

然而讓人無法想到的是，最後一名劫持者在臨死之前進行了最後的掙扎，他用盡最後一絲力氣扣動了衝鋒槍的扳機，結果，三名以色列人應聲倒地。

事實上，這起事件只是巴勒斯坦民眾自發組織的反對以色列的鬥爭，而以色列當局卻斷定這是傑哈德親手策劃的。懷著新仇舊恨，以色列當局終於決定向傑哈德下手了。

很快的，以色列當局便命令情報機構摩薩德、海軍蛙人部隊和陸軍特種部隊共同組建了一支約三十人的突擊隊。該突擊隊的成員大都精通阿拉伯語，擅長射擊、格鬥、爆破、跟蹤、攝影和化裝，其中，還有兩名女間諜。

在此之前，摩薩德的一名女特工曾化名阿伊莎‧薩麗迪，以某知名報社專欄記者的身分來到突尼斯，準備採訪巴勒斯坦人民反對以色列的鬥爭。

在這一身分的掩護之下，她成功採訪到了阿布·傑哈德，而採訪的地點，就是他的別墅。透過多次採訪，她仔細觀察了別墅的結構和警衛情況，並向突擊隊成員提出了行動方案。

為了確保刺殺行動萬無一失，摩薩德特地在海法港附近的一個訓練基地搭建了一座與傑哈德別墅一模一樣的模型屋，用於進行攻擊演練。這座模型屋的模擬程度之高令人歎為觀止，據說，就連馬桶的牌子都與傑哈德家中的一模一樣。

經過反復訓練，突擊隊的每一名成員都對自己的任務爛熟於心，他們從發起攻擊到完成撤退僅需22秒！到了3月下旬，一切準備就緒，突擊隊員個個摩拳擦掌，進入隨時待命狀態。

4月初，先期派到突尼斯的特工向摩薩德總部發來一份密電，稱阿布·傑哈德將於4月16日凌晨4時，在突尼斯搭乘飛機前往某一祕密地點。很快的，又有情報傳來，稱傑哈德此行是為了和一位與「巴解」組織有著密切關係的外國首腦會晤，商討儘快恢復「巴解」組織戰鬥力，並醞釀一系列重大的反以武裝行動。

得到這些情報之後，摩薩德總部馬上召開了臨時會議，大家一致認為傑哈德此行將執行一項重要任務，因此，他在臨行前必定會與「巴解」組織其他領導人進行磋商。

「根據我們以往的經驗，」摩薩德總部一位負責人對在座的高級官員說道，「阿布·傑哈德在出發前兩小時之內，最有可能待的地方就是他在瑪律薩地區的那座別墅。這段時間是從凌晨1點到3點，正值夜深人靜，此時行刺，可以

說十拿九穩。」

「嗯，我也主張在這個時候執行刺殺計劃。」另一位負責人聽了以後回應道。

第一位負責人環視了一下在座的所有人，問道：「那麼，各位還有別的意見嗎？大家如果沒有異議的話，我們就報告最高當局，請求他們批准我們的行動計劃。」

「我們沒有異議。」其他人異口同聲地說道。

就這樣，摩薩德負責人將請求刺殺阿布‧傑哈德的行動報告遞交給了以色列最高當局。

經過幾番討論，這項行動計劃終於得到了批准。

瘋狂的刺殺

　　由於此次暗殺計劃是在另外一個主權國家執行，而暗殺
目標又是如此重要的政治人物，以色列當局為了確保萬無
一失，特意命令以軍參謀長薛姆龍親自掛帥，副參謀長巴
拉克親自指揮。

　　4月14日凌晨，地中海籠罩在一片夜色之中，一艘不明
國籍的輪船在夜幕的掩護下，顛簸著向岸邊靠近，船上二
十多名突擊隊員一語不發，彼此之間只是用眼睛注視著。
很快的，他們就按照預定計劃，將一艘登陸艇從船舷的一
側推入水中，然後迅速轉移到登陸艇上，悄無聲息地向預
定位置駛去。登陸艇一直開到距離突尼斯海岸幾公里的地
方，隊員們停了下來，隨後，他們躍入海中，向岸邊游去。

　　此時，潛伏在岸邊的三名接應人員等候已久。二十多名
突擊隊員上了岸，便跳上事先準備好的三輛汽車，開往事
先選定的一座地下室。

　　這座地下室裡光線很弱，但十分寬敞整潔，裡面早已擺
放好二十多套突尼斯國民軍的制服，這是先遣人員預先為
隊員們準備好的。黎明時分，隊員們換上了制服，大搖大
擺地出現在海岸附近。

　　快到中午的時候，在突尼斯城一家計程車站前，出現了
一男兩女，他們是來租車的。這三個人是黎巴嫩人的裝扮，
都說著一口流利的阿拉伯語。他們彼此並不搭話，看上去

好像互不相識。

在三個人當中，那名男子身材魁梧，面部棱角分明，看上去十分機敏；兩個女子身材嬌小玲瓏，氣質優雅。計程車站的工作人員依照慣例查看了他們的護照，得知這兩名女子一個叫艾希‧斯里達，一個叫哈瓦特茲‧阿拉姆，都是黎巴嫩籍。她們兩人各租了一輛小型旅遊車，辦完手續之後便分別開車離開。那名男子護照上的姓名是吉爾吉‧納吉布，也是黎巴嫩人，他說自己租車是為了旅遊方便。最終，他租用了一輛標緻305汽車，緊緊跟在那兩輛旅遊車之後。

第二天上午，一名女遊客駕駛一輛旅遊車來到突尼斯城北郊的瑪律薩地區。這裡遠離鬧市區，住在這兒的多是突尼斯的富人階層和外國外交人員。

女遊客走下車，信步走到一幢白色別墅前。這座用兩米高牆圍起來的別墅，就是「巴解」組織領導人阿布‧傑哈德的住所。

女遊客饒有興致地端詳著這座二層小樓的造型，看上去似乎對建築頗有研究。她神情自若地朝周圍環視了一番，見四下無人，就一邊走著一邊對著別墅不停地拍照。拍攝完畢，她收起了照相機，帶著一絲難以察覺的微笑離開了。

這位女遊客，就是前一天出現在計程車站的那個名叫哈瓦特茲‧阿拉姆的黎巴嫩人，不過，這只是她的化名，她的真實身分，是摩薩德的特工人員。她此行的目的，就是為了勘察地形，為刺殺阿布‧傑哈德做最後的偵察。

傑哈德為了巴勒斯坦解放事業日夜操勞，平時很少在家，別墅裡只有他的妻子烏姆‧傑哈德和他們的三個孩子。

當晚午夜已過，傑哈德還沒有回家。直到12點50分左右，剛剛與「巴解」組織政治部主任卡杜米等人開完會的

傑哈德才驅車回到別墅，下車時，他囑咐身邊的警衛和司機道：「3點鐘準時開車去機場。」

阿布·傑哈德的家

走進別墅，傑哈德沒去休息，而是帶著妻子烏姆·傑哈德和14歲的女兒哈娜，一起觀看他剛剛帶回來的錄影帶，那是被占領土地的巴勒斯坦人民反以色列鬥爭的故事。螢幕上被占領土地的人民前仆後繼、頑強戰鬥的各種場景，看得傑哈德心潮澎湃，熱血沸騰。

就在此時，外國一架編號為4/977的波音707電子干擾機飛臨突尼斯境內，這架飛機外掛的電子吊艙發出了強大的干擾電波，讓整個瑪律薩地區的通訊設備全部失靈。幾乎同一時間，傑哈德住所和當地警局的電話線都被切斷了。事實上，這正是刺殺行動的「前戲」，而傑哈德一家並沒有察覺到危險的來臨。

大約半個小時以後，影片播放完畢，烏姆和哈娜便回到各自的臥室去睡覺了。傑哈德沒有休息，他走上二樓的書房，坐到辦公桌前聚精會神地批閱著有關反以鬥爭的文件。此時此刻，他不會想到，一張充滿血腥味的黑網正在向他

張開。

　　1時30分左右，三輛來自海濱的汽車從夜幕中駛來，引擎的聲音打破了別墅周圍的寧靜。很快的，三輛汽車停了下來，從車上跳下來一個個黑影，迅疾向別墅大門逼近。這些人，就是執行刺殺任務的突擊隊成員。

　　突擊隊員按照事先的安排分成三組，一組負責把守兩端的路口，一組負責包圍別墅，另一組由八男一女組成，他們手持無聲衝鋒槍闖進了宅院。

　　平時，傑哈德的別墅由一名警衛看門，除非樓內給他一個綠色信號，否則，不許任何外人進入。可是現在，這套保全設施卻失靈了。突擊隊員頭上戴著只露兩隻眼睛的風帽，猶如餓虎撲食一般破門而入。傑哈德的警衛和司機發覺情況異常，但他們還沒來得及做出反應，便在衝鋒槍的掃射之下倒地身亡。

　　此時，正在批閱檔案的傑哈德發覺樓下有異常響聲，一向警覺的他連忙掏出手槍，快速跑出房門，此時正好迎面撞上衝上樓來的幾名刺客，他隨手開了一槍，可是與此同時，對方的幾支衝鋒槍也一齊向他開槍……

　　傑哈德的妻子烏姆平日裡就對刺殺這類的事多有戒備，此時她聽到聲音，連忙衝出房門，只見自己的丈夫已經渾身是血，倒臥在樓梯的拐角處。

　　「發生什麼事了？」烏姆驚訝地喊道。

　　這時，傑哈德的女兒哈娜也從自己的臥室朝這邊跑來。

　　「站到妳媽媽那裡去！」一名刺客用槍把她逼到牆角，用阿拉伯語惡狠狠地命令道，「都不許叫！」

　　哈娜被眼前的情景嚇呆了，她緊緊地抓著媽媽的衣襟，

渾身顫抖著，一句話也說不出來。

接著，四名刺客對著倒在地上的傑哈德又是一頓掃射，直到把槍膛裡面的子彈全部打光。

昨天來到別墅附近拍照的那名「遊客」在掃射完畢之後，拿起了相機，把這一切都拍了下來。

「阿布‧傑哈德，這就是你的下場！」她一邊拍攝一邊咬牙切齒地說道。很顯然，在這次刺殺行動中，這位美麗而又殘酷的女士充當了主角。

就在她拍照的同時，其餘幾名兇手來到樓上的書房，將傑哈德的全部檔案洗劫一空。然後，他們闖入正在酣睡中的傑哈德兩歲小兒子尼達爾的臥室，拿起衝鋒槍對著牆壁和天花板狂射一番。

但是，他們似乎還不滿足，在退回前廳時，又對傑哈德補了一陣亂槍，然後才離開別墅，與擔任警戒和搜查任務的同夥匆匆離去。此時，大約是1時45分。

兇手們開車來到29公里外的拉烏德海灘，登上一艘等候在那裡的快艇，在朦朧霧氣的掩護下，很快便消失在茫茫大海之中。

兇手離開以後，堅強的烏姆立刻撲到傑哈德身邊，只見丈夫已經被子彈打得血肉模糊。她抓起話筒向外撥打電話，可是線路不通，於是她又急忙下樓去叫警衛，結果發現兩名警衛早已死去。

萬般無奈之下，她只好在院子裡大聲呼救。幸好另外一名「巴解」組織執委會成員阿布‧馬贊的司機聞聲趕來幫忙。他和烏姆一起把阿布‧傑哈德抬上車，送往醫院搶救。

在半路上，阿布‧傑哈德的心臟停止了跳動，這位53

CONFIDENTIAL

歲的「巴解」組織領導人就這樣提早走完了自己的人生旅程。

刺殺事件發生後，突尼斯總統本‧阿里在第一時間下令成立專門的調查委員會，同時下令關閉首都的機場和港口，並出動大批警力搜捕兇手。

很快的，警方就在距離事發地點29英里外的海灘上發現了兇手逃跑時乘坐的兩輛小型旅遊車和一輛標緻305汽車。

經查，這三輛車是由三名持假護照的黎巴嫩「遊客」租用的，但是，這三個人早已逃得無影無蹤。

深夜裡的閃電襲擊——
綁架奧貝德案始末

1980年夏,黎巴嫩真主黨正式誕生。此後,奧貝德領導這支武裝力量透過襲擊、暗殺、綁架、破壞、爆炸等手段與以色列展開了長達數年的較量。為了解救被真主黨綁架的西方人質,同時也為了瞭解真主黨的內情,以色列當局命令摩薩德「以其人之道還治其人之身」,對奧貝德實施綁架。

1989年7月28日深夜,月黑風高,摩薩德準備動手了⋯⋯

以色列的剋星——真主黨

在所有的阿拉伯國家當中，位於歐、亞、非三大洲交界處的黎巴嫩是唯一一個伊斯蘭教與基督教並存的國家。進入二十世紀的70年代，兩大宗教集團因利益問題導致衝突逐漸激烈，直到發展成為內戰。

經過十多年的流血衝突，黎巴嫩境內出現了大大小小百餘支武裝力量。在這些組織背後，分別有阿拉伯國家和西方國家等外部勢力的支持。其中，由伊朗支持的伊斯蘭教什葉派真主黨就是這些武裝力量當中最強的一支。

1980年6月的一天深夜，在黎巴嫩巴勒貝克市郊外一座廢棄的軍營裡，在伊朗伊斯蘭協調局負責人的參與下，黎巴嫩真主黨正式成立了。此後，伊朗政府給予真主黨強大的經濟支持，每月撥給它的財政補貼高達500萬美元，進而讓真主黨得到迅猛發展，成為僅次於「巴解」組織的黎巴嫩第二號反對以色列的武裝力量。

1982年，在第五次中東戰爭中，「巴解」組織因指揮失策以及國際原因，被迫退出了黎巴嫩的貝魯特西區。從此，以奧貝德為首的穆斯林原教旨「真主黨」武裝，便成為黎巴嫩境內最重要的一支反以力量。

黎巴嫩真主黨遊擊隊正在街上遊行

　　與「巴解」組織不同的是，真主黨武裝很少與以軍發生
正面的大規模戰鬥。奧貝德深知，在常規戰鬥中，自己的
力量根本不足以跟訓練有素、裝備精良的以色列人抗衡。
但是，在偷襲、破壞、暗殺、爆炸等方面，真主黨成員卻
得心應手，遊刃有餘！
　　奧貝德一直有一個夢想：發動一場聖戰，一勞永逸地解
決中東問題。他經常在公開場合聲稱：神聖的伊斯蘭革命，

將徹底消滅以色列！

在他的領導下，中東地區的各種反以力量紛紛向「真主黨」靠攏。他們以手段多樣、背景複雜的襲擊、爆炸、暗殺、劫機、劫船、綁架等，開始了與以色列在祕密戰線上的較量。

一時間，恐怖和死亡就像魔鬼一樣，緊緊地纏住了高傲的猶太人。

以色列人的圈套

　　作為黎巴嫩真主黨的領袖，奧貝德在阿拉伯世界可謂左右逢源。他有伊朗做靠山，與利比亞保持著密切的聯繫，還頻頻出訪大馬士革。此外，他還與黎巴嫩的另一支巴勒斯坦武裝組織阿布・尼達爾派合作，共同打擊敵人。

　　為了實現自己的政治目標，奧貝德在二十多名貼身保鏢的護衛下，常年奔走於阿以鬥爭的前線——黎巴嫩南部地區。

　　他經常乘坐一部帶有底板裝甲的賓士轎車，往來於這一地區的各個村莊，招募時刻準備為「聖戰」而獻身的「殉教者」。此外，他還負責分配從伊朗運來的武器裝備，制定各種針對以色列的行動計劃，並訓練和慰問反以組織的成員。

　　對於奧貝德的所作所為，一向不甘示弱的以色列自然不會聽之任之，他們在黎巴嫩眾多教派武裝當中找到了自己的代言人——黎巴嫩基督教馬龍派長槍黨民兵。

　　以色列人的想法是：挑動黎巴嫩境內的阿拉伯各派武裝力量自相殘殺，進而讓那些泛阿拉伯民族主義者深陷內戰的泥潭之中無法自拔，而以色列則隔岸觀火，坐收漁翁之利。

　　1982年6月6日，以色列打著「為了加利的和平」的旗號不宣而戰，出動10萬多人，侵佔了黎巴嫩全境。後來，以軍雖然在外國勢力干涉下撤出，卻在黎巴嫩扶植了一個以基督教馬龍派長槍黨黨魁貝希爾・傑馬耶勒為首的親以

政府。

一向與以色列水火不容的穆斯林真主黨和其他阿拉伯武裝力量，絕不允許在這個阿拉伯國家裡，出現一個代表以色列利益的政府。因此，他們下定決心要除掉傑馬耶勒這個「以色列人的傀儡」。

然而，這一次阿拉伯人卻中了以色列人設下的圈套。

1982年9月14日，也就是傑馬耶勒出任黎巴嫩總統的前一天，他正在首都貝魯特東區的長槍黨總部大樓內辦公。按照排程，他將在下午5點鐘會見在那裡「工作」的摩薩德人員。

可是，就在4點10分，安放在大樓內部的遙控炸彈爆炸了，成噸重的炸藥徹底摧毀了這座建築，傑馬耶勒當場斃命。

圖為貝希爾·傑馬耶勒。1982年9月14日，就在他當選總統的前一天，被炸死在辦公大樓中，之後在大選中，他的兄弟阿明·傑馬耶勒當選了總統

　　事發之後，長槍黨開始了瘋狂的報復行動。在以色列的慫恿下，黎巴嫩長槍黨黨徒闖入貝魯特南部郊區的夏蒂拉和薩布拉兩個巴勒斯坦難民營，製造了第二次世界大戰之後規模最大的殺害平民事件。

　　在持續近40小時的大屠殺中，約有七、八百名手無寸鐵的巴勒斯坦難民被殘忍殺害，其中多半是婦女和兒童。

　　這場血腥的屠殺震動了文明世界。人們看到，裹在繦褓中的嬰兒屍體與他們母親的屍體浸泡在滿地的血污之中，堆積如山的屍體被火焰噴射器燒成了焦炭。在這血流成河的人間地獄，到處都能看到被割去乳房和生殖器的屍體，那些懷孕的婦女甚至被割開了子宮……

　　阿拉伯人被徹底激怒了。為了回擊長槍黨這慘無人道的暴行，奧貝德率領真主黨遊擊隊越過黎以邊境，多次向以軍發動襲擊。

第二套方案

1986年，真主黨武裝經過精心策劃，消滅了一支十餘人的以軍巡邏隊，以軍士兵拉哈明・阿爾謝赫和約瑟夫龍・芬克被俘。

同年6月，真主黨又用蘇製「薩姆－6」紅外線地對空導彈，將飛臨黎巴嫩西頓地區上空的一架以軍戰鬥轟炸機擊落，生擒上尉飛行員羅思・艾拉德。

為此，以色列人恨透了真主黨領袖奧貝德。

以色列國小民寡，為了節約寶貴的人力並激勵士氣，在以軍的傳統中，有一項不成文的規矩：在任何情況下，都不遺棄傷患和戰俘。

「不能讓任何一個為以色列而戰的人落入敵手，不論他是死是活！」以色列人的這個信條，在維繫猶太民族情緒的歷史進程中有著至關重要的作用。

因此，從這幾名官兵據報確已被俘的那一刻開始，摩薩德便奉命開始了緊急救援行動。國防部長拉賓指出：不管採取什麼措施，都要將這三名以色列軍人解救出來。

身經百戰的摩薩德很快就制定出了兩套營救方案。

方案一：透過黎巴嫩紅十字會或國際和平組織，與真主黨領袖奧貝德協商，交換三名戰俘。只要對方答應釋放戰俘，作為回報，以色列將釋放300名被扣押在以色列監獄裡的真主黨武裝人員。

　　方案二：經過偵察，掌握奧貝德的行蹤，然後派遣一支精銳部隊深入黎巴嫩境內，擒獲奧貝德，以他作為交換籌碼，逼迫真主黨交出戰俘。

　　1:100，從這一懸殊的交換比例當中，或許能夠看出以色列人對於同胞的態度。然而，經過數月的努力，摩薩德最終不得不向以色列當局報告說，由於真主黨要價太高，態度強硬，和平交換戰俘的希望十分渺茫。因此，他們主張執行第二套方案——逮捕奧貝德。

　　透過軍事行動解決問題，是以色列當局慣用的手段。然而這一次，是否應該以武力手段綁架一位具有複雜國際背景的宗教領袖，卻在以色列政府高層引起了激烈的爭論。

　　外交部認為，奧貝德領導下的真主黨武裝，是伊朗當局在中東事務上的政治代言人。一旦將其逮捕，必然會引起

政治勢力的重組，這將對中東地區現有政治格局產生微妙的影響，進而牽動以色列現有的戰略意圖。更何況，現在伊朗與美國關係十分緊張，而美國並不想過分刺激伊朗，假如以方貿然動手，伊朗將進行全面報復，那麼後果就難以預料了。因此，外交部建議採用其他手段。

奧貝德，全名阿卜杜勒·卡里姆·奧貝德，是黎巴嫩真主黨的領袖，伊朗當局在中東事務上的政治代言人

　　摩薩德和以色列軍方則認為，現在真主黨目空一切，狂妄至極，任何談判都不會有什麼好結果，眼前唯一的辦法，就是「對這群不知天高地厚的阿拉伯人還以顏色」。

　　在拉賓的主持下，摩薩德與以軍特種作戰部隊聯合組建了綁架奧貝德的祕密行動機構，並開始了偵察敵情和訓練部隊的工作。

　　在潛伏在黎巴嫩境內的密探配合下，摩薩德的偵察工作進展十分順利。他們發現，奧貝德活動的規律基本上是晝伏夜出，每天黎明前，他總會返回吉布契特村的住所。

　　摸清情況之後，摩薩德和以色列軍方強烈要求最高當局採取第二套方案，這在以色列內閣再一次引起了爭論。

　　「如果在行動中未能逮捕奧貝德，或者把他給打死了，那麼真主黨會不會把我們人質的耳朵或頭顱送回來？」一名內閣成員憂心忡忡地問道。

　　以色列能源部部長夏哈爾博士更是強烈反對這項建議：「你們是說，打算派一支部隊去黎巴嫩把奧貝德生擒回來？」他的語氣和神態顯示，他是在和一群「唐吉訶德」式的幻想騎士們講話，「你們知不知道，真主黨為保護奧貝德做了怎樣的防衛？假如他被捕之後脫逃或自殺，我們又該怎麼辦？」

　　「我們有辦法。」摩薩德情報處處長加迪魯一邊說著一邊打開了厚厚一疊卷宗。他首先環視了一下在場的其他人，然後便開始宣讀為應對綁架行動中可能出現的不測而擬定的各種方案。

　　會議一直持續到深夜。

　　最後，以軍參謀長薩龍姆發言了。他認為，伊朗新任領

　　導層表現出的溫和態度有利於他們約束真主黨的行為。至少在現階段，伊朗當局不會將事態過分擴大。為了打消其他人對採取綁架行動後，美國政府可能提出指責的顧慮，薩龍姆透露了這樣一個消息：1988年2月17日，真主黨武裝成員綁架了擔任聯合國維和部隊聯合組長的美國海軍中校希金斯，而且至今未得到任何消息，美國當局對此十分惱火；現在以色列透過綁架奧貝德，便可以探知真主黨的內情，並弄清被綁架的西方人質情況。

　　在總理的主持下，以色列內閣最終以投票的方式通過了綁架奧貝德的決定。唯一投反對票的是夏哈爾博士。其實，他所擔心的並不是以色列人的能力，而是這種冤冤相報的綁架何時才能了結。

深夜綁架

1989年7月28日深夜，月黑風高，以色列人終於動手了。配合摩薩德行動的是經過特殊訓練的以色列最精銳的特務部隊——「特薩哈爾」。

就在幾天前，為了最終確定襲擊路線，一架裝有電子攝影器材的「馬茲拉特」型無人機，對行動區域進行了航空攝影。奧貝德所住村子裡的地形特點和保衛情況，早已在摩薩德的掌握之中。

此時，以色列的一個祕密訓練場上，一架塗有反雷達材料的「海上種馬」式直升機已經準備就緒。機艙裡，25名手持帶有消音裝置的「烏茲」微型衝鋒槍突擊隊員表情嚴肅地等待著起飛的命令。

凌晨1點多，潛伏在吉布契特村外的密探發出了加密電報：奧貝德已經返回。

接到出發的指令之後，「海上種馬」那碩大的身軀轟然升空，同時，一架戰鬥機也飛離了跑道，為它提供掩護。由於戰鬥機巨大的轟鳴聲掩蓋了直升機引擎轟鳴聲，因此人們很難發現這架來歷不明的直升機。

在夜幕之下，這架沒有航標燈的直升機飛行在地中海上空。突然，直升機猛然轉向，超低空飛過海岸線到達黎巴嫩南部上空。沒多久，它就穩穩地降落在距離以色列國境線16公里的吉布契特村。

　　25名突擊隊員迅速從直升機裡跳下來，很快便消失在夜幕之中。

　　「閃電襲擊」開始了！

　　吉布契特村有居民近萬人，周圍全是橄欖林和菸草田。由於戰亂頻繁，民不聊生，這裡的高樓很少，人們住的大多是水泥磚房和用鐵皮板搭建的簡陋屋子。因此，奧貝德居住的那座位於村子東邊水塘旁的四層樓房顯得格外醒目。他的臥室和指揮部就設在二樓。

　　由於吉布契特村距離黎以邊境只有16公里，為了防備可能遭遇的襲擊，奧貝德制定了一套非常嚴格的防衛措施，他本人更是槍不離身。為了跟以色列進行鬥爭，近半個月以來，他活動頻繁，連日的奔波讓他感到自己應該好好休息一下了。

　　就在這時，剛剛越境的突擊隊已經在夜幕的掩護下悄悄地將他的住所包圍。在此之前，摩薩德的密探已經巧妙地毒死了村裡的兩隻狗，讓突擊隊得以神不知鬼不覺地潛入村中。

　　凌晨2點左右，突擊隊員將一枚消音炸彈掛了在奧貝德寓所堅固的大門上。接著，又有兩名隊員攜帶高壓噴槍，在黑暗中向奧貝德所在的二樓噴出一股化學煙劑。

　　這種無色無味的煙劑，是以色列最新研製成功的一種神經窒息類毒劑，空氣中只要有極少的含量，就會讓人神經麻痺，動作遲鈍。

　　一陣清風把煙劑吹進了室內，奧貝德頓感頭腦昏沉，他以為自己該睡覺了，於是招呼妻子趕快就寢。就在他轉過身，準備吩咐妻弟和警衛也都回去休息時，才發現，剛才

還坐在沙發上看書的好朋友法斯正昏昏欲睡，而妻弟阿邁德已經鼾聲大作！

就在這時，隨著一陣沉悶的爆炸聲，院門的門鎖被炸斷，緊接著，一陣急促的腳步聲從樓下傳來。一向警惕性極高的奧貝德意識到將要發生變故，於是連忙伸手摸槍，可是，他那被毒劑麻痺的神經系統卻無法自如地指揮肢體。

「砰」的一聲，頭戴防毒面具的以色列士兵衝進房間，用衝鋒槍逼住了沒有絲毫抵抗能力的奧貝德。奧貝德圓睜雙眼，卻一句話也說不出來。

突擊隊員先解除了屋內三個人的武裝，然後將他們五花大綁、蒙上眼睛，捆在擔架上抬了出去。奧貝德的妻子此時剛剛清醒過來，但突擊隊員立刻用膠帶封住了她的嘴巴，把她推進睡著奧貝德五個孩子的臥室裡，然後把門反鎖，旋即撤離現場。整個過程用了不到7分鐘的時間。

在這次綁架行動中唯一送命的是奧貝德的鄰居齊德。他聽到外面有響聲，出於好奇，便出來觀看，正在撤退的突擊隊員以為他是奧貝德的保鏢，於是對他開了一槍，子彈正中其頭部。這個可憐的黎巴嫩人還沒有搞清楚這是怎麼回事，就倒在了血泊之中。

20分鐘後，突擊隊員帶著奧貝德等人回到了預定的接應地點——距離吉布契特村1公里遠的一處林間空地。「海上種馬」的螺旋槳已經開始緩緩轉動。

這時，村子裡早已槍聲大作。警笛和呼喊聲把村子弄得一團亂。

十幾分鐘後，載著突擊隊和人質的直升機已經越過邊境，在以色列的土地上安全降落。

　　14個小時以後，以色列政府正式宣佈，以色列突擊隊已於星期五晚間逮捕了黎巴嫩真主黨領導人奧貝德及兩名助手，並提出要用奧貝德和其他60名黎巴嫩囚犯換回3名以色列戰俘和17名西方人質。

　　奧貝德被綁架以後，真主黨做出的第一反應就是所有的訓練營、情報網、軍火庫、藏匿所和人質都必須立即轉移，所有暗號和密碼都要更換。

　　接著，真主黨便開始了反擊。

　　7月30日，真主黨的「世界被壓迫者」組織發出通牒：如果以色列當局在7月31日下午3點以前不釋放奧貝德，那麼他們將處死美國人質——美軍中校希金斯；如果以色列還不放人，次日，他們將處死另一名美國人質西西皮奧。

　　然而，以色列當局對此未予理會。

　　最後的期限過去了，駐黎巴嫩的西方通訊社收到了真主黨的一份聲明和一份絞死希金斯中校的錄影帶。

　　就在同一天，黎巴嫩電視台播放了由該組織提供的錄影。在鏡頭裡，希金斯中校的屍體掛在絞索上緩緩地晃動著；另一名美國人質西西皮奧在真主黨的槍口下語無倫次地乞求道：「他們真的要絞死我們了，我們的時間不多了。」

　　希金斯中校遇害的消息一時間傳遍了全世界，各國反應強烈。

美國總統布希立即取消了其他一切排程，連續召開各種會議，最終決定在軍事、外交上「雙管齊下」。在軍事方面，美國海軍開始在地中海集結軍艦，並公開宣稱「如果西西皮奧被處死，美國將毫不留情地採取報復手段」；在外交

方面，美國動員了聯合國祕書長佩雷斯・德奎利亞爾、羅馬教皇保羅二世以及蘇聯、日本和所有中東國家出面斡旋，對真主黨施加影響。

威廉・希金斯，一名美國海軍陸戰隊中校。1988年在執行聯合國的維和使命中，被黎巴嫩的真主黨抓獲，並於1990年慘遭殺害

　　現在，各方力量的外交活動都指向了伊朗，伊朗駐外使館應接不暇，不斷地向德黑蘭報告著要求伊朗施加影響、停止處決人質的請求。

　　在各方力量的譴責和呼籲下，「世界被壓迫者」組織於8月1日宣佈，「鑑於友好而誠摯的呼籲，鑑於西西皮奧妻子的哀求，以及其他一些特殊原因」，他們決定延後處決

西西皮奧。兩天之後，一個自稱「革命正義組織」的黎巴嫩地下組織對外宣佈，處決人質的計劃暫時「凍結」，等待以色列方面盡速釋放奧貝德。

摩薩德終於如願以償了，他們再一次向人們展示了神乎其神的突襲手段。然而，夏哈爾博士所擔心的問題也由此產生了：從那以後，真主黨的綁架活動愈演愈烈，被他們綁架的西方人質不計其數。

「實況錄播」的暗殺行動
——暗殺馬哈茂德·馬巴胡赫

2010年1月20日，哈馬斯武裝派別領導人馬哈茂德·馬巴胡赫在迪拜一家高檔酒店的客房中被人暗殺。很快的，迪拜警方就把矛頭指向了摩薩德。摩薩德方面自然不能承認自己是幕後黑手，然而，面對迪拜監控系統的如實記錄，摩薩德又無法否認自己與這個事件有關聯。這被稱為世界歷史上第一宗被「實況錄播」的暗殺行動，也由此成了摩薩德歷史上著名的敗筆。

目標已經上路

　　2010年1月19日這天，在敘利亞首都大馬士革的候機大廳裡，坐滿了穿著各異、操著各種語言的旅客。在這些旅客中間，有一位身材高大、眼神機警的中年人，他的舉止和神態都顯示他有著與眾不同的出身和來歷。他不像別的旅客那樣，對於即將開始的旅途有著顯而易見的期盼，他始終坐在固定的座位上，鎮定而又警惕地打量著周圍的環境。

　　那是一個久經戰場的軍人所散發出的目光。

　　在這樣一個人群熙攘的場所，像他這樣一位穿著普通、沉默少言的中年人並不會引起周圍旅客過多的注意，但這並不意味著所有的人都會對他無動於衷。在這個機場裡，起碼有五、六個人的眼睛一直盯著這個沉默的中年人。

　　登機的時間到了，這位使用了化名的中年人夾在人群中，不慌不忙地登上了EK912號航班。

　　上午10點05分，飛機從大馬士革起飛。中年人透過舷窗再次看了一眼這座中東古城。自從20年前，他被以色列人從加沙地帶流放到這裡後，大馬士革幾乎成了他的家鄉。

　　這位對大馬士革作最後一瞥的中年人，就是開創了「火箭彈密集襲擊」戰術、讓以色列人恨之入骨的巴勒斯坦伊斯蘭抵抗運動（簡稱「哈馬斯」）指揮官馬哈茂德·馬巴胡赫。

馬巴胡赫此行的目的地是伊朗的港口城市阿巴斯，中間要在迪拜轉機。像他這樣有著特殊身分的人，時刻都有被自己仇敵盯上的危險。因此，他從出發的那一刻起，就一直沒有放鬆警惕。

圖為巴勒斯坦伊斯蘭抵抗運動（簡稱「哈馬斯」）指揮官馬哈茂德・馬巴胡赫

　　雖然馬巴胡赫使用了化名，並一直保持著高度警惕，但從航班起飛時起，他就已經在摩薩德的監控之中了。

　　飛機起飛後不久，一名在地面負責監控的特工，就用一個在奧地利註冊的預付費手機向遠在迪拜的同事發出了訊息：「目標已上路。」

酒店裡的陰謀

1月20日下午2點30分，馬巴胡赫身穿黑色風衣，手提一只小巧的行李箱走下飛機。這只行李箱裡面裝著哈馬斯至關重要的檔案，因此一路上一直沒有離開他的視線。

多年的鬥爭經驗讓馬巴胡赫變得非常多疑，他並沒有立即離開機場，而是在機場大廳裡轉了幾圈，在確認自己沒有被人跟蹤之後，才來到計程車停靠站。剛才還在悠閒散步的馬巴胡赫突然靈巧而快速地鑽進計程車，幽靈一般地離開了這個是非之地。

然而，馬巴胡赫的一舉一動，都已經被附近一個30多歲的歐洲女人看在眼裡。她立刻用將目標的行蹤報告給了暗殺小組。

馬巴胡赫來到機場附近的超豪華海景酒店——布斯坦‧魯塔納酒店。他走到櫃台，告訴服務員自己預訂的房間號碼。

跟別的客人不同的是，馬巴胡赫並沒有選擇海景房，而是挑了一個既沒有陽台也沒有窗戶的房間。這看似不合情理的選擇正符合馬巴胡赫的本性，作為一位常年在世界各地為哈馬斯奔波的高級指揮官，他必須要處處小心，這種既沒有陽台也沒有窗戶的房間可以避免讓敵人輕易進入。

見多識廣的服務員自然懂得尊重顧客的需要，她給了馬巴胡赫房卡和一個禮貌性的微笑之後，就為排在他後面的歐洲客人辦理入住手續。

電梯離櫃台並不遠，馬巴胡赫快速走進了電梯。和他一同進入電梯的，還有其他幾位客人，其中有兩個人和他在同一樓層走出電梯。這兩個人看起來都是網球迷，一直興高采烈地談論著大滿貫賽事，差點錯過了他們所住的樓層。

這也難怪，隨著近些年歐美人的趨之若鶩，迪拜本土的網球運動越來越普及。布斯坦・魯塔納酒店就為客人準備了好幾處標準的網球場。

馬巴胡赫進入自己的房間後就把門反鎖起來。此後，他的房間裡面寂靜無聲，沒人知道他在裡面做了些什麼。或許是因為他旅途勞累而需要休息，或許是他正習慣性地對自己的任務進行思考。總之，這間套房寂靜得讓他的對手非常懷疑。

到了3點30分，馬巴胡赫對面房間的門被打開了。作為旅遊勝地，迪拜從來不需要擔心缺少房客，布斯坦・魯塔納酒店的生意也確實好得不能再好，就在幾分鐘以前，這個房間的客人剛剛退房，現在，又有新的客人住了進去。

住在馬巴胡赫對面房間的客人，正是他在電梯裡遇到的那兩個網球迷。

到了傍晚時分，酒店的餐廳裡人聲鼎沸。對於旅客們來說，吃飯既是一項生理需要，同時又是旅途中的一件樂事。

這時，馬巴胡赫從房間裡走了出來，但是他看上去並不是要去吃飯。他依舊穿著那件黑色風衣，急匆匆的腳步也不像其他用餐客人那樣悠然自得。

馬巴胡赫下了樓，請服務員幫忙，把一些文件鎖進了酒店的保險箱。然後他走出酒店，像一個準備去尋歡作樂的遊客那樣叫了一輛計程車。當然，他不會真的去尋歡作樂，

他此行肩負著十分重要的任務：他將去和一個最重要的人會面。沒有人知道對方到底是什麼來頭，也沒有人知道他們談了些什麼。

在馬巴胡赫死後，英國警方聲稱哈馬斯知道馬巴胡赫此行見了什麼人，以及談話的內容。但是，哈馬斯對此保持緘默，他們只是一再聲稱要為馬巴胡赫報仇。

晚上8點多，馬巴胡赫回到了酒店，然後一頭鑽進自己的房間。

自始至終，馬巴胡赫都萬分小心。從使用假護照進入迪拜，到特意挑選了這個沒有窗戶、沒有陽台的房間，再到外出時將重要檔案寄存在酒店的保險櫃中，他把每件事都做到了滴水不漏。他甚至在酒店裡都沒喝過一口水，因為他擔心有人會在水裡下毒。

然而，無論馬巴胡赫如何警惕，他都將命喪迪拜。從他在大馬士革登機開始，他就已經踏上了死亡之旅。

馬巴胡赫在機場的一切行動，都在摩薩德特工的監控範圍之內。當他在酒店櫃台辦理入住手續時，摩薩德特工就站在他附近，以便聽到他的房間號。另外，那兩名跟著馬巴胡赫走進電梯，旁若無人地談論網球，以致差點錯過樓層的男人，也是暗殺小組的成員，他們的首要任務是確認馬巴胡赫入住的房間是否與登記的一致。確認以後，他們便住進了馬巴胡赫對面的房間。

圖為布斯坦‧魯塔納酒店的電梯監控錄影截圖，圖中站在
前面中間的男子正是馬哈茂德‧馬巴胡赫，而電梯門口處
的兩名男子，則是摩薩德特工派來的暗殺小組成員

　　為了暗殺馬巴胡赫，摩薩德特工分成了數個小組。有的
負責監視，有的負責放哨，還有的負責下手。他們全都變
換了身分，並以戴假髮和換裝來偽裝自己。

　　迪拜不僅是國際商務中心和旅遊勝地，同時也是國際謀
殺中心。這裡不僅有以色列特工，還有埃及特工、伊朗特
工、美國特工等等。這些特工經常在迪拜的酒店展開間諜
工作和祕密交易，甚至是綁架和暗殺。摩薩德特工之所以
處處小心，主要也是為了避免被那些阿拉伯特工發覺。因
為就在前一年，伊朗就已經逮捕了一批接受摩薩德訓練的
間諜。

　　摩薩德特工深知，在這個伊朗特工最為活躍的地方，他們稍有不慎就有偷雞不成蝕把米的危險。因此，他們決定在布斯坦‧魯塔納酒店裡神不知鬼不覺地幹掉馬巴胡赫。

　　在這樣一支訓練有素的職業特工面前，馬巴胡赫除了死亡之外，幾乎沒有其他選擇。

　　事實上，在馬巴胡赫回到酒店之前，就有四名摩薩德特工試圖進入他的房間，但馬巴胡赫的警覺性讓這些特工功虧一簣。

　　這個房間沒有陽台，只有一扇密封的窗戶，因此摩薩德特工只能選擇從房門進入。可是，他們手中的電子裝置無法發揮作用，布斯坦‧魯塔納酒店的電子鎖難住了這些無所不能的特工。他們嘗試了多種辦法，最終只得放棄。

　　當然，摩薩德特工是不會真正放棄的，就在馬巴胡赫回到酒店後不久，一名身穿黑衣的女子曾敲開馬巴胡赫的房門，這個看上去像是酒店服務員的女子被懷疑是一名摩薩德特工。

　　這也並不稀奇，因為摩薩德自誕生之日起，曾經多次使用美人計。儘管他們並不提倡使用性訛詐和性誘惑，但是為了達到自己的目的，摩薩德的特工是不會拒絕任何手段的。

打不通的電話

從馬巴胡赫再次回到房間以後，直到第二天，沒有人看見他出來過。

1月21日中午，布斯坦·魯塔納酒店的櫃台接到了很多通非常特別的電話，這些電話來自同一個地方，打電話的人都說馬巴胡赫化名的那個男子是自己的親屬，他們急切地請求酒店去他的房間裡檢查一下，因為他的電話不知為什麼一直打不通。

酒店服務員禮貌地答應了對方的請求，然後便試著撥通了馬巴胡赫房間的電話，可是，電話沒有任何反應。此時，酒店方面意識到有一些特別的事情發生了。

在服務員的引導下，馬巴胡赫所在的房間門口聚集了一大批人，包括酒店的經理、保全，當地的員警以及醫生。奇怪的是，如此喧鬧的聲音卻沒有影響到住在馬巴胡赫房間對面的那兩個網球迷，他們房門緊閉，沒有像別的客人那樣出來看熱鬧。實際上，此時他們早已退房離開，他們比這些人更早知道對面的房間裡發生了什麼。

馬巴胡赫的房門緊鎖，門上還被人煞有介事地掛上了寫有「請勿打擾」字樣的牌子。此時已經到了中午，按照常理，客人早就應該起床了，不過，對於一個到迪拜來尋歡作樂的遊客來說，晚上找點樂子，熬夜通宵，第二天睡到中午也屬於正常。但是，馬巴胡赫絕不是這樣的人，他來

到迪拜也不是為了尋歡作樂。

　　人們大聲喊著馬巴胡赫的化名，保全用力敲打著厚實的包鐵木門。可是，房間裡依然是死一般的寂靜。

　　這時，人們已經明白房間裡到底發生了什麼事。

　　最後，酒店經理打開了房門。只見馬巴胡赫躺在床上，看上去似乎正在安睡。在他身邊還放著一些似乎是降壓藥的藥片。人們發現，他的枕頭上有血跡，走近了仔細觀看，還發現了他牙齒上的傷痕。

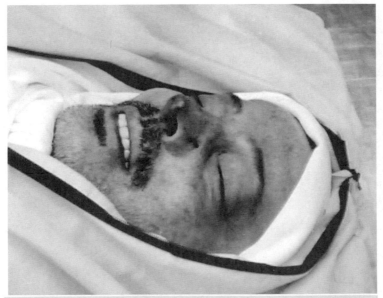

馬哈茂德‧馬巴胡赫的屍體，他被發現死於斯坦‧魯塔納酒店的房間中

　　可是，房間裡沒有任何打鬥的痕跡，酒店免費提供的礦泉水也絲毫沒動，電視、電腦都關著，鼓鼓的公事包被鎖得結結實實。

　　醫生在經過初步檢查後認定，馬巴胡赫在幾個小時之前就已經死亡，死因是心臟病突發導致的窒息。然而有知情人士透露，馬巴胡赫雙耳下方有電擊痕跡，而且鼻腔流血，牙齒上又有傷痕，這都不是窒息而亡的基本特徵。

　　隨後，馬巴胡赫的血液樣本和物證被送往巴黎化驗，結果發現其中有毒。警方由此得出結論：馬巴胡赫可能是被人注入藥物誘發心臟衰竭而死的。

　　馬巴胡赫，這位曾被以色列人追殺20年之久的哈馬斯領導人，就這樣命喪迪拜。

　　1月29日，也就是在馬巴胡赫死去8天之後，在大馬士革郊外，出殯的隊伍在寒風中緩緩前行，數千名巴勒斯坦人冒著寒風送別他們的軍事領袖，他們發誓要為他報仇。

監控錄影裡的證據

　　無論是作為哈馬斯的高級指揮官，還是他肩負的神祕使命，馬巴胡赫之死都有足夠的理由吸引全世界媒體的關注。迪拜警方也高調介入此事。經過調查，警方斷言此事是摩薩德所為。

　　馬巴胡赫之死讓哈馬斯大為震怒。他們也懷疑是摩薩德特工下的毒，因為下毒是他們慣用的伎倆。早在1997年，一名摩薩德特工就曾將毒藥神不知鬼不覺地吹進了在約旦訪問的哈馬斯高官耳朵裡。一些巴勒斯坦人甚至懷疑，2004年阿拉法特之死就是摩薩德特工下毒的結果。

　　迪拜警方的說法並非憑空捏造，他們有足夠的資料為證。2010年的2月15日，迪拜當局公佈了酒店監視器拍攝的11名涉嫌暗殺馬巴胡赫的暗殺小組成員照片。酒店監控系統記錄了摩薩德特工的一舉一動，警方將這些資料公諸於眾，摩薩德一時間陷入了進退兩難的尷尬境地。

　　迪拜當局對這些鏡頭進行交叉比對之後認定，涉嫌參與暗殺的11名成員全部是「在外國出生的以色列人」，其中有6人持英國護照，3人持愛爾蘭護照，1人持德國護照，1人持法國護照。

　　最重要的是，「黑衣女郎」的行動被酒店裡的監控系統如實地記錄下來。

　　那名化裝成酒店服務員的黑衣女子敲開房門以後，迅速

衝了進去。與此同時，另有特工在門口把風。過沒多久，黑衣女子從裡面出來，將房門重新鎖好並掛上「請勿打擾」的牌子，然後便離開了現場。整個行動用時不超過10分鐘。警方認定，那名黑衣女子進入房間以後對馬巴胡赫施以電擊，進而製造出「心臟病突發」的假象。

在看過監視影像之後，德國情報人員分析說，只有專業的情報機構才有能力實施如此職業化的暗殺行動。而英國官員更是毫不隱晦地聲稱：他們確信暗殺馬巴胡赫的兇手就是摩薩德特工。

所有的矛頭都指向了摩薩德。現在，以色列依然採取一貫的「模糊」政策，既不承認也不否認，但幾乎所有人都確信，暗殺行動的主謀就是摩薩德，其中還包括大多數以色列媒體評論人。

25日，迪拜當局又發現了另外15名暗殺小組成員，其中包括6名女性。這使得疑犯總數增加到26人。他們分別使用12張英國護照、6張愛爾蘭護照、3張澳洲護照、3張法國護照及1張德國護照。除了那張德國護照以外，其他的護照可能都是偽造的。

這15名新的疑犯主要任務是提供後勤援助。他們使用同一家美國銀行的信用卡，分別從巴黎、羅馬、蘇黎世和法蘭克福飛抵迪拜。離開迪拜以後，其中兩人搭機前往香港，還有兩人坐船去了伊朗。

在暗殺行動正式開始以前，這支由數十人組成的暗殺小組至少4次拜訪迪拜，以便偵察情況。

圖中的26人，就是在這一次的暗殺行動中被迪拜當局發現的摩薩德特工人員。其中第一行第4位，第二行的1-4，,6、7位，以及第三行1、2、6位，第四行的第1位則是最先被發現的參與暗殺的小組成員

特拉維夫的籌畫

　　實際上，早在馬巴胡赫來到迪拜之前，特拉維夫就開始醞釀針對他的暗殺行動了。

　　2010年1月的一天，兩輛嶄新的奧迪A6轎車停在摩薩德的總部大樓門前。從車上下來的是以色列總理內塔尼亞胡，而在大樓門口迎接他的是已經64歲的摩薩德局長梅爾·達甘。

　　寒暄了幾句之後，達甘便把內塔尼亞胡和另外一名軍官帶進了簡報室。此時，一支暗殺小組已經在簡報室內恭候多時了。內塔尼亞胡首先聽取了一份簡短的暗殺行動計劃彙報。摩薩德方面表示，他們得到情報，馬巴胡赫將於近日前往迪拜，他們準備在其下榻的酒店展開暗殺行動，為此，特工們還包下特拉維夫一家酒店的房間祕密進行模擬演練。

　　聽完彙報，內塔尼亞胡沉默了許久。接下來，經過反覆討論和策劃，內塔尼亞胡最終批准了這項舉世震驚的暗殺計劃。

　　事實上，暗殺計劃本身並不複雜，風險也不大，對於身經百戰的特工來說，暗殺是一件駕輕就熟的事，尤其是對付一個獨自出行的人，更是不在話下。對於這樣的任務，根本不必興師動眾，更不用勞煩以色列總理和摩薩德局長親自主持。

　　但是，鑑於暗殺目標的身分特殊，這件事必須徵得總理

的同意。這正是達甘將內塔尼亞胡請到摩薩德總部的原因所在。內塔尼亞胡做出決定以後，親自簽署了死亡追緝令。

在這種場合，這位強硬的以色列總理總是會平靜地吟誦：「以色列人民相信你們，祝你們好運！」

梅爾・達甘，以色列軍事指揮官，以色列情報機構摩薩德局長

　　早在幾個月以前，摩薩德特工就神不知鬼不覺地利用了20多名歐洲人、澳洲人的名字製作了假護照，然後尾隨馬巴胡赫在巴黎、羅馬、蘇黎世、法蘭克福等地遊走，以尋找下手的地點。最近幾個月，馬巴胡赫頻繁往返迪拜，殺手們便使用偽造的證件數次出入迪拜。

　　現在，這些偽造證件再一次派上了用場。

摩薩德的思考

　　事情如達甘所願，馬巴胡赫最終死在了摩薩德手裡。

　　這次暗殺行動稱不上完美，但在執行方面卻是非常成功的。他們搜集到的關於目標行動模式的情報極其精確。雖然26名特工的臉孔和偽造身分被曝光，但他們全部毫髮無損地逃離了迪拜。他們顯然知道酒店裡有安裝監視器。監視器捕捉到一名殺手改換了偽裝；另一名殺手戴著手套。這些可能都是他們為規避風險而採取的手段。

　　參與此次行動的特工，甚至有可能繼續原來的職業，因為他們的真實身分並未暴露——迪拜警方公佈的照片或許並非他們真實的外貌。他們回國以後，可以用更加隱蔽的方式繼續發揮他們的專長。

　　但是，從另外一個方面來說，摩薩德的這次「大曝光」也成了這個特工組織的一大敗筆。

　　在一個高科技監控設備無處不在、媒介無孔不入的時代，原本祕密的暗殺活動在科技與資訊的雙重作用下，迅速演變成為一起公共事件。

　　而此次謀殺案所牽出的各國護照被偽造事件，也讓以色列與西方各國的外交關係驟然緊張起來。

　　受馬巴胡赫遇害一事的「刺激」，包括迪拜在內的多個國家都加強了對城市監控設備的建設，迪拜當局甚至考慮使用生物識別技術、虹膜識別等更加複雜的手段來對護照

和信用卡進行檢測。

　　之所以會造成這樣的結果，自然有主觀因素，那就是摩薩德事前考慮不周。不過，最主要的因素還是客觀方面的。

　　隨著監視系統的普及和身分識別技術的發展，特工的遊戲規則已經悄然發生了變化。這些先進的監視系統和身分識別技術原本是為了改進安全保護服務，增加犯罪分子作案的難度。

　　然而，事情總有兩面性，情報機構也因此受到了很大的衝擊，摩薩德更是首當其衝，因為它可能是當今世界上唯一大肆使用這種古老暗殺方式的特工組織。其他國家雖然也會實施暗殺，但是方式和摩薩德有本質的區別。比如美國，通常使用無人飛機對暗殺目標進行空中突襲。

　　曾經在二十世紀的七、八十年代為摩薩德工作的蓋德‧希姆倫指出，隨著高新技術的廣泛應用，「類似007一樣的英雄主義冒險時代已經逐漸遠去了」。

　　就連以色列主流媒體也發表了這樣的評論：「這成了最後一次類似的暗殺行動。」

　　未來的路該怎麼走？這將成為摩薩德必須重新審視的問題。

永續圖書
線上購物網

www.foreverbooks.com.tw

◆ 加入會員即享活動及會員折扣。

◆ 每月均有優惠活動，期期不同。

◆ 新加入會員三天內訂購書籍不限本數金額，
即贈送精選書籍一本。（依網站標示為主）

專業圖書發行、書局經銷、圖書出版

永續圖書總代理：
五觀藝術出版社、培育文化、棋茵出版社、犬拓文化、讀
品文化、雅典文化、知音人文化、手藝家出版社、璞申文
化、智學堂文化、語言鳥文化

活動期內，永續圖書將保留變更或終止該活動之權利及最終決定權。

▶ 摩薩德：以色列情報特務局祕密檔案 （讀品讀者回函卡）

■ 謝謝您購買這本書，請詳細填寫本卡各欄後寄回，我們每月將抽選一百名回函讀者寄出精美禮物，並享有生日當月購書優惠！
想知道更多更即時的消息，請搜尋"永續圖書粉絲團"

■ 您也可以使用傳真或是掃描圖檔寄回公司信箱，謝謝。
傳真電話：（02）8647-3660　　信箱：yungjiuh@ms45.hinet.net

◆ 姓名：＿＿＿＿＿＿＿＿＿　　□男 □女　　□單身 □已婚

◆ 生日：＿＿＿＿＿＿＿＿＿　　□非會員　　□已是會員

◆ E-mail：＿＿＿＿＿＿＿＿＿　電話：（ ）＿＿＿＿

◆ 地址：＿＿＿＿＿＿＿＿＿＿＿＿＿＿＿＿

◆ 學歷：□高中以下 □專科或大學 □研究所以上 □其他＿＿＿

◆ 職業：□學生 □資訊 □製造 □行銷 □服務 □金融
　　　　□傳播 □公教 □軍警 □自由 □家管 □其他＿＿＿

◆ 閱讀嗜好：□兩性 □心理 □勵志 □傳記 □文學 □健康
　　　　　　□財經 □企管 □行銷 □休閒 □小說 □其他

◆ 您平均一年購書：□5本以下 □6～10本 □11～20本
　　　　　　　　　□21～30本以下 □30本以上

◆ 購買此書的金額：＿＿＿＿＿＿

◆ 購自：□連鎖書店 □一般書局 □量販店 □超商 □書展
　　　　□郵購 □網路訂購 □其他

◆ 您購買此書的原因：□書名 □作者 □內容 □封面
　　　　　　　　　　□版面設計 □其他

◆ 建議改進：□內容 □封面 □版面設計 □其他＿＿＿＿
　　您的建議：

2 2 1 - 0 3

新北市汐止區大同路三段 194 號 9 樓之 1

讀品文化事業有限公司　收

電話/(02)8647-3663　　　傳真/(02)8647-3660

劃撥帳號/18669219　　　永續圖書有限公司

讀好書品嚐人生的美味

摩薩德：以色列情報特務局祕密檔案